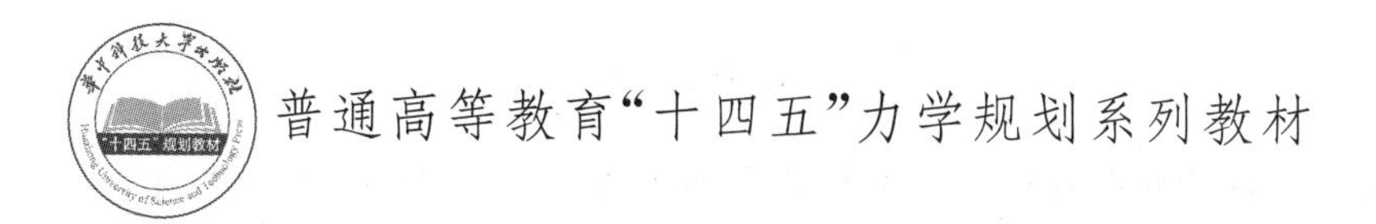

工程爆破器材性能测试及效应测控技术

主　编　何　理　蔡路军
副主编　蒋　培　李腾飞

华中科技大学出版社
中国·武汉

内 容 简 介

本书是一本以岩石开挖爆破工程为背景，以爆破器材及爆炸效应为研究对象，以器材性能检测与工程爆破效应测控技术为主要研究内容的综合性教材。本书介绍了常规工程爆破技术、炸药与起爆器材特性及性能检测方法、工程爆破有害效应测试及控制方法等基础内容，可作为采矿工程、弹药工程、工程力学等专业本科生的教材，也可供从事爆破器材研制、生产等的工程技术人员参考。

图书在版编目(CIP)数据

工程爆破器材性能测试及效应测控技术/何理，蔡路军主编．—武汉：华中科技大学出版社，2024.4
ISBN 978-7-5772-0665-3

Ⅰ.①工…　Ⅱ.①何…　②蔡…　Ⅲ.①爆破器材-测试技术-研究　Ⅳ.①TB41

中国国家版本馆 CIP 数据核字(2024)第 076004 号

工程爆破器材性能测试及效应测控技术
Gongcheng Baopo Qicai Xingneng Ceshi ji Xiaoying Cekong Jishu

何　理　蔡路军　主编

策划编辑：余伯仲
责任编辑：李梦阳
封面设计：廖亚萍
责任校对：刘小雨
责任监印：朱　玢
出版发行：华中科技大学出版社(中国·武汉)　　电话：(027)81321913
武汉市东湖新技术开发区华工科技园　　邮编：430223
录　　排：武汉三月禾文化传播有限公司
印　　刷：武汉市洪林印务有限公司
开　　本：787mm×1092mm　1/16
印　　张：13
字　　数：317 千字
版　　次：2024 年 4 月第 1 版第 1 次印刷
定　　价：39.80 元

前　言

自 20 世纪 60 年代我国民用爆破行业开始发展以来，爆破器材一直处于更新换代、推陈出新的状态，新兴的民用爆破器材意味着需要有新的检测手段和方法，因此有关工程爆破器材性能测试及效应测控技术方面的内容需要不断修改和完善，以适应行业发展现状。本书在编写过程中，参考了相关的国家标准和行业规范，搜集了国内外公开发表的相关文献，并且结合了工程力学爆破方向的专业特点与编者在教学和工程实践过程中的心得体会。

全书共分为五章。第 1 章为工程爆破技术简介；第 2 章为炸药感度测试；第 3 章为炸药爆炸性能测试；第 4 章为起爆器材特性参数与感度测试；第 5 章为工程爆破有害效应测试与控制。具体编写分工如下：第 1 章由何理编写，第 2 章由蔡路军编写，第 3 章由蒋培编写，第 4 章由何理、李腾飞编写，第 5 章由何理编写。全书由何理、李腾飞统稿。

在本书出版之际，谨向为本书编写提供支持与帮助的钟冬望、段卫东等工程力学系老师表示衷心的感谢！硕士研究生张鑫玥、张武毅、王茂林、段玉伶参与了本书的部分绘图、内容撰写与修订工作，一并致以诚挚的谢意。在本书编写过程中还参阅了有关文献，在此对这些文献的作者表示感谢。

由于编者水平有限，书中难免存在不足与疏漏之处，诚恳地希望各位读者不吝赐教、批评指正。

编　者

2024 年 1 月

目　　录

工程爆破技术简介

1.1　爆破器材

1.1.1　工业炸药

在一定条件下，能够快速发生化学反应，放出能量，生成大量气体产物，显示爆炸效应的化合物或混合物称为炸药。众所周知，炸药是人们经常利用的二次能源，它不但应用于军事领域，而且广泛应用于工业领域，通常将前者称为军用炸药，后者称为工业炸药。

工业炸药又称民用炸药，是由氧化剂、可燃剂和其他添加剂等按照氧平衡的原理配制，并均匀混合制成的爆炸物；在矿山开采和工程爆破中利用其爆炸能量来做功，具有成本低廉、制造简单、应用方便等特点。近年来，随着工程爆破技术的广泛应用，工业炸药生产技术也得到迅速发展。

在工业炸药的组成中，通常氧化剂是硝酸，可燃剂是木粉、石蜡、地蜡、柴油类碳氢化合物。以往工业炸药通常添加单质炸药作敏化剂，有时根据特殊需要添加少量铝粉、镁粉等。乳化炸药现已很少用单质炸药作敏化剂，通常采用微气泡敏化技术。

1.1.1.1　工业炸药的特点

工业炸药的特点如下：

(1) 爆炸性能好，有足够的爆炸威力，可满足各种工程爆破对象的作业要求；

(2) 具有较低的机械感度和适当的起爆感度，既能保证生产、贮存、运输和使用的安全，又能保证有效起爆；

(3) 炸药组分配比为零氧平衡或接近零氧平衡，以保证爆炸时产生较少的有毒气体；

(4) 具有较高的热安定性、物理化学相容性和适当的稳定贮存期；

(5) 使用方便，易于装药，炸药生产、使用过程中不会给人和环境带来较大危害或污染；

(6) 原料来源广泛，价格便宜，加工工艺简单，生产操作安全、可靠，无污染。

1.1.1.2　工业炸药的分类

1. 按应用范围和成分分类

1) 起爆药

起爆药的特点是极其敏感，受外界较小能量作用就会立即发生爆炸反应，反应速度在极短的时间内增长到最大值。工业上通常用它来制造雷管，用以起爆其他类型的炸药。最常用的起爆药有二硝基重氮酚($C_6H_2(NO_2)_2N_2O$，简称 DDNP)、雷汞($Hg(CNO)_2$)、叠氮化铅($Pb(N_3)_2$)等，其中 DDNP 由于原料来源广泛、生产工艺简单、安全性好、成本较低，且具有较好的起爆性能，为目前国产雷管的主要起爆药。

2）猛炸药

与起爆药不同，这类炸药具有相当高的稳定性。也就是说，它们比较钝感，需要有较大的能量作用才能爆炸。在工程爆破中多用雷管或其他起爆器材起爆。猛炸药按组分又分为单质猛炸药和混合炸药。

(1) 单质猛炸药　指化学成分为单一化合物的猛炸药，又称爆炸化合物。它的感度比起爆药的低，爆炸威力大，爆炸性能好。工业上常用的单质猛炸药有梯恩梯(TNT)、黑索今(RDX)、太安(PETN)、奥克托今(HMX)、硝化甘油等，常用作雷管的加强药、导爆索和导爆管的药芯以及混合炸药的敏化剂等。

(2) 混合炸药　由两种或两种以上独立的化学成分组成的爆炸性混合物，通常由硝酸铵作主要成分与可燃物混合而成。其释放的能量比起爆药大。混合炸药是工程爆破中用量最大的炸药，它是开山、筑路、采矿等爆破作业的主要能源。工业上常用的有粉状硝铵类炸药(如铵油炸药、膨化硝铵炸药、粉状乳化炸药等)、含水硝铵类炸药(如乳化炸药、水胶炸药、重油炸药)等。

3）发射药

发射药的特点是对火焰极其敏感，可在敞开的环境下爆燃，而在密闭条件下爆炸，爆炸威力很弱；吸湿能力强，吸水后敏感性大大下降。黑火药是一种常用的发射药，它可用于制造导火索和矿用火箭弹。黑火药仍可用于爆破切割花岗岩等石材。

4）烟火剂

烟火剂基本也是由氧化剂与可燃剂组成的混合物，其主要变化过程是燃烧，在极个别的情况下也能爆轰。烟火剂一般用来装填照明弹、信号弹、燃烧弹等。

2. 按使用条件分类

1）第一类炸药

第一类炸药是准许在一切地下和露天爆破工程(包括有瓦斯和矿尘爆炸危险的矿山)中使用的炸药，又称安全炸药或煤矿许用炸药。

2）第二类炸药

第二类炸药一般可在地下或露天爆破工程中使用，但不能应用于有瓦斯或煤尘爆炸危险的地方。

3）第三类炸药

第三类炸药是专用于露天作业场所工程爆破的炸药。用于地下作业场所工程爆破的炸药，对有害气体生成量有一定的限制，我国现行标准规定 1 kg 井下炸药爆炸所产生的有毒气体不得超过 80 L。

3. 按主要化学成分分类

1）硝铵类炸药

以硝酸铵为主要成分，加入适量的可燃剂、敏化剂及其他添加剂的混合炸药均属于硝铵类炸药。这是目前国内外工程爆破中用量最大、品种最多的一类混合炸药。硝铵类炸药的品种很多，本书将主要介绍乳化炸药(含粉状乳化炸药)、油炸药、水胶炸药、膨化硝铵炸药等几种我国现在应用较广的工业炸药。

硝酸铵是硝铵类炸药的主要原料，硝酸铵的分子式为 NH_4NO_3，可缩写为 AN，在炸药爆炸反应中提供氧。常温常压下，纯净硝酸铵为白色无结晶水晶体，工业硝酸铵通常因含有少量铁的氧化物而略呈淡黄色。硝酸铵可以制成多种形状，工业炸药一般用粉状、粒状和多孔粒状硝酸铵。

硝酸铵本身是一种弱爆炸物，在强烈爆炸能作用下可以起爆。引爆后的爆速为 2000～2700 m/s，爆力为 165～230 mL。迅速对其加热，当温度高于 400 ℃时，硝酸铵分解并爆炸。硝酸铵具有强烈的吸湿作用，极易吸潮变硬，固结成块。

2) 硝化甘油类炸药

硝化甘油类炸药是一种以硝化甘油为主要爆炸成分，以硝酸钾、硝酸为氧化剂，以硝化棉为吸收剂，以木粉为疏松剂，由多种组分混合而成的混合炸药。就外观来说，其有粉状和胶状之分。掺入硝化乙二醇可增强其抗冻性能。硝化甘油类炸药具有爆炸威力大、感度高、装药密度大等特点，适用于小直径炮孔、坚硬矿岩和水下的爆破作业，但其安全性较差，炸药有毒，爆炸生成的有毒气体量大，不易加工，且生产成本较高。

3) 芳香族硝基化合物类炸药

凡含有苯及其同系物(如甲苯、二甲苯)以及苯胺、苯酚和萘的硝基化合物的炸药均属于芳香族硝基化合物类炸药，如 TNT 等。这类炸药在我国工程爆破中用量不大。

4. 按物理状态分类

按照炸药的物理状态的不同，工业炸药又可分为粉状炸药、粒状炸药、乳化炸药和胶质炸药。

近几年，我国工业炸药主要品种及产量见表 1-1。其中，水胶炸药所占比例极小。

表 1-1　我国工业炸药主要品种及产量

年份/年	工业炸药总产量/(×10⁴ t)	乳化炸药		铵油炸药		水胶炸药	铵梯炸药	
		年产量/(×10⁴ t)	所占比例/(%)	年产量/(×10⁴ t)	所占比例/(%)	年产量/(×10⁴ t)	年产量/(×10⁴ t)	所占比例/(%)
2001	137.20	31.20	22.74	28.30	20.63	—	75.15	54.77
2002	156.08	39.20	25.12	32.80	21.01	—	81.31	52.10
2003	185.35	52.50	28.32	42.30	22.82	—	87.35	47.13
2004	216.07	69.70	32.26	52.60	24.34	—	90.40	41.84
2005	240.75	88.57	36.79	60.98	25.33	—	87.41	36.31
2006	260.69	109.30	41.93	72.75	27.91	—	74.32	28.51
2007	286.49	135.94	47.45	111.86	39.04	4.1442	33.18	11.58
2008	290.89	156.07	53.65	128.70	44.24	—	0.56	0.19
2009	296.09	168.24	56.82	94.19	31.81	3.9287	—	—
2010	351.1	242.1	68.95	101.2	28.82	4.3	—	—

1.1.1.3 常用工业炸药

1. 铵油炸药

在我国,20 世纪 60 年代采用结晶硝酸铵作为主要原料配制粉状铵油炸药,70 年代末期研制成功多孔粒状硝酸铵,为多孔粒状铵油炸药的推广应用创造了条件。铵油炸药是一种无梯炸药,主要成分是硝酸铵和轻柴油。为了减少铵油炸药的结块现象,可加入适量木粉作为疏松剂。铵油炸药的性能不仅取决于它的成分配比,也取决于它的生产工艺。

最适合制作炸药的硝酸铵通常有两个品种,即细粉状结晶硝酸铵和多孔粒状硝酸铵。

1) 主要特点

(1) 成分简单,原料充足,成本低,制造、使用安全。

(2) 感度低,起爆较困难。

(3) 铵油炸药吸潮及固结的趋势较为明显。

2) 炸药品种

(1) 粉状铵油炸药。

粉状铵油炸药中的粉状硝酸铵、柴油和木粉的含量按炸药爆炸反应的零氧平衡原则计算确定。考虑制造设备条件和工程爆破作业的具体要求,各成分含量在一定的范围内可以调整。几种粉状铵油炸药的成分及性能指标见表 1-2。

表 1-2 几种粉状铵油炸药的成分及性能指标

成分与性能		1 号铵油炸药	2 号铵油炸药	3 号铵油炸药
质量分数/(%)	硝酸铵	92±1.5	92±1.5	94.5±1.5
	柴油	4±1	1.8±0.5	5.5±1.5
	木粉	4±0.5	6.2±1	—
性能指标	药卷密度/(g/cm³)	0.9～1.0	0.8～0.9	0.9～1.0
	水分含量(不大于)/(%)	0.25	0.80	0.80
	爆速(不小于)/(m/s)	3300	3800	3800
	爆力(不小于)/mL	300	250	250
	猛度(不小于)/mm	12	18	18
	殉爆距离(不小于)/cm	5	—	—

注:1 号铵油炸药的测试药包的约束为内径 40 mm、长 300 mm 的双层牛皮纸管;2 号和 3 号铵油炸药的测试药包的约束为内径 40 mm 的普通钢管。

(2) 多孔粒状铵油炸药。

多孔粒状铵油炸药由 94.5%的多孔粒状硝酸铵和 5.5%的柴油混合而成,考虑加工过程中柴油可能有部分挥发和损失,通常加 6%的柴油。柴油一般采用 6 号、10 号及 20 号轻柴油。北方严寒地区可用－10 号柴油。

多孔粒状铵油炸药主要有以下几种加工方法。

① 渗油法：按比例将柴油注入装有多孔粒状硝酸铵的袋子中，放置两天后可使用。该方法简单易行，但混合不均匀。

② 人工混拌法：将一定数量的多孔粒状硝酸铵放在平板上(可在爆破现场，亦可在固定工房)，按比例喷洒柴油，用铝锹或木锹翻混2次或3次，直接装入炮孔或装袋备用。此法混合均匀，但人工操作劳动强度大，效率低。

③ 机混法：采用圆盘给料机以及特制的混合机械按比例将多孔粒状硝酸铵与柴油混拌。该方法混合效率高且均匀。

④ 混装车制备法：采用粒状铵油炸药混装车在爆破现场直接混制并装孔。此法经济效益好，对大中型露天作业场所非常适用。

多孔粒状铵油炸药性能指标见表1-3。

表1-3　多孔粒状铵油炸药性能指标

性能指标		包装产品	混装产品
水分含量/(%)		≤0.30	—
爆速/(m/s)		≥2800	≥2800
猛度/mm		≥15	≥15
做功能力/mL		≥278	—
使用有效期/d		60	30
炸药有效期内	爆速/(m/s)	≥2500	≥2500
	水分/(%)	≤0.50	—

(3) 改性铵油炸药。

改性铵油炸药与上述铵油炸药配方基本相同，主要区别为其硝酸铵、燃料油和木粉得到改性，改性炸药的爆炸性能和储存性能明显提高。将复合蜡、松香、凡士林、柴油等与少量表面活性剂按一定比例加热熔化配制成改性燃料油。硝酸铵改性主要是利用表面活性技术降低硝酸铵的表面能，提高硝酸铵颗粒与改性燃料油的亲和力，从而提高了改性铵油炸药的爆炸性能和储存稳定性。改性铵油炸药适用于岩石爆破工程中。改性铵油炸药性能指标和改性粉状铵油乳化炸药性能指标分别如表1-4和表1-5所示。

表1-4　改性铵油炸药性能指标

组分	硝酸铵	木粉	复合油	改性剂
质量分数/(%)	89.8～92.8	3.3～4.7	2.0～3.0	0.8～1.2

注：① 制造改性铵油炸药的硝酸铵应符合GB/T 2945的要求；② 木粉可用煤粉、碳粉、甘蔗渣粉等代替。

表 1-5 改性粉状铵油乳化炸药性能指标

炸药名称	性能										
	有效期/d	殉爆距离/cm		药卷密度/(g/cm³)	猛度/mm	爆速/(m/s)	做功能力/mL	可燃气安全度(以半数引火量计)/g	炸药爆炸后有毒气体含量/(L/kg)	抗爆燃性	煤尘-可燃气安全度(以半数引火量计)/g
		浸水前	浸水后								
岩石型改性铵油炸药	180	≥3	—	0.90～1.10	≥12.0	3.2×10^3	≥298	—	≤100	—	—
抗水岩石型改性铵油炸药	180	≥3	≥2	0.90～1.10	≥12.0	3.2×10^3	≥298	—	≤100	—	—
一级煤矿许用改性铵油炸药	120	≥3	—	0.90～1.10	≥10.0	2.8×10^3	≥228	≥100	≤80	合格	≥80
二级煤矿许用改性铵油炸药	120	≥2	—	0.90～1.10	≥10.0	2.6×10^3	≥218	≥180	≤80	合格	≥150

注:抗水岩石型改性铵油炸药与非抗水岩石型改性铵油炸药的油相含量相同,仅油相成分不同。

2.乳化炸药

乳化炸药

乳化炸药是以氧化剂水溶液为分散相,以不溶于水、可液化的碳质燃料作连续相,借助乳化作用及敏化剂的敏化作用而形成的一种油包水(W/O)型特殊结构的含水混合炸药。

(1) 乳化炸药的主要成分及其作用。

① 氧化剂水溶液。绝大多数乳化炸药的分散相由氧化剂水溶液构成,乳化炸药中氧化剂水溶液的主要作用是形成分散相和改善炸药的爆炸性能。通常使用硝酸铵和其他硝酸盐的过饱和溶液作氧化剂,它在乳化炸药中的占比可达90%(质量分数)左右。加入其他硝酸盐如硝酸钠、硝酸钙的目的主要是降低氧化剂溶液的“析晶点”。水的含量对炸药的能量及性能有明显的影响,过多的水分使炸药的爆热值因水分汽化而有所降低。经验表明,雷管敏化的乳化炸药的水分含量宜控制为8%～12%;露天大直径炮孔使用的可泵送的乳化炸药的水分含量一般为15%～18%。

② 油相材料。广义上,乳化炸药的油相材料可理解为一种不溶于水的有机化合物,当乳化剂存在时,可与氧化剂水溶液一起形成W/O型乳化液。油相材料是乳化炸药中的关键成分,其作用主要是:形成连续相;使炸药具有良好的抗水性;既是燃烧剂,又是敏化剂。同

时，油相材料对乳化炸药的外观、储存性能有明显影响。其含量宜为2%～6%。

③ 乳化剂。乳化剂的作用是使油水相紧密吸附，形成表面积很高的乳状液并使氧化剂同还原剂的耦合程度增强。经验表明，HLB(亲水亲油平衡值)为3～7的乳化剂多数可以用作乳化炸药的乳化剂，乳化炸药可含有一种乳化剂，也可以含有两种或两种以上的乳化剂。乳化剂的含量一般为乳化炸药总量的1%～2%。

④ 敏化剂。用在其他含水炸药中的敏化剂也可用在乳化炸药中，如单质猛炸药(梯恩梯、黑索今等)、金属粉(铝粉、镁粉等)、发泡剂(亚硝酸钠等)、珍珠岩、空心玻璃微球、树脂微球等都可以用作乳化炸药的敏化剂。因为发泡剂、空心玻璃微球、树脂微球、珍珠岩可用来调整炸药密度，所以它们又称密度调节剂。

⑤ 其他添加剂。其他添加剂包括乳化促进剂、晶形改性剂和稳定剂等，用量为0.1%～0.5%。

(2) 乳化炸药的主要特性。

① 密度可调范围较宽。根据加入含微孔密度降低材料数量的多少，炸药密度在0.8～1.45 g/cm^{3}内变化，可根据工程爆破的实际需要制成不同密度的品种。

② 爆速和猛度较高。乳化炸药的爆速一般可达4000～5500 m/s，猛度可达1720 mm。然而，乳化炸药由于含有较多的水，其爆力比铵油炸药的低，故在硬岩中使用的乳化炸药大都加有热值较高的物质，如铝粉、硫黄粉等。

③ 起爆感度高。乳化炸药通常可用8号雷管起爆。

④ 抗水性强。乳化炸药的抗水性比浆状炸药和水胶炸药的抗水性好。

3. 粉状乳化炸药

粉状乳化炸药是一种以含水量较低的氧化剂溶液的细微液滴为分散相，以特定的碳质燃料与乳化剂组成的油相溶液为连续相，在一定的工艺条件下通过强力剪切形成油包水型乳胶体，通过雾化制粉或旋转闪蒸使胶体雾化脱水，冷却固化后形成具有一定粒度分布的新型粉状硝铵类炸药。粉状乳化炸药的含水量一般在3%以下，因此其做功能力大于乳化炸药的做功能力，在制备的过程中颗粒中及颗粒间形成许多孔隙，因此其具有较好的雷管感度和爆轰感度。这种炸药的颗粒具有W/O型特殊的微观结构，因而它具有良好的抗水性，粉状乳化炸药兼具乳化炸药及粉状炸药的优点，其主要性能指标见表1-6。

表1-6　粉状乳化炸药主要性能指标

炸药名称	药卷密度/(g/cm^3)	殉爆距离(不小于)/cm	猛度(不小于)/mm	爆速(不小于)/(m/s)	做功能力(不小于)/mL	炸药爆炸后有毒气体含量(不大于)/(L/kg)	可燃气安全度(以半数引火量计)/g	抗爆燃气	撞击感度(不大于)/(%)	摩擦感度(不大于)/(%)
岩石粉状乳化炸药	0.85～1.05	5	13.0	3.4×10^3	300	80	—	—	15	8

续表

炸药名称	药卷密度/(g/cm³)	殉爆距离(不小于)/cm	猛度(不小于)/mm	爆速(不小于)/(m/s)	做功能力(不小于)/mL	炸药爆炸后有毒气体含量(不大于)/(L/kg)	可燃气安全度(以半数引火量计)/g	抗爆燃气	撞击感度(不大于)/(%)	摩擦感度(不大于)/(%)
一级煤矿许用粉状乳化炸药	0.85～1.05	5	10.0	3.2×10^3	240	80	100	合格	15	8
二级煤矿许用粉状乳化炸药	0.85～1.05	5	10.0	3.0×10^3	230	80	180	合格	15	8
三级煤矿许用粉状乳化炸药	0.85～1.05	5	10.0	2.8×10^3	220	80	400	合格	15	8

4. 重铵油炸药

重铵油炸药又称乳化铵油炸药，是乳胶基质与多孔粒状铵油炸药的物理掺和产品。在掺和过程中，高密度的乳胶基质填充多孔粒状硝酸铵颗粒间的空隙并涂覆于硝酸铵颗粒的表面。这样，既提高了粒状铵油炸药的相对体积威力，又改善了炸药的抗水性。乳胶基质在重铵油炸药中的含量可在0～100%范围内变化，炸药的体积威力及抗水性也随着乳胶含量的变化而变化。随着重铵油炸药中乳胶含量的增加，炸药的临界直径逐渐增大，即炸药的起爆感度降低了。

重铵油炸药的现场混制的基本过程是先分别制备乳胶基质和铵油炸药，然后将二者按设计比例掺和，所制备的乳胶基质可泵送至固定的储罐中存放，亦可用专用罐车运至现场，还可在车上直接制备。多孔粒状硝酸铵与柴油可按94∶6的比例在工厂等固定地点混拌，亦可在混装车上混制。

5. 水胶炸药

水胶炸药与浆状炸药、乳化炸药同属于抗水炸药。水胶炸药是在浆状炸药的基础上发展起来的，它是以硝酸甲胺为主要敏化剂的含水炸药，即由硝酸甲胺、氧化剂、辅助敏化剂、辅助可燃剂、密度调节剂等材料溶解，悬浮于有胶凝剂的水溶液中，再经化学交联而制成的凝胶状含水炸药。水胶炸药与浆状炸药的主要区别在于水胶炸药以硝酸甲胺为主要敏化剂，而浆状炸药敏化剂

水胶炸药

主要使用非水溶性的火炸药成分、金属粉和固体可燃物。

水胶炸药的优点:爆炸反应较完全,能量释放系数高,威力大,抗水性好,爆炸后有毒气体生成量小;机械感度和火焰感度低,储存稳定性好;成分间相容性好;规格品种多,特别是煤矿许用型可用于高瓦斯地区。但水胶炸药也有缺点:不耐压,不耐冻,易受外界条件影响而失水解体,影响炸药的性能;原材料成本较高,炸药价格较贵。

国标规定的水胶炸药主要性能指标见表 1-7。

表 1-7　水胶炸药主要性能指标

<table>
<tr><th rowspan="3">项目</th><th colspan="6">指标</th></tr>
<tr><th colspan="2">岩石水胶炸药</th><th colspan="3">煤矿许用水胶炸药</th><th rowspan="2">露天水胶炸药</th></tr>
<tr><th>1 号</th><th>2 号</th><th>一级</th><th>二级</th><th>三级</th></tr>
<tr><td>炸药密度/(g/cm^3)</td><td colspan="2">1.05～1.30</td><td colspan="2">0.95～1.25</td><td colspan="2">1.15～1.35</td></tr>
<tr><td>殉爆距离/cm</td><td>⩾4</td><td>⩾3</td><td>⩾3</td><td>⩾2</td><td>⩾2</td><td>⩾3</td></tr>
<tr><td>爆速/(m/s)</td><td>$\geqslant 4.2\times 10^3$</td><td>$\geqslant 3.2\times 10^3$</td><td>$\geqslant 3.2\times 10^3$</td><td>$\geqslant 3.2\times 10^3$</td><td>$\geqslant 3.0\times 10^3$</td><td>$\geqslant 3.2\times 10^3$</td></tr>
<tr><td>猛度/mm</td><td>⩾16</td><td>⩾12</td><td>⩾10</td><td>⩾10</td><td>⩾10</td><td>⩾12</td></tr>
<tr><td>做功能力/mL</td><td>⩾320</td><td>⩾260</td><td>⩾220</td><td>⩾220</td><td>⩾180</td><td>⩾240</td></tr>
<tr><td>炸药爆炸后有毒气体含量/(L/kg)</td><td colspan="5">⩽80</td><td>—</td></tr>
<tr><td>可燃气安全度</td><td colspan="2">—</td><td colspan="3">合格</td><td>—</td></tr>
<tr><td>撞击感度</td><td colspan="6">爆炸概率</td></tr>
<tr><td>摩擦感度</td><td colspan="6">—</td></tr>
<tr><td>热感度</td><td colspan="6">—</td></tr>
<tr><td>使用保质期/d</td><td colspan="2">270</td><td colspan="2">180</td><td colspan="2">180</td></tr>
</table>

注:① 不具有雷管感度的炸药可不测殉爆距离、猛度、做功能力。② 以上指标均采用 ϕ32 mm 或 ϕ35 mm 的药卷进行测试。

表 1-8 所示为几种国产水胶炸药的性能。

表 1-8　国产水胶炸药的性能

<table>
<tr><th colspan="2">炸药名称</th><th>SHJ-K 型</th><th>1 号</th><th>3 号</th><th>W-20 型</th></tr>
<tr><td rowspan="5">组分含量/(%)</td><td>硝酸盐</td><td>53～58</td><td>55～75</td><td>48～63</td><td>71～75</td></tr>
<tr><td>水</td><td>11～12</td><td>8～12</td><td>8～12</td><td>5.0～6.5</td></tr>
<tr><td>硝酸甲胺</td><td>25～30</td><td>30～40</td><td>25～30</td><td>12.9～13.5</td></tr>
<tr><td>柴油或铝粉</td><td>3～4(铝)</td><td>—</td><td>—</td><td>2.5～3.0(柴)</td></tr>
<tr><td>胶凝剂</td><td>2</td><td>—</td><td>0.8～1.2</td><td>0.6～0.7</td></tr>
</table>

续表

炸药名称		SHJ-K 型	1 号	3 号	W-20 型
组分含量/(%)	交联剂	2	—	0.05~0.10	0.03~0.09
	密度调节剂	—	0.4~0.8	0.1~0.2	0.3~0.9
	氯酸钾	—	—	—	3~4
	延时剂	—	—	0.02~0.06	—
	稳定剂	—	—	0.1~0.4	—
性能指标	密度/(g/cm^3)	1.05~1.30	1.05~1.30	1.05~1.30	1.05~1.30
	爆速/(m/s)	3500~4000	3500~4600	3600~4400	—
	殉爆距离/cm	≥8	≥7	12~25	6~9
	爆力/mL	350	—	330	350
	猛度/mm	>15	14~15	12~20	16~18
	爆热/(kJ/kg)	4205	4708	—	5006
	临界直径/mm	—	12	—	12~16

6. 膨化硝铵炸药

膨化硝铵炸药是指用膨化硝酸铵作为炸药氧化剂的一系列粉状硝铵炸药，其关键技术是硝酸铵的膨化敏化改性，膨化硝酸铵颗粒中含有大量的“微气泡”，颗粒表面被“粗糙化”，当其受到外界强力激发作用时，这些不均匀的局部就可能形成高温高压的“热点”，进而发展成为爆炸，实现硝酸铵的“自敏化”设计。膨化硝铵炸药的组分指标、性能指标分别见表 1-9、表 1-10。

表 1-9 膨化硝铵炸药的组分指标

炸药名称	组分含量/(%)			
	硝酸铵	油相	木粉	食盐
岩石膨化硝铵炸药	90.0~94.0	3.0~5.0	3.0~5.0	—
露天膨化硝铵炸药	89.5~92.5	1.5~2.5	6.0~8.0	—
一级煤矿许用膨化硝铵炸药	81.0~85.0	2.5~3.5	4.5~5.5	8~10
一级抗水煤矿许用膨化硝铵炸药	81.0~85.0	2.5~3.5	4.5~5.5	8~10
二级煤矿许用膨化硝铵炸药	80.0~84.0	3.0~4.0	3.0~4.0	10~12
二级抗水煤矿许用膨化硝铵炸药	80.0~84.0	3.0~4.0	3.0~4.0	10~12

注：① 抗水煤矿许用膨化硝铵炸药与非抗水煤矿许用膨化硝铵炸药的油相含量相同，仅油相成分不同。② 岩石、露天膨化硝铵炸药中的木粉可用煤粉替代。

表 1-10 膨化硝铵炸药的性能指标

炸药名称	性能指标												
	水分含量/(%)	殉爆距离/cm 浸水前	殉爆距离/cm 浸水后	猛度/mm	药卷密度/(g/cm^3)	爆速/(m/s)	做功能力/mL	保质期/d	保质期内 殉爆距离/cm	保质期内 水分含量/(%)	有害气体含量/(L/kg)	可燃气安全度	抗爆燃性
岩石膨化硝铵炸药	≤0.30	≥4	—	≥12.0	0.80～1.00	≥3.2×10^3	≥298	180	≥3	≤0.50	≤80	—	—
露天膨化硝铵炸药	≤0.30	—	—	≥10.0	0.80～1.00	≥2.4×10^3	≥228	120	—	≤0.50	—	—	—
一级煤矿许用膨化硝铵炸药	≤0.30	≥4	—	≥10.0	0.85～1.05	≥2.8×10^3	≥228	120	≥3	≤0.50	≤80	合格	合格
一级抗水煤矿许用膨化硝铵炸药	≤0.30	≥4	≥2	≥10.0	0.85～1.05	≥2.8×10^3	≥228	120	≥3	≤0.50	≤80	合格	合格
二级煤矿许用膨化硝铵炸药	≤0.30	≥3	—	≥10.0	0.85～1.05	≥2.6×10^3	≥218	120	≥2	≤0.50	≤80	合格	合格
二级抗水煤矿许用膨化硝铵炸药	≤0.30	≥3	≥2	≥10.0	0.85～1.05	≥2.6×10^3	≥218	120	≥2	≤0.50	≤80	合格	合格

7. 其他工业炸药

1）单质炸药

（1）梯恩梯。

梯恩梯(TNT)又叫三硝基甲苯，1863年研制成功，1891年发现其爆炸性能，从1901年起开始取代苦味酸用于军事领域。

① 梯恩梯的物理化学特征。梯恩梯的分子式为 $C_6H_2(NO_2)_3CH_3$，分子量为227.13。工业梯恩梯呈淡黄色鳞片状。精制梯恩梯的熔点为80.7 ℃，凝固点为80.2 ℃。工业品由于含有杂质，熔点和凝固点有所降低。

梯恩梯在35 ℃时很脆，在35 ℃以上有一定的塑性，到50 ℃时则成为可塑体，利用这种可塑性，可以把梯恩梯压制成高密度的药柱。梯恩梯的吸湿性很小，在常温、饱和湿度的空气中其水分含量只有0.05%。梯恩梯难溶于水，易溶于甲苯、丙酮、乙醇等有机溶剂。

② 梯恩梯的主要爆炸性能如下。

a. 爆发点：290～300 ℃。

b. 撞击感度：4%～8%(锤重10 kg，落高25 cm，药量0.03 g，表面积0.5 cm^2)。

c. 摩擦感度：摩擦摆试验，10次均未爆炸。

d. 起爆感度(最小起爆药量)：雷汞为0.24 g，叠氮化铅为0.16 g，二硝基重氮酚为0.163 g。

e. 做功能力：285～330 mL。

f. 猛度：16～17 mm(密度为1 g/cm^3时)。

g. 爆速：4700 m/s(密度为1 g/cm^3的粉状梯恩梯)。

h. 比容：740 L/kg。

i. 爆热：992×4.1868 kJ/kg。

j. 爆温：2870 ℃。

③ 梯恩梯的毒性及质量标准。梯恩梯有毒，它的粉尘、蒸气主要通过皮肤侵入人体内，其次通过呼吸道，长期接触可能中毒。

(2) 黑索今。

黑索今(RDX)是一种单质猛炸药，分子式为$C_3H_6N_6O_6$，分子量为222.12，外观为白色斜方结晶，有一定毒性，由浓硝酸与乌洛托品进行硝解反应制得，在民用爆炸物品行业叫作工业黑索今，主要用作炸药制品(如起爆具、震源药柱的组分等)和导爆索芯药，以及工业雷管的二次装药。

(3) 太安。

太安(PETN)是一种单质猛炸药，分子式为$C_5H_8N_4O_{12}$，分子量为316.14，是由浓硝酸与季戊四醇进行酯化反应生成季戊四醇四硝酸酯，再经丙酮重结晶后制得的产品，在民用爆炸物品行业用作雷管装药和导爆索芯药等。

(4) 奥克托今。

奥克托今(HMX)是一种单质猛炸药，分子式为$C_4H_8N_8O_8$，分子量为296.16，在民用爆炸物品行业用作雷管底药、导爆索芯和炸药制品(如起爆具、震源药柱的组分等)。

2) 低爆速炸药

低爆速炸药是一类极限爆速较低的炸药。低爆速炸药具有较大的极限直径，其极限爆速通常为1500～2000 m/s。在工业爆破中低爆速炸药主要应用于爆炸加工和岩土爆破中的光面爆破和预裂爆破等领域。

低爆速炸药的基本配方是在一种炸药中加入另一种与其相容的、广义的稀释剂，降低其爆速。稀释剂可以是重金属、重金属氧化物、微孔物质、人工充气气泡，也可以是爆速更低的可爆组分。

(1) 用于爆炸加工的低爆速炸药。

泡沫炸药是以梯恩梯、黑索今、太安、硝化棉等作为爆炸组分，以高分子塑料作为黏结剂，在制备过程中引入化学气泡使各炸药混合物固化后形成泡沫炸药。如此获得的多孔性炸药的密度为0.08～0.8 g/cm^3，爆速约为2000 m/s。亦可在梯恩梯或黑索今中加入稀释剂，制成系列低爆速炸药，其极限爆速分别为2400 m/s和2100 m/s。这类炸药主要用于不同金属材料的爆炸焊接。

（2）用于岩石爆破的低爆速炸药。

在岩石爆破中，低爆速炸药主要应用于光面爆破、预裂爆破和振动敏感区爆破，澳大利亚Orica公司在2000年推出的能量可变的Novalite系列炸药可作为岩石爆破低爆速炸药的典型实例。

应该说，在不含单质炸药的情况下，将炸药密度调节至0.3 g/cm^3，且能保持稳定的爆轰状态，是低密度炸药技术的一个进步。该系列炸药在软岩爆破中获得了实际应用，特别是在预裂爆破、光面爆破和振动敏感区爆破中获得了良好的爆破效果。

3）含高能添加物的工业炸药

工业含铝炸药是在工业炸药中加入少量铝粉制成的炸药。铝粉在爆炸反应中的作用是在爆轰波波阵面后的二次反应中放出热量，从而增大爆热和爆炸威力。铝粉由于价格较贵，制成的炸药成本高，在工业上只能用在一些需要高威力炸药的特殊爆破场合。

工业含铝炸药在长期使用中证明了其具有较高的能量密度、较高的爆炸势能、良好的后燃效应和较长的爆轰反应区。相应研究发展出了很多配方，并呈现出十分具有特色的性能。

8.煤矿许用炸药

煤矿许用炸药具有如下特点。

（1）炸药爆炸后不致引起矿井大气的局部高温，在保证做功能力的条件下，对其能量要有一定的限制，其爆热、爆温、爆压和爆速都要低一些，使瓦斯、煤尘的发火率大大降低。

（2）炸药应有较高的起爆感度和较好的传爆能力，以保证其爆炸的完全性和传爆的稳定性。炸药爆炸过程中爆轰不至于转化为爆燃。良好的传爆能力还可使爆炸产物中未反应的炽热固体颗粒和爆炸瓦斯的量大大减小，从而提高其安全性。

（3）有毒气体的生成量应符合国家标准。炸药的氧平衡应接近于零，以确保其爆炸后生成的有毒气体较少。

（4）组分中不能含有金属粉末，以防爆炸后生成炽热固体颗粒。

煤矿许用炸药中添有一定量的消焰剂，消焰剂主要是碱金属卤化物，如氯化钠、氯化钾、氯化铁或其他类似的物质。它们具有较强的极性和活性，能够有效地破坏或者束缚链反应中的活泼中心——自由基，破坏反应链传递。

1.1.2　起爆器材

1.1.2.1　工业雷管

工程爆破中常用的工业雷管有火雷管、电雷管和导爆管雷管等。电雷管又有普通电雷管、磁电雷管、数码电子雷管之分。普通电雷管又有瞬发电雷管、秒与半秒延期电雷管、毫秒延期电雷管等品种。数码电子雷管和磁电雷管是新近发展起来的品种，代表着当今工业雷管的发展方向，应该引起我们的注意。

1.火雷管

在工业雷管中，火雷管是最简单的一个品种，但又是其他各种雷管的基本组成部分。火雷管起爆系统由火雷管与导火索组成，它是在雷管装药的基础上插上导火索构成。火雷管

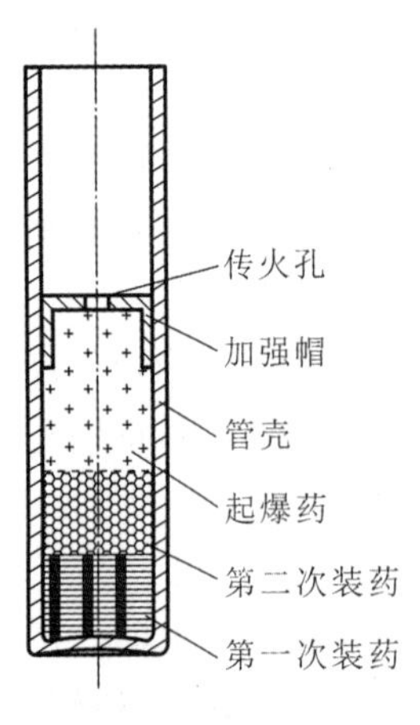

图 1-1　火雷管结构简图

依靠导火索发火冲能而被引爆。火焰通过传火孔点燃起爆药，起爆药在加强帽的约束作用下迅速完成由燃烧到爆轰的转变，引爆下层猛炸药。火雷管由管壳、第二次装药（正起爆药）、第一次装药（副起爆药）和加强帽等组成，其结构简图如图 1-1 所示。

火雷管用导火索来引爆，方法虽简单灵活，但不能延期，具有一定的危险性。国家爆破器材主管部门已明令淘汰火雷管，并禁止在爆破作业中使用。

2. 电雷管

电雷管是指利用电点火元件点火起爆的雷管。

1）电雷管分类

电雷管可以根据通电后延期起爆时间的不同以及是否允许用于有瓦斯或煤尘爆炸危险的作业面进行分类，如表 1-11 所示。

表 1-11　电雷管的分类

电雷管						
瞬发电雷管		延期电雷管				
普通瞬发电雷管	煤矿许用瞬发电雷管	普通延期电雷管				煤矿许用毫秒延期电雷管
		秒延期电雷管	半秒延期电雷管	1/4 秒延期电雷管	毫秒延期电雷管	1～5 段毫秒延期电雷管

2）电雷管结构

瞬发电雷管和延期电雷管的结构简图分别如图 1-2 和图 1-3 所示。

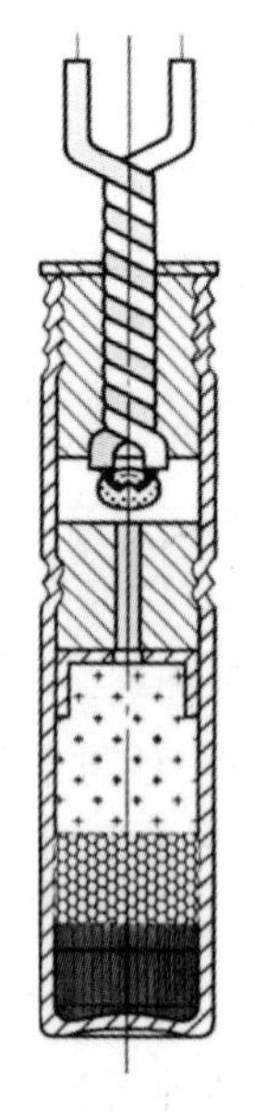
图 1-2　瞬发电雷管结构简图

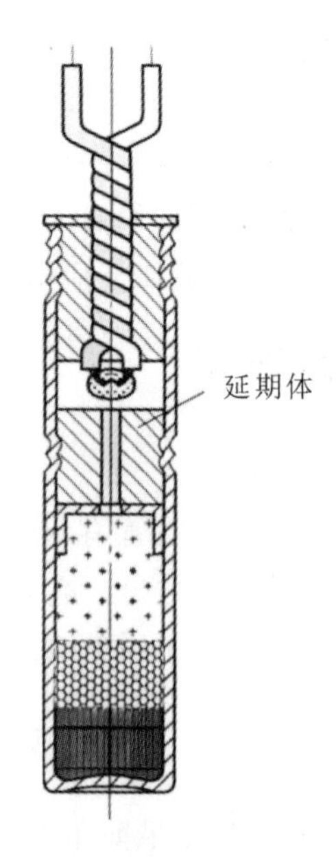

图 1-3　延期电雷管结构简图

电雷管主要由五部分组成：管壳、电发火系统、加强帽、起爆药和猛炸药。延期电雷管还有延期体元件。电雷管管壳材料有铜、铁、铝等。金属制管壳主要通过冲压、拉拔而成，内径为(6.20±0.02)mm，外径为(6.60±0.02)mm，长度为45～66 mm；电发火系统主要由电加热的发火系统构成；加强帽主要由金属冲压而成，内径为(5.60±0.02)mm，外径为(6.15±0.02)mm，长度为5～13 mm，传火孔直径为2～3 mm；起爆药主要有叠氮化铅、二硝基重氮酚等；猛炸药有黑索今、太安及其他混合物，一般要加入钝感剂和黏合剂。

3）电雷管工作原理

电雷管接通电流后，桥丝发热，引燃点火药(延期雷管中点火药直接引燃延期体，再由延期体火焰引爆起爆药)，点火药的燃烧火焰通过传火孔引燃起爆药，起爆药在加强帽的约束作用下迅速地由燃烧转为爆轰，从而起爆下方的猛炸药，完成雷管最终能量的输出，起爆炸药。

电发火系统的引燃药必须足够安全(引燃药未受电冲能时，其组分不会发生反应或引燃药与桥丝之间不会发生反应)、具有合适的感度(不会因轻微摩擦而发火等)、燃烧稳定、燃烧火焰具有足够的烧灼性，从而确保雷管起爆。

煤矿中含有大量的瓦斯和煤矿粉尘，对雷管、炸药爆炸火焰具有严格的限制。煤矿许用雷管的最后一段延期不得超过130 ms，严禁使用半秒延期或秒延期电雷管，这是因为采煤爆破后，瓦斯从新的自由面或崩落的煤块中不断涌出。经测定，炸药爆炸后160 ms时，瓦斯浓度达0.3%～0.95%；360 ms时，瓦斯浓度达0.35%～1.6%，局部浓度更高，因此当总延期时间过长时，瓦斯浓度可能超限，这样起爆后很容易引发瓦斯爆炸事故。当瓦斯浓度为5%～16%、氧气浓度不低于12%时，煤矿瓦斯气体遇火即会发生爆炸。

3.普通导爆管雷管

1）导爆管

导爆管

塑料导爆管是内壁附有极薄层炸药和金属粉末的空心塑料软管。导爆管受到一定强度的激发冲能作用后，管内出现一个向前传播的爆轰波。爆轰波使得前沿炸药粉末受到高温高压作用而发生爆炸，爆炸的能量一部分用于剩余多项炸药的反应，另一部分用于维持爆轰波的温度和压力，使其稳定地向前传播。导爆管可以从轴向引爆，也可以从侧向起爆。轴向引爆是指把引爆源对准导爆管管口，侧向起爆是指把爆炸源设置在导爆管管壁外方。在爆破工程中，导爆管网路侧向起爆还分为正向起爆和反向起爆，一般聚能穴宜采用反向起爆，防止因聚能穴打断导爆管而发生拒爆现象。导爆管的连接一般采用连通器或者雷管捆扎多根导爆管簇方式。

(1) 导爆管分类和代号。

不同型号的导爆管所用材料不尽相同，颜色也不同。导爆管按其抗拉性能分为普通导爆管和高强度导爆管两大类，导爆管的代号如图1-4所示。

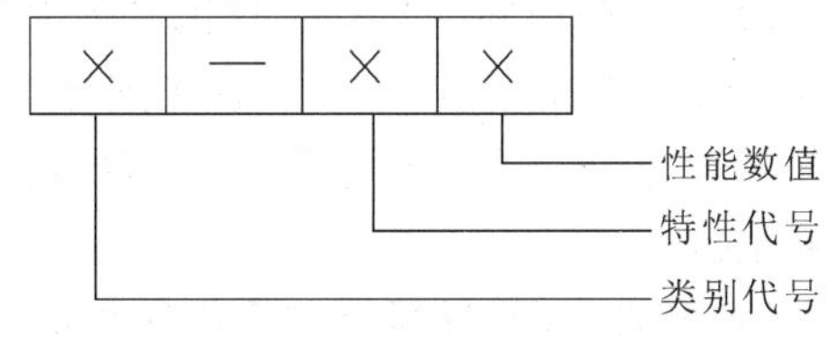

图1-4　导爆管的代号

普通导爆管的类别代号为 DBGP,高强度导爆管的类别代号为 DBGG。常用特性代号如表 1-12 所示。

表 1-12 常用特性代号

特性	耐温	耐硝酸铵溶液	耐乳化基质	抗油	变色
代号	NW	NX	NR	KY	BS

(2) 导爆管装药结构。

涂抹在塑料导爆管内壁上的混合粉末通常为奥克托今、黑索今等猛炸药,以及由少量铝粉和少量变色工艺附加物组成的混合粉末。每米导爆管药量为14～18 mg,爆速为 1600～2000 m/s。

(3) 高强度导爆管。

与普通导爆管相比,高强度导爆管主要从两个方面进行了改进:一是对管壁材料进行改性,提高管壁材料强度;二是采用复合层管壁材料。

(4)导爆管使用注意事项。

① 不得在有瓦斯、煤尘等易燃易爆气体和粉尘的场合使用。

② 连接导爆管网路时,导爆管簇被雷管激爆的根数应不超过 20 根,具体根数依相应雷管的起爆能力而定,连接网路前应做试验确定。

③ 导爆管簇被捆扎雷管激爆时,宜采用反向起爆,或者正向起爆时在聚能穴上用胶布或炮泥堵上,以减少飞片对前方导爆管的损伤。

④ 爆区太大或延期较长时,防止地面延时网路被破坏。

⑤ 高寒地区塑料硬化会影响导爆管的传爆性能。

2) 导爆管雷管

导爆管雷管是指利用导爆管传递的冲击波能直接起爆的雷管,由导爆管和雷管组装而成。导爆管受到一定强度的激发能作用后,管内出现一个向前传播的爆轰波,当爆轰波传递到雷管内时,导爆管端口处发火,火焰通过传火孔点燃雷管内的起爆药(或火焰直接点燃延期体,然后延期体火焰通过传火孔点燃起爆药),起爆药在加强帽的作用下,迅速从燃烧转为爆轰,形成稳定的爆轰波,爆轰波再起爆下方猛炸药,从而引爆雷管。导爆管雷管具有抗静电、抗雷电、抗射频、抗水、抗杂散电流的能力,使用安全、可靠,简单易行,因此得到了广泛应用。

(1) 导爆管雷管结构。瞬发导爆管雷管结构简图如图 1-5 所示,延期导爆管雷管结构简图如图 1-6 所示。

导爆管雷管主要由导爆管、卡口塞、加强帽、起爆药、猛炸药、管壳等组成。

(2) 导爆管雷管分类和命名。导爆管雷管按抗拉性能分为普通导爆管雷管和高强度导爆管雷管;按延期时间分为毫秒延期导爆管雷管、1/4 秒延期导爆管雷管、半秒延期导爆管雷管和秒延期导爆管雷管;按精度也分为普通导爆管雷管和高精度导爆管雷管。导爆管雷管的命名按 WJ/T 9031 的规定执行。

(3) 导爆管雷管的起爆性能测试。6 号导爆管雷管应能炸穿厚度为 4 mm 的铅板,8 号导爆管雷管应能炸穿厚度为 5 mm 的铅板,穿孔直径应不小于雷管外径。

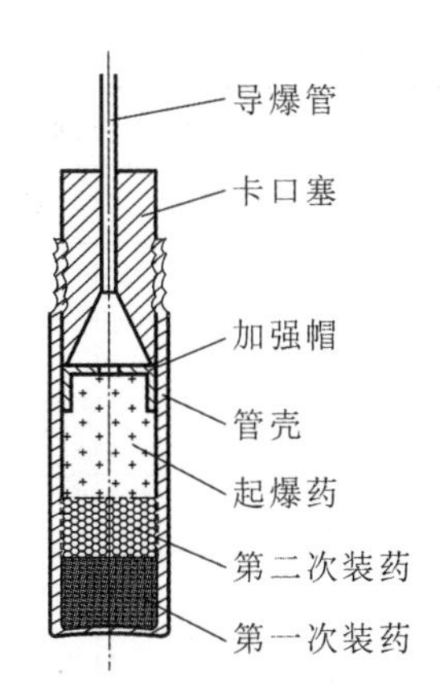

图 1-5　瞬发导爆管雷管结构简图

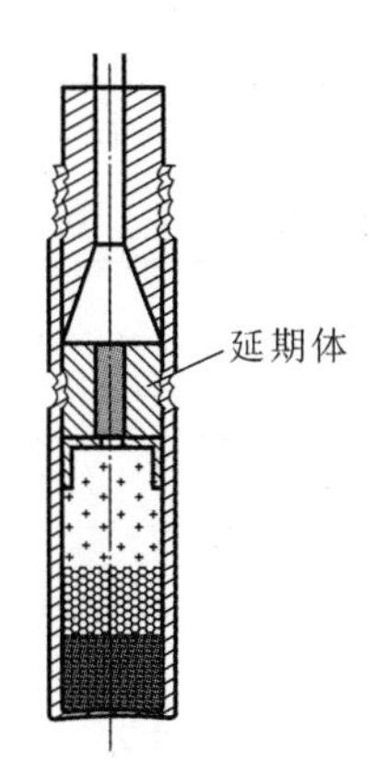

图 1-6　延期导爆管雷管结构简图

4. 高精度导爆管雷管

我国生产的一般毫秒系列雷管延时段别只有 15～20 段，半秒系列的只有 10 段，而且这些雷管的延期误差较大。目前，国内一些厂家已能生产 30～60 段的毫秒延期导爆管雷管。随着工程爆破技术的发展，工程爆破对起爆器材的要求越来越高；同时，起爆器材的发展也促进了工程爆破技术的不断进步。瑞典在起爆器材领域发展较快，导爆管雷管的延时精度比较高，其起爆系统采用的是接力式网路，如导爆管 UNIDET 起爆系统，其由孔内导爆管雷管（延期时间为 500 ms）和地表导管连接起爆件（延期时间为 0 ms、17 ms、25 ms 和 42 ms）组成，是在地表连接孔内导爆管实现逐孔起爆的毫秒导爆管起爆系统。

我国目前使用的高精度导爆管雷管起爆系统，基本上是澳瑞凯（威海）爆破器材有限公司的产品。该公司生产的 Exel 系列非电导爆管雷管分为毫秒导爆管雷管、长延时导爆管雷管和地表延期导爆管雷管三种。其特征和性能如下。

（1）Exel 毫秒导爆管雷管。采用粉红色 Exel 导爆管和 8 号加强雷管，可承受拉力 450 N。

（2）Exel 长延时导爆管雷管。采用黄色 Exel 导爆管和 8 号加强雷管，可承受拉力 450 N，特别适合地下井巷（隧道）和矿山开挖爆破。

（3）Exel 地表延期导爆管雷管。与瑞典导爆管 UNIDET 起爆系统相似，它也是在地表连接孔内导爆管实现逐孔起爆的毫秒导爆管起爆系统，由一个导爆管雷管、塑料连接块即塑料 J 形钩构成。雷管镶嵌在塑料连接块中，可在两个方向起爆 5 根导爆管，被起爆的导爆管卡在塑料连接块内。表 1-13 为这两种延时雷管各段的标准延期时间。

表 1-13　两种延时雷管各段标准延期时间

段别	延期时间/ms		段别	延期时间/ms	
	Exel 毫秒雷管	Exel 长延时雷管		Exel 毫秒雷管	Exel 长延时雷管
1	25	25	4	100	300
2	50	100	5	125	400
3	75	200	6	150	500

续表

段别	延期时间/ms		段别	延期时间/ms	
	Exel 毫秒雷管	Exel 长延时雷管		Exel 毫秒雷管	Exel 长延时雷管
7	175	600	17	425	2400
8	200	700	18	450	2700
9	225	800	19	475	3000
10	250	900	20	500	3400
11	275	1000	21	—	3800
12	300	1200	22	—	4200
13	325	1400	23	—	4600
14	350	1600	24	—	5000
15	375	1800	25	—	5500
16	400	2100			

5. 数码电子雷管

1）数码电子雷管结构

数码电子雷管

数码电子雷管是指在原有雷管装药的基础上，采用具有电子延时功能的专用集成电路芯片实现延期的电子雷管。电子延期具有精确可靠、可校准的特点，使雷管的延期精度和可靠性极大提高，数码电子雷管的延期时间可精确到 1 ms，且延期时间可由爆破作业人员在爆破现场对爆破系统实施编程来设定和检测。

传统雷管采用化学物质进行延期，数码电子雷管采用具有电子延时功能的专用集成电路芯片进行延期；传统雷管点火头位于延期体之前，点火头作用于延期体实现雷管的延期功能，由延期体引爆雷管的主装药部分，而数码电子雷管延期体位于点火头之前，由延期体作用到点火头上，再由点火头作用到雷管主装药上。

数码电子雷管必须使用专用的起爆器引爆。起爆器的控制逻辑比编码器高一个级别，它能够触发编码器，反之则不能。起爆网路编程与触发起爆所必需的程序命令设置在起爆器内。起爆器通过双绞线与编码器连接后，起爆器会自动识别所连接的编码器，首先将它们从休眠状态唤醒，然后分别对各个编码器回路的雷管进行检查。起爆器可以通过编码器把起爆信息传给每个雷管，保证雷管准确引爆；可抵御静电、杂散电流、射频电等各种外来电，具有很高的安全性。

2）数码电子雷管工作原理

数码电子雷管主要包括以下功能单元。

（1）整流电桥：用于对雷管的脚线输入极性进行转换，防止爆破网路连接时脚线连接极性错误对控制模块的损坏，提高网路的可靠性。

（2）内储能电容：通常情况下，为了保障储存状态下数码电子雷管的安全性，数码电子雷管采用无源设计，即内部没有工作电源，数码电子雷管的工作能量（包括控制芯片工作的能量和起爆雷管的能量）必须由外部提供。为了实现通信数据线和电源线的复用，以及在网路起爆过程中，网路干线或支线被炸断的情况下，保障雷管可以按照预定的延期时间正常起爆雷管，数码电子雷管采用内储能的方式，在起爆准备阶段内置电容来存储足够的能量。

（3）控制开关：用于对进入雷管的能量进行管理，特别是对可以到达点火头的能量进行管理，一般来说，对能量进行管理的控制开关越多，产生误点火的能量越小，安全性越高。

（4）通信管理电路：用于和外部起爆控制设备交互数据信息，在外部起爆控制设备的指令控制下，执行相应的操作，如延期时间设定、充电控制、放电控制、启动延期等。

（5）内部检测电路：用于对控制雷管点火的模块进行检测，如点火头的工作状态、各开关的工作状态、储能状态、时钟工作状态等，以确保点火过程是可靠的。

（6）延期电路：用于实现数码电子雷管相关的延期操作，通常情况下其包含存储雷管序列号、延期时间或其他信息的存储器、提供计时脉冲的时钟电路以及实现雷管延期功能的定时器。

（7）控制电路：用于对上述电路进行协调，其功能类似于计算机中央处理器的功能。

3）电子雷管分类

电子雷管的分类如表1-14所示。

表1-14　电子雷管的分类

按输入能量区分		按延期编程方式区分			按使用场合区分		
导爆管电子雷管	数码电子雷管	固定延期（工厂编程）电子雷管	现场可编程电子雷管	在线可编程电子雷管	隧道专用电子雷管	煤矿许用电子雷管	露天使用电子雷管

（1）导爆管电子雷管：导爆管电子雷管的初始激发能量来自外部导爆管的冲击波，由换能装置把冲击波转换为电子雷管工作的电能，从而启动电子雷管的延期操作，延期时间预存在电子延期模块内部，如EB公司的DIGIDET和瑞典Nobel公司的Ex-ploDet雷管。

（2）数码电子雷管：数码电子雷管的初始能量来自外部设备加载在雷管脚线上的能量，电子雷管的操作过程（如写入延期时间、检测、充电、启动延期等）由外部设备通过加载在脚线上的指令进行控制，如隆芯1号电子雷管、ORICA的I-KON等。

（3）固定延期电子雷管：固定延期电子雷管是指在控制芯片生产过程中，延期时间直接写入芯片内部，如EEPROM（电擦除可编程只读存储器）、ROM（只读存储器）等非易失性存储单元中。依据雷管脚线颜色或线标区分雷管的段别，雷管出厂后不能再修改雷管的延期时间。

（4）现场可编程电子雷管：现场可编程电子雷管的延期时间写入芯片内部的PROM（可编程只读存储器）、EEPROM等中，延期时间可以根据需要由专用的编程器，在雷管接入总线前写入芯片内部。一旦雷管接入总线，延期时间就不可修改。

（5）在线可编程电子雷管：在线可编程电子雷管的内部并不保存延期时间，即雷管断电后回到初始状态，无任何延期信息，网路中所有雷管的延期时间保存在外部起爆设备中，在起爆前根据爆破网路的设计写入相应的延期时间，即在使用过程中，延期时间可以根据需要任意修改，国内外的大多数数码电子雷管属于这种类型。

（6）隧道专用电子雷管：隧道掘进中，延期时间基本固定，但在局部地方（如靠近建筑物等)具有降振的要求,而且岩层特性会出现变化,要求现场能够在一定程度上调整雷管的延期时间,因此隧道专用电子雷管采用现场编程的电子雷管。

(7) 煤矿许用电子雷管:煤矿许用电子雷管的两个基本要求,即不含铝、延期时间需小于 130 ms。煤矿掘进具有简单、重复的特点,延期时间序列一旦确定,无须再进行调整,因此煤矿许用电子雷管基本采用固定编程的电子雷管。

与常规雷管相比,数码电子雷管具有许多无可比拟的优点,如具有:良好的抗水、抗压性能;可抵御静电、杂散电流、射频电等各种外来电的固有安全性;雷管起爆时间可以在爆破现场根据需要在 0～1500 ms 内任意设置和调整的灵活性;雷管延期时间长且误差小的高精度与高可靠性;起爆之前雷管位置和工作状态可反复检查的测控性;等等。

6. 无起爆药雷管

凡不使用起爆药实现雷管起爆的均可称为无起爆药雷管。无起爆药雷管和起爆药雷管最终都是通过起爆猛炸药实现雷管的起爆能的输出,而无起爆药雷管的关键是在不使用起爆药的前提下实现猛炸药的爆轰。

工业雷管普遍装有猛炸药、起爆药和延期烟火剂。猛炸药作为基本装药位于雷管的底部,延期烟火剂位于上部,二者之间装起爆药,依靠起爆药将延期烟火剂的燃烧转成爆轰传给猛炸药以引起猛炸药爆轰。然而在实际使用中,起爆药在即使药量只有几毫克和不受约束的情况下,只要有火焰或其他外界作用引起发热,就能完全爆轰。猛炸药只有在药量相当大或受严密约束的情况下才可能被加热或被火焰引燃并从燃烧转爆轰。用作起爆药的化学物常常是具有高感度、爆轰成长迅速的物质,如二硝基重氮酚、斯蒂芬酸铅和叠氮化铅等。具有代表性的猛炸药有太安、黑索今、梯恩梯、奥克托今、662 炸药等。采用上述起爆药制造雷管的方法具有结构简单、加工容易、成本低廉等优点,但在雷管的加工、使用过程中并不十分安全,而且还有废水污染等问题。无起爆药雷管可提高雷管在生产、运输、使用中的安全性,避免起爆药制造时产生废水。工业上,无起爆药雷管的研制主要从雷管结构和起爆药替代品两个方面入手来解决雷管从燃烧转爆轰的问题。

我国无起爆药雷管技术研究起步较晚,始于 20 世纪 80 年代初,但发展较快。典型代表有中钢集团武汉安全环保研究院有限公司发明的安全工业雷管、中国科学技术大学发明的简易飞片式无起爆药雷管。这两种雷管均去掉了起爆药,用炸药代替起爆药,既保证了安全,又消除了污染。但是,无起爆药雷管还不能完全取代有起爆药雷管。

1.1.2.2 工业导爆索

导爆索

导爆索又称传爆线,自 1879 年出现以来经历了两个阶段的发展,1879—1919 年导爆索外壳主要采用的是软金属,因为那时候使用的硝化棉、梯恩梯、苦味酸等在导爆索直径较小时,如果没有坚固的外壳就不能引起爆轰。1919 年随着太安和黑索今的出现,其在直径较小时,没有坚固的外壳也能引起爆轰,因此以后的导爆索外壳主要采用纤维。塑料导爆索是指在外层涂覆热塑性塑料的导爆索,工业导爆索的外表颜色一般为红色。

1. 工业导爆索的分类

导爆索根据应用环境的不同分为露天导爆索和安全导爆索,如表 1-15 所示。

表 1-15　导爆索的分类

导爆索				
露天导爆索				安全导爆索
普通导爆索	高抗水导爆索	强起爆力导爆索	低能导爆索	安全导爆索(应用于有矿尘和瓦斯的井下爆破)

2. 工业导爆索的结构

导爆索主要由两个部分组成:药芯和外壳。药芯的直径为 3～4 mm,由粉状太安(季戊四醇四硝酸酯)或黑索今(环三亚甲基三硝胺)构成,外壳用棉、麻等纤维材料编制而成,直径为 5.5～6.2 mm。

3. 工业导爆索传爆原理

导爆索受到一定强度的爆炸冲击波作用后,爆轰波沿导爆索的一个方向向前传播。爆轰波使得前沿药芯受到高温高压作用发生爆炸,爆炸的能量一部分用于激发前方炸药发生反应,一部分用于维持爆轰产物的温度和压力,使其稳定传播。导爆索从侧向引爆。

4. 低能导爆索

低能导爆索的药芯药量很小,线装药密度仅为 3.5～5.0 g/m,爆速为 5000～6200 m/s。这种导爆索一般不能直接起爆炸药,只用于敷设炮孔外的导爆索网路;在深孔爆破时,用于引爆起爆药柱,而不引爆炮孔中的炸药,这是因为在深孔爆破中广泛使用的是铵油炸药、乳化炸药等低感度炸药,不能用雷管直接引爆,必须通过中继药包起爆。为了避免导爆索在引爆过程中引起孔内炸药爆燃,甚至爆炸,必须采用低能导爆索。

1.1.2.3　起爆具

起爆具

起爆具又称中继起爆药柱或中继传爆药包,是指设有安装雷管或导爆索的功能孔、具有较高起爆感度和高输出冲能的猛炸药制品。起爆具按起爆方式分为双雷管起爆具、双导爆索起爆具、雷管与导爆索起爆具和其他起爆具。双雷管起爆具是指起爆具本体上有两个雷管孔,可用两个雷管起爆,起双保险的作用;双导爆索起爆具是指起爆具本体上有两个导爆索孔,可用两个导爆索起爆,起双保险的作用;雷管与导爆索起爆具是指起爆具本体上有一个雷管孔和一个导爆索孔,用雷管或导爆索都可以起爆。起爆具按用途分为普通起爆具、起爆弹、起爆管和微型起爆具等。起爆具按功能孔个数可分为单功能孔起爆具、双功能孔起爆具和三功能孔起爆具。一般起爆具质量为 100～1000 g。微型起爆具装药量为几克到几十克。

1. 起爆具的作用及其起爆原理

起爆具用于起爆铵油炸药、浆状炸药、乳化炸药等低感度炸药及其他无雷管感度的炸药。起爆具的起爆原理是通过缠绕或插在起爆具上的雷管或者导爆索起爆起爆具,然后起爆具起爆低感度炸药。其中起爆具起到了爆轰波放大的作用。

2. 起爆具的结构

起爆具主要有圆柱形和圆台形两种外形结构,外壳材料一般采用纸质或塑料,中间有搁置雷管或导爆索的贯穿圆孔。为了防止雷管从功能孔内脱出造成拒爆,有在雷管孔底部设置台阶或孔口处设置雷管卡子；为了提高雷管的起爆可靠性，有在起爆主药柱与功能孔之间浇筑部分雷管感度较高的炸药，起到雷管爆轰波放大作用。起爆具结构简图如图 1-7 所示。

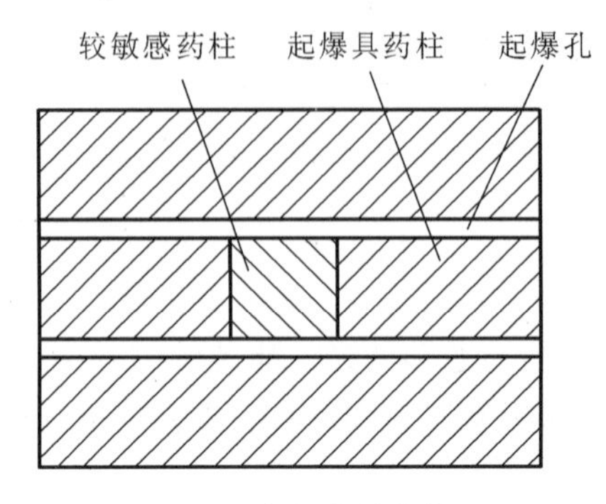

图 1-7　起爆具结构简图

3. 微型起爆具

微型起爆具与普通起爆具相比，具有自身激发系统，不需要雷管、导爆索起爆就能达到完全爆炸的目的。它集雷管、导爆索、起爆具三者功能于一身，从而极大地提高了其安全性，简化了起爆系统。

4. 起爆具的性能

根据行业标准 WJ 9045—2004 规定，起爆具性能要求如表 1-16 所示。

表 1-16　起爆具性能要求

项目	性能要求	
	Ⅰ	Ⅱ
起爆感度	起爆可靠，爆炸完全	
装药密度/（g/cm^3）	≥1.50	1.20～1.50
抗水性	在压力为 0.3 MPa 的室温水中浸 48 h 后，起爆感度不变	
爆速/(m/s)	≥7000	5000～7000
跌落安全性	12 m 高处自由下落到硬土地面上，应不燃不爆，允许有结构变形和外壳损伤	
耐温耐油性	在 80 ℃±2 ℃的 0 号轻柴油中，自然降温，浸 8 h 后应不燃不爆	

注：大于 0.3 MPa 的抗水性要求，可按订购方的要求做。

1.2　起爆方法

在工程爆破中，引爆药包中的工业炸药有两种方法：一种是通过雷管的爆炸起爆工业炸药；一种是用导爆索爆炸产生的能量引爆工业炸药，而导爆索本身需要先用雷管引爆。

根据雷管点燃方法的不同，起爆方法包括火雷管起爆法、电雷管起爆法、导爆管雷管起爆法。无线起爆法包括电磁波起爆法和水下声波起爆法，它们利用比较复杂的起爆装置，可以远距离控制和引爆电雷管，但仍属于电雷管起爆法。

火雷管起爆法由导火索传递火焰点燃火雷管，也称导火索起爆法、火花起爆法，是工程爆破中最早使用的起爆方法。火雷管起爆法的特点是操作简单、成本较低，但需要在爆破工作面点火，安全性低，爆破前不能用仪表检查工作质量，一次起爆能力小，不能精确控制起爆时间，导火索以黑火药为主装药，黑火药在生产和使用中极易发生安全事故。因此，我国已决定从2008年1月1日起停止生产民用导火索和火雷管，当年6月30日后停止使用。

导爆管雷管起爆法利用导爆管传递爆轰波点燃雷管，也称导爆管起爆法。电雷管起爆法采用电引火装置点燃雷管，故也称电力起爆法。

与雷管起爆法相对应，用导爆索起爆炸药称作导爆索起爆法。

与电力起爆法相对应，将导爆管雷管起爆法和导爆索起爆法统称为非电起爆法。起爆方法的分类如图1-8所示。

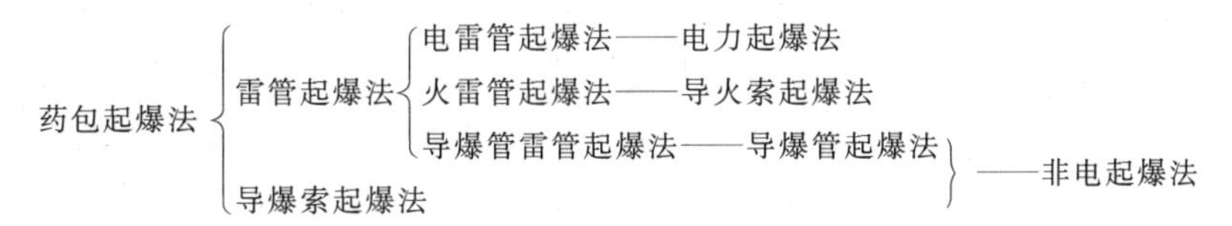

图1-8　起爆方法的分类

绝大多数爆破工程都是通过群药包的共同作用实现的。通过单个药包的起爆组合，向多个起爆药包传递起爆信息和能量的系统称为起爆网路。

根据起爆方法的不同，起爆网路分为电力起爆网路、导爆管雷管起爆网路、导爆索起爆网路三种，后两种起爆网路也称非电起爆网路。在工程实践中，有时根据施工条件和要求采用由上述不同起爆网路组成的混合起爆网路。起爆网路的分类如图1-9所示。

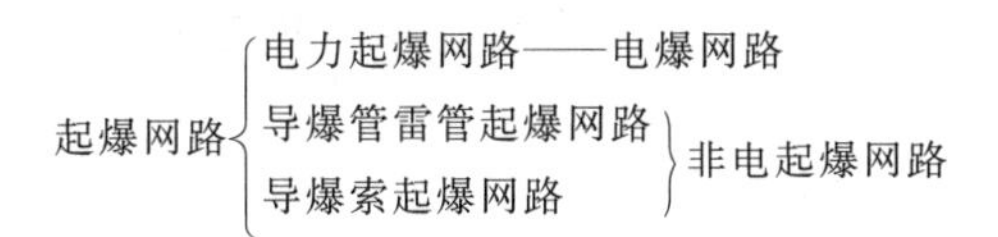

图1-9　起爆网路的分类

1.2.1　电力起爆法

电力起爆法就是利用电能引爆电雷管进而直接或通过其他起爆方法起爆工业炸药的起爆方法。电力起爆法中的器材有电雷管、导线、起爆电源和测量仪表。

电力起爆法的最大特点是爆前可以用仪表检查电雷管和对网路进行测试，检查网路的施工质量，从而保证网路的准确性和可靠性；另外，电力起爆网路（俗称电爆网路）可以远距离起爆并控制起爆时间，调整起爆参数，实现分段延期起爆，但在分段数量与灵活性方面，电力起爆法不如导爆管雷管起爆法。电力起爆法的缺点主要是在各种环境的电干扰下，如杂散电、静电、射频电、雷电等，存在着早爆、误爆的危险，在雷雨季节和存在电干扰的危险范围内不能使用电爆网路；此外，在药包比较多的工程爆破中，若采用电爆网路，则必须有可靠的起爆电源，对网路的设计和施工有较高的要求，网路连接也比较复杂。

1.2.2 导爆索起爆法

1.2.2.1 导爆索起爆法的特点

导爆索可以直接引爆工业炸药，用导爆索组成的起爆网路可以起爆群药包，但导爆索网路本身需要先用雷管引爆。导爆索起爆法属于非电起爆法。

导爆索起爆法在装药、填塞和连网等施工程序上都没有雷管，不受雷电、杂散电流的影响，导爆索的耐折度和耐磨损度远大于导爆管，导爆索起爆法安全性优于电爆网路和导爆管起爆法；此外，导爆索起爆法传爆可靠、操作简单、使用方便，可以使钻孔爆破分层装药结构中的各个药包同时起爆；导爆索具有一定的抗水性和耐高温、低温性能，可以用在有水的爆破作业环境中；导爆索由于传爆速度快，可以提高弱性炸药的爆速和传爆可靠性，改善爆破效果。

导爆索起爆法的主要缺点是成本较高，不能用仪表检查网路质量；裸露在地表的导爆索网路，在爆破时会产生较大的响声和一定强度的空气冲击波，所以在城镇浅孔爆破和拆除爆破中，不应使用孔外导爆索起爆。导爆索起爆法只有借助导爆索继爆管才能实现多段延时起爆，导爆索继爆管由于价格高、精度低，在爆破工程中已很少应用。

工程爆破中，导爆索一般作为辅助起爆网路。常用导爆索起爆网路的有深孔爆破、光面爆破、预裂爆破、水下爆破以及硐室爆破等。

1.2.2.2 导爆索的连接方法

导爆索连接示意图

导爆索连接方法

导爆索起爆网路的形式比较简单，无须计算，只要合理安排起爆顺序即可。

导爆索在传递爆轰波时有一定的方向性，因此在连接网路时必须使每条支线的接头迎着主线的传爆方向，支线与主线的传爆方向的夹角应小于90°。

常用的导爆索网路连接方法有：

(1) 簇并联，将所有炮孔中引出的导爆索支线末端捆扎成一束或几束，再与一根主导爆索相连，一般用于炮孔数不多但较集中的爆破；

(2) 分段并联，在炮孔或药室外敷设一条或两条导爆索主线，将各炮孔或从药室中引出的导爆索支线分别依次与导爆索主线相连。

1.2.3 导爆管雷管起爆法

导爆管雷管起爆法利用导爆管传递冲击波点燃雷管，进而直接或通过导爆索起爆法起爆工业炸药。导爆管雷管起爆法的优点是可以在有电干扰的环境下操作，连网时不会因通信电网、高压电网、静电等杂电的干扰引起早爆、误爆事故，安全性较高；一般情况下，导爆管起爆网路起爆的药包数量不受限制，网路也不必进行复杂的计算；灵活、形式多样，可以实现多段延时起爆；导爆管起爆网路连接操作简单，检查方便；导爆管传爆过程中声响小，没有破坏作用。而导爆管雷管起爆法的缺点是尚未有检测网路是否通顺的有效手段，而导爆管本身的缺陷、操作中的失误和对其轻微的损伤都有可能引起网路的拒爆。因而在工程爆破中采用导爆管起爆网路，除必须采用合格的导爆管、连接件、雷管等组件和复式起爆网路外，还应注重网路的布置，提高网路的可靠性，重视网路的操作和检查。

在有瓦斯或矿尘爆炸危险的作业场所不能使用导爆管雷管起爆法；水下爆破采用导爆管起爆网路时，每个起爆药包内安放的雷管数不宜少于两发，并宜连成两套网路或复式网路同时起爆，并应做好端头防水工作。

导爆管雷管起爆法主要使用击发元件、连接装置和起爆元件。其中连接装置可分成两类：装置中不带雷管或炸药，导爆管通过插接方式实现网路连接的装置称为连接元件；连接装置中带雷管或炸药，通过雷管或炸药的爆炸将网路连接下去的装置称为传爆元件。

1.2.3.1　击发元件

击发导爆管可以采用各种工业雷管、导爆索、击发笔、电火花枪等。除雷管、导爆索外，常用的是击发笔，直接把击发针插入非电导爆管内 2 cm，然后采用专用的导爆管非电击发器或电雷管/导爆管雷管双用起爆器击发起爆导爆管网路。击发笔与起爆器之间可以采用爆破线连接。

1.2.3.2　连接元件

连接元件主要有分流式连接元件和反射式连接元件两种。

(1) 塑料连通管和塑料多通道连接插头(三通式、四通式)，也称多路分路器，属于分流式连接元件，它们利用导爆管正向入射分流原理，在网路中实现了无雷管无炸药分流传爆。

(2) 塑料套管接头(三通、四通)。这是一种可以自己加工的反射式连接元件，由不同直径的聚氯乙烯薄壁套管制成，壁厚 0.5 mm。只要用塑料焊接机(热合机)将其做成长约 20 mm，一端开口、一端封闭的接头即可。套管内径为 5 mm 时可制成三通，为 6 mm 时可制成四通。这种套管接头成本低、制作简单、使用方便，薄壁套管由于有一定伸缩性，能将导爆管紧紧地包裹住。

(3) 塑料四通接头。这是用注塑方式产品化的帽盖状反射式连接元件，封口端为圆弧状，开口端内侧有四个半弧状缺口用作导爆管的插口，外侧有放置缩口金属箍的沿口，由于导爆管外径的生产误差，使用时要加缩口金属箍才能使四根导爆管牢固地固定在接头中。现在使用的四通接头是厂家用注塑方法生产的，为适应目前导爆管有粗有细的实际情况，四通接头已从加套箍改进成为上下螺旋接口的分体产品，以保证使用过程中导爆管不会掉脱(见图 1-10)。

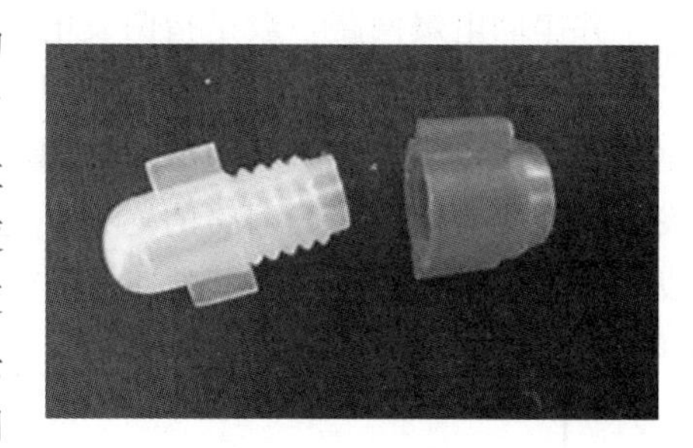

图 1-10　四通接头

1.2.3.3　传爆元件

传爆元件有两种形式：

(1) 直接用导爆管雷管作为传爆元件，将被传爆的导爆管牢固地捆绑在传爆雷管周围，这种连接方法使用比较多，一般称之为捆联连接，或簇联连接；

(2) 传爆元件为塑料连接块，在连接块中间留有雷管孔，将传爆雷管插入孔内，被传爆的导爆管则插入连接块四周的孔内，通过传爆雷管的爆炸将被传爆的导爆管击发起爆。连接块有多种形式，如圆形、长方形等，可接入不同数量的导爆管。

1.2.3.4 起爆元件

导爆管不能直接起爆炸药，必须通过在导爆管中传播的冲击波点燃雷管中的起爆药即导爆管雷管来起爆炸药。

1.3 起爆网路的设计和现场运用

绝大多数爆破都是通过群药包的共同作用实现的，群药包的起爆是通过起爆网路实现的。起爆网路的设计是指根据各类爆破的施工特点和环境，选择合理的起爆网路组合，实施群药包的准确、有序爆炸，以达到特定的工程目的。

1.3.1 电爆网路的设计和现场运用

1.3.1.1 电爆网路的连接方式

电爆网路有多种网路连接形式，但在工程爆破中常用的有以下四种。

1. 串联

串联是最简单的网路连接形式（见图 1-11），其特点是操作简单、检查容易、要求电源功率小，特别适用于电容式起爆器。若采用工频交流电（220 V 或 380 V）起爆，由于必须保证流经每个电雷管的电流不小于 2.5 A（硐室爆破为 4 A，下同），其一次起爆电雷管数量有限。在串联网路中，只要有一发电雷管桥丝断路，就会造成整个网路断路。

2. 并串联

并串联电爆网路一般是指两发电雷管并联成一组后再接成串联网路（见图 1-12）。这种网路在每个起爆点采用两发电雷管，增大了每个起爆点的准爆率和起爆能。并串联是工程爆破中最常用的混合起爆网路形式，其中以导爆管网路为主要网路，通过简单的电爆网路击发起爆导爆管网路完成网路的连通。这种网路适合电容式起爆器或工频交流电；网路中一发电雷管桥丝断路不影响其他雷管。

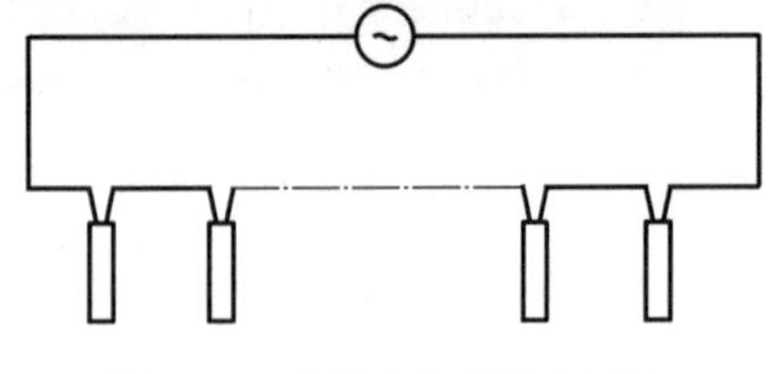

图 1-11 串联电爆网路示意图

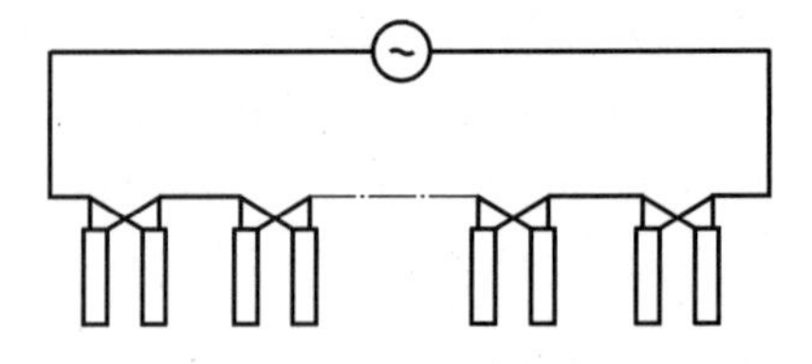

图 1-12 并串联电爆网路示意图

3. 串并联

将电雷管分成若干组，每组电雷管串联成一条支路，然后将各条支路并联起来组成网路（见图 1-13）。这种网路适用于电压低、功率大的工频交流电，常应用在地下深孔爆破中。网路设计时，要求各条支路的电阻值平衡，并保证每条支路通过的电流为 2～5 A。

4. 并串并联

将上两种电爆网路结合在一起，即串并联网路中每一条支路采用并串联连接方式（见图1-14），即组成并串并联网路。这种网路在每个起爆点采用两发电雷管，增大了每个起爆点的准爆率和起爆能。这种网路适用于电压低、功率大的工频交流电。网路设计时，要求各条支路的电阻值平衡，并保证每个支路通过的电流大于 2.5 A。

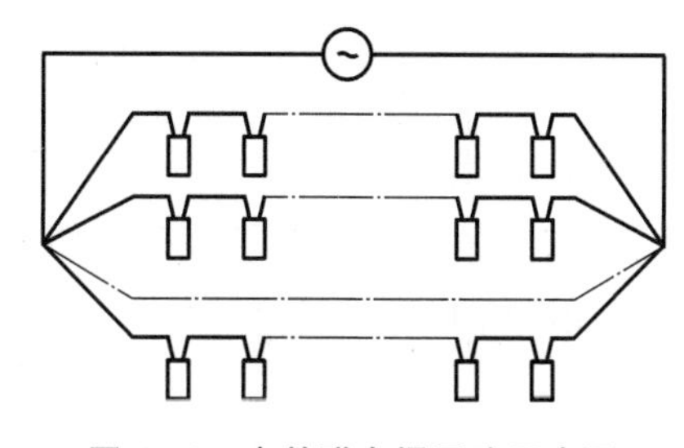

图 1-13　串并联电爆网路示意图

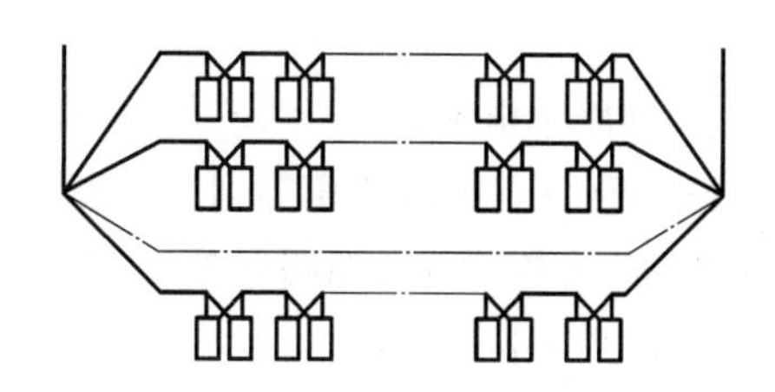

图 1-14　并串并联电爆网路示意图

1.3.1.2　电爆网路的设计与计算

1. 电爆网路电阻计算

电爆网路电阻计算是以电工学中的欧姆定律为基础的，在以下的计算中，采用下述符号。

R：电爆网路总电阻，Ω；

R_1：主线电阻，Ω；

$R_{支}$：并联网路中各支路的电阻，Ω；

R_2：端线、连接线、区域线的合电阻，Ω；

r：每发电雷管电阻，Ω；

m：串联电雷管个数或组数；

n：并联电雷管个数，在工程爆破的电爆网路中，一般 $n=2$；

N：并联支路数。

为保证流经网路中各个电雷管的电流值基本相同，在同一电爆网路中，每个电雷管的桥丝电阻值应控制在一定误差范围内，并联网路各支路的电阻值应基本平衡。为简化计算，假设各电雷管的电阻值相等，各并联支路的电阻值平衡，各种连接网路的电阻计算如下。

(1) 串联网路：

$$R = R_1 + R_2 + mr$$

(2) 并串联网路(其中 $n=2$)：

$$R = R_1 + R_2 + \frac{mr}{n}$$

(3) 串并联网路：

$$R = R_1 + \frac{R_{支}}{N} = R_1 + \frac{R_2 + mr}{N}$$

(4) 并串并联网路(其中 $n=2$)：

$$R = R_1 + \frac{R_{支}}{N} = R_1 + \frac{1}{N}\left(R_2 + \frac{mr}{n}\right)$$

2. 电爆网路电流计算

《爆破安全规程》规定，电力起爆法中流经每个电雷管的电流值应满足：对于一般爆破，交流电电流值不小于 2.5 A，直流电电流值不小于 2 A；对于硐室爆破，交流电电流值不小于 4 A，直流电电流值不小于 2.5 A。

通过电爆网路的总电流值计算如下：

$$I = \frac{U}{R}$$

式中：I 为网路总电流，A；U 为起爆电源的起爆电压，V；R 为网路总电阻，Ω。

串联网路各点电流值相等、并联网路电流按电阻值分流，电爆网路要求并联网路各支路电阻值平衡，故各种电爆网路电雷管中通过的电流值 i 计算如下：

(1) 串联网路：

$$i = I = \frac{U}{R_1 + R_2 + mr}$$

(2) 并串联网路(其中 $n=2$)：

$$i = \frac{I}{n} = \frac{U}{nR_1 + nR_2 + mr}$$

(3) 串并联网路：

$$i = \frac{I}{N} = \frac{U}{NR_1 + R_2 + mr}$$

(4) 并串并联网路(其中 $n=2$)：

$$i = \frac{I}{nN} = \frac{U}{nNR_1 + nR_2 + mr}$$

3. 发火冲量的计算

发火冲量是衡量电雷管性能的一个重要指标。在使用电容式起爆器作为起爆电源时，尽管其起爆电压峰值很高，但由于起爆器供电时间很短(通常在 10 ms 以下)，用通过电雷管的电流值来衡量电爆网路的准爆性能是不合理的，应计算发火冲量是否满足电雷管准爆的要求。一般应在电容式起爆器的技术特征中标明其发火冲量(也有称引燃冲量)和供电时间的范围。

保证电雷管准爆的发火冲量应大于或等于 8.7 $A^2 \cdot ms$。

发火冲量的计算公式为

$$K = I^2 \cdot t$$

式中：对电容式起爆器，电流 I 应采用平均电流 $\bar{I}$。

起爆器是瞬间放电的，其瞬间最大电流 I_0 为

$$I_0 = \frac{U}{R}$$

平均电流 $\bar{I}$ 为

$$\bar{I} = \phi I_0$$

式中：ϕ 为等效平均电流系数。

1.3.2　导爆索起爆网路的设计和现场运用

1.3.2.1　深孔爆破中的导爆索起爆网路

在深孔爆破中，可以利用导爆索继爆管组成分段并联起爆网路。导爆索起爆网路按连接方式分为开口网路和环形网路（见图1-15）。在没有继爆管时，人们常利用导爆索爆速高的特性，在深孔内用导爆索起爆钝感的铵油炸药，以提高铵油炸药的爆速和传爆可靠性，在孔外采用电爆网路或导爆管起爆网路实现延时爆破。

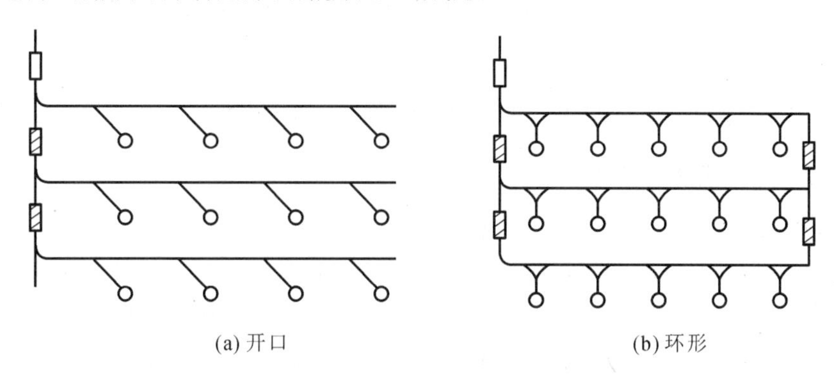

图1-15　导爆索起爆网路

1.3.2.2　硐室爆破中的导爆索起爆网路

为保证硐室爆破的起爆可靠性，在20世纪60年代和70年代，一般在硐室爆破中采用一套电爆网路和一套导爆索起爆网路。后来硐室爆破普遍采用毫秒延期爆破技术，导爆索起爆网路一般作为辅助起爆网路使用，在同一药室的主起爆体和副起爆体之间，或同时起爆的不同药室的起爆体之间用导爆索串联，可以保证药室的准爆性能。另外，在实现硐室爆破毫秒延期起爆时，也可以采用在导硐内由导爆索起爆不同段别的导爆管雷管的起爆网路。

1.3.2.3　光面爆破与预裂爆破中的导爆索起爆网路

光面爆破与预裂爆破需采用弱性装药，当无专用弱性药卷时，可以采用普通药卷进行间隔装药，导爆索起爆网路可以将这些间隔的药卷连接起来实现同时起爆。

1.3.2.4　拆除爆破中的导爆索起爆网路

在建筑物拆除爆破中，导爆索起爆网路仅作为辅助起爆网路用于炮孔内间隔装药，也可用于基础切割爆破。

1.3.3　导爆管雷管起爆网路的设计和现场运用

导爆管雷管起爆网路是目前深孔爆破和拆除爆破中使用得最多的网路。以下是设计时常用的几种网路。

1.3.3.1　传爆元件组成的复式捆联网路

这种网路的每个药包中用一发导爆管雷管，将各药包中引出的导爆管直接捆绑在两发导爆管传爆雷管上组成顺序式复式网路（见图1-16）。导爆管传爆雷管可以采用瞬发导爆管雷管，也可以采用毫秒导爆管雷管。采用瞬发导爆管雷管时，各药包将基本依照药包中导爆管雷管段别的时间起爆；当采用毫秒导爆管雷管作为顺序式复式网路的传爆管时，就组成了接力式捆联网路。

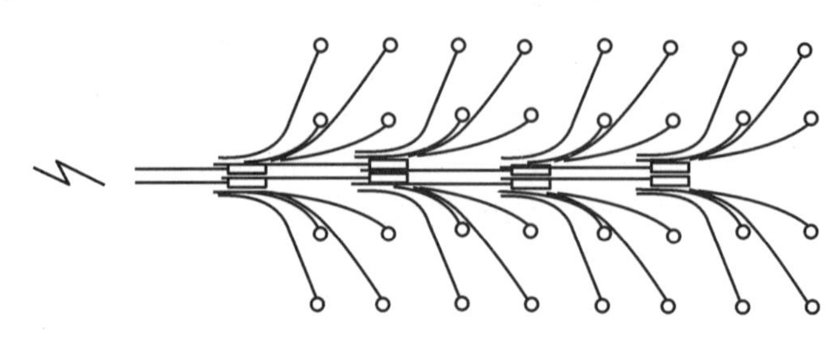

图 1-16　传爆元件组成的复式捆联网路

1.3.3.2　接力式捆联网路

1. 基本连接形式

接力式捆联网路是在工程爆破中使用较多的常用起爆网路。它以延时导爆管雷管作为传爆元件，将网路顺序连接下去，每经过一个连接点，其后连接的药包的起爆时间就滞后一定时间，整个网路的药包以一定时差一组（个）一组（个）地按顺序起爆。孔外接力式网路可以实现多段位延期起爆，整个爆破过程持续的时间比较长，可以按周围环境的要求控制单响药量，直至进行逐孔起爆。接力式网路的连接方式为捆联，即直接将导爆管用胶布捆接在传爆雷管上。一般接力式网路采用双雷管连接。在接力式网路中，通常孔内采用一种段别的导爆管雷管，连接采用 1 种或 2 种段别的导爆管雷管，导爆管雷管由于段别少，为施工带来了许多便利。

接力式网路可采用直条式，也可采用树杈式，网路有一主路，同时在接力点向各方向的岔路再接力传爆，主路和岔路中的传爆雷管可采用同一段别，也可采用不同段别。

2. 点燃阵面与毫秒段别的选择

在导爆管爆破网路被引爆后，网路内导爆管雷管存在着三种状态：①炮孔内雷管已爆炸并引爆炸药产生爆轰；②地表接力雷管已被引爆，炮孔内雷管已点燃但延期体仍在燃烧而未产生爆炸，炮孔内炸药尚未产生爆轰；③起爆信号尚未传播到，接力雷管和网路中的导爆管雷管尚未被引爆。这三种不同状态彼此之间是会相互影响的。导爆管的传爆速度（不大于 2000 m/s）远小于爆炸应力波的传播速度（6000 m/s 以上），在炮孔内外雷管段别选择不当时，先爆孔引起的爆炸应力波就可能先于导爆管传播到后面炮孔的位置，由于被爆介质的错动网路被切断或拉断，后面炮孔就会出现拒爆现象。为避免或减少先爆炮孔对未爆炮孔及孔外网路的破坏，在接力式网路中，一般孔内用段别高、延期时间长的导爆管雷管作起爆雷管，孔外用段别低、延期时间短的导爆管雷管作接力管。由于孔内延期时间比孔外接力雷管的延期时间长许多，当前面炮孔内的炸药爆炸后，起爆信号已传入后面相当距离外炮孔内的雷管，使其达到上述第 2 种状态，这样即使这些炮孔发生错动，由于孔内雷管的延期体已被点燃，雷管仍能被起爆并引爆炸药。也就是说，在设计接力式网路时，应保证在某一炮孔爆轰时，经网路导爆管传爆的爆轰波已点燃了相当距离以后炮孔中的导爆管雷管延期体。

在任何一次爆破中，由炸药正在爆轰的炮孔及所有延期药正在燃烧但还未爆炸的导爆管雷管所构成的平面称为点燃阵面，点燃阵面的大小可以用炮孔排数来表示。如果在任何一个炮孔内的炸药爆轰以前，网路中所有孔内雷管的延期体均已被点燃，这时所有点燃的雷管构成的平面称为完全点燃平面。孔内毫秒延时网路通常就是完全点燃平面。在接力式网路中除非接力点很少，一般是不可能达到完全点燃平面的。例如：孔内采用7段雷管，其标称时间为200 ms，孔外采用2段雷管接力，标称时间为25 ms，导爆管的传爆速度和连接点之间的导爆管长度分别按0.5 ms/m和10 m计算，经过每一个接力点需要耗时30 ms，则在第一排7段雷管爆炸时，网路传播一般已经经过了6个或7个连接点，只有在接力点小于6个或7个时网路才能是完全点燃平面。如果采用3段或4段雷管接力，要保持有一定的点燃平面，孔内就要选择较高段别的雷管。

但是，国产导爆管雷管段别越高，雷管的延时精度越差，延时离散性越大，加上孔外接力雷管的延期时间又比较短，孔内雷管就有可能出现跳段现象，这将严重影响爆破效果。例如，国产导爆管雷管中15段雷管的名义延期时间为880 ms，其上规格限为950 ms，下规格限为820 ms，即可能产生的上下延时误差达130 ms，采用4段以内的雷管接力，接力雷管本身的标称时间就在其延时误差范围内，这样的网路设计极有可能出现后面孔比前面孔先爆的情况，即出现跳段的现象，爆破效果会大大变差。因此，在设计导爆管接力起爆网路时，点燃阵面不能太大，也不能太小。根据目前国产延期雷管的精度及延期时间离散情况，采用4排炮孔的点燃阵面比较合适，一般孔内和孔外导爆管雷管可以按表1-17进行组合。

表1-17　接力式网路孔内和孔外导爆管雷管段别组合

孔外接力导爆管雷管段别	2	3	4	5
孔内导爆管雷管段别	5～6	7～8	9～11	12～13

1.3.3.3　网络型接力式捆联网路

网络型接力式捆联网路是在接力式捆联网路基础上，为了进一步提高起爆网路的可靠性发展起来的。网络型接力式捆联网路的连接形式是：孔内高段别雷管起爆药包，孔外低段别雷管接力式捆联进行网路连接，中段别雷管网络型布置进行网路保险(见图1-17)。用作网路保险的中段别雷管，与用作接力的低段别雷管在标称的延期时间上应该有整数倍数的关系，并由此安排网络连接点，保证整个网路延期时间的正确。在接力式捆联网路中采用少量中段别导爆管雷管组成网络，可使整个网路的拒爆率降低95%以上，为扩大爆破规模，实施大范围的毫秒延期爆破，改善爆破效果和降低爆破振动，提供一个能确保安全准爆的起爆网路。

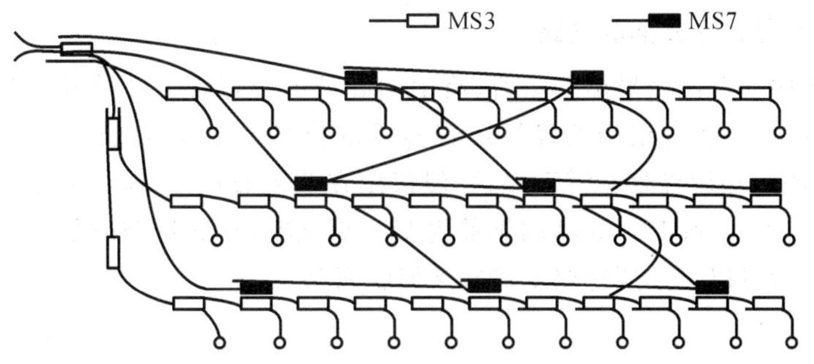

图1-17　网络型接力式捆联网路示意图

类似于网络型接力式捆联网路的还有单向排间搭接网路：间隔一定的结点数，由第 1 排依次向后排进行排间搭接，搭接雷管段别与排间传爆雷管段别一致，如图 1-18 所示。在不同排同时起爆的导爆管雷管之间，利用瞬发导爆管雷管，还可以由后排向前排搭接，实现双向排间搭接。

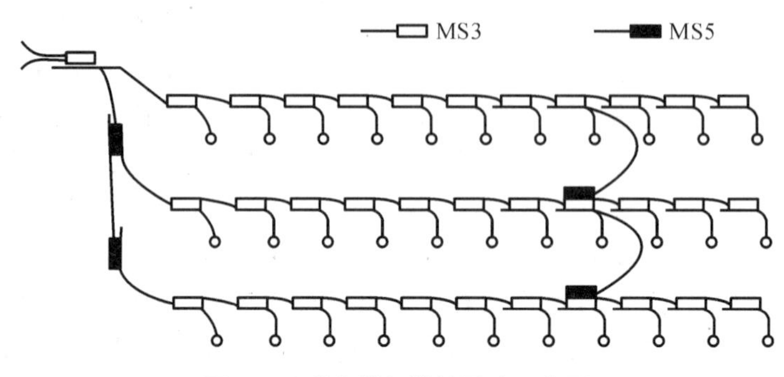

图 1-18 单向排间搭接网路示意图

1.3.3.4 复式交叉捆联网路

在导爆管雷管起爆网路中，为保证安全准爆，首先要确保传爆部分的安全可靠。复式交叉捆联网路在复式捆联网路的基础上对传爆部分进行了交叉连接，使主传爆部分由双股加强成四股。拆除爆破工程中，采用这种网路经实践证明是很可靠的。图 1-19 所示为某框架结构大楼底层拆除爆破采用的起爆网路示意图，三排柱子的炮孔分别装瞬发、毫秒 11 段(460 ms)、毫秒 14 段(780 ms)导爆管雷管，中间三跨先起爆，然后向两侧每两跨用 4 发毫秒 5 段(110 ms)导爆管雷管接力。建筑物爆破时按由中间一侧向另一侧及两侧的顺序坍塌。

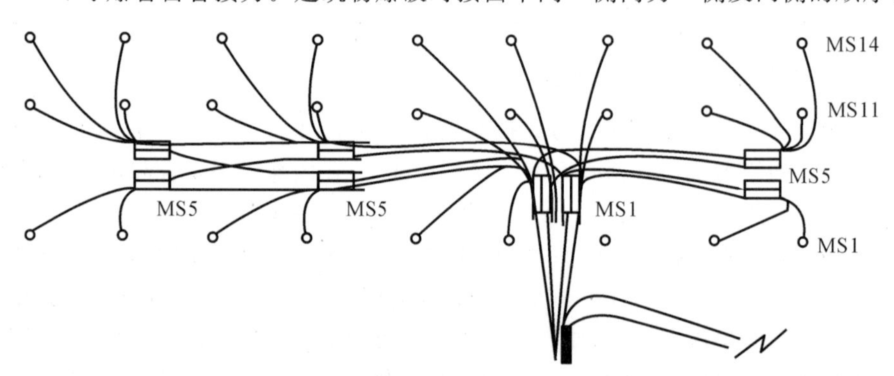

图 1-19 框架结构大楼底层起爆网路示意图

1.3.3.5 双复式交叉捆联网路

在每个药包内放置两个导爆管雷管，将引出孔外的导爆管分开并各自分组捆联在两发导爆管传爆雷管上，再将各组的两发导爆管传爆雷管组成交叉复式网路连接到起爆点(见图 1-20)。这种网路耗用导爆管雷管多，一般仅用在药包数量小、风险程度高的拆除爆破工程中，如在拆除 100 m 和 120 m 高的钢筋混凝土烟囱时，正式爆破时的药包数在 200 个左右，为确保准爆，就可以采用这种双复式交叉捆联网路。

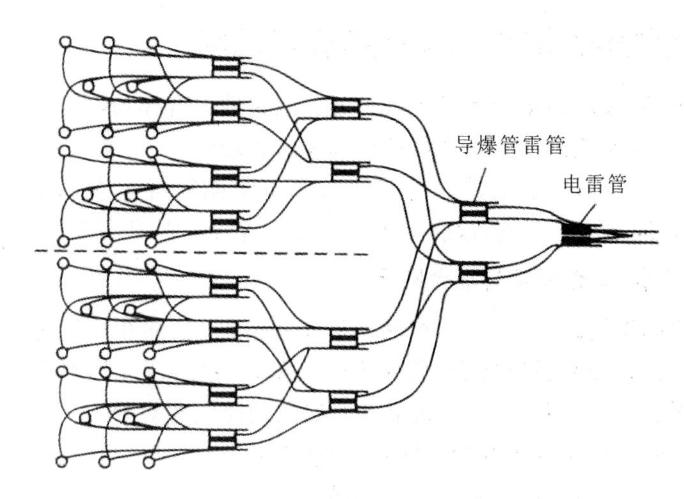

图 1-20　双复式交叉捆联网路示意图

1.3.3.6　网格式闭合网路

网格式闭合网路利用闭合导爆管网路，把整个爆破区域的药包通过连接技巧组成网格式的网路。

网格式闭合网路的连接以插接为主，这与接力式捆联网路有所不同。

对于网格式闭合网路，一般采用孔内毫秒延期网路，也可以孔内全部装同一段导爆管雷管，用不同的毫秒延期雷管起爆分区闭合网路。图 1-21 所示为某拆除爆破工程网格式闭合网路示意图，该工程把爆破区分成三个区，每个区都形成独立的网格式闭合网路，并分别用毫秒差电雷管击发起爆。从各区看，整个网路是闭合的，网路中各部位之间由网格通道相连，网格通道可以均匀布置，关键部位可以增加通道。

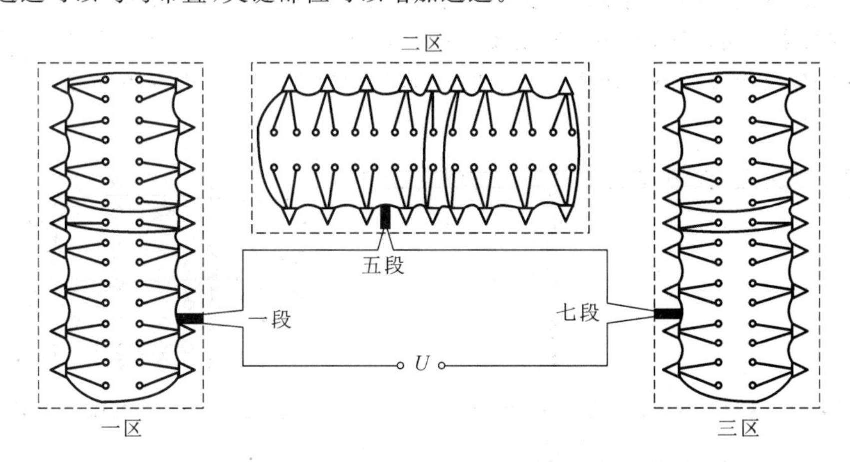

图 1-21　导爆管分区网格式闭合网路示意图

从网格式闭合网路的构成可以看出，与常用的导爆管起爆网路相比，其正确性、可靠性和安全性要高得多。

1.3.4 混合起爆网路的设计和现场运用

在工程爆破现场，采用最多的是以上各种起爆网路的混合体，这种混合起爆网路充分利用各种网路的特性，以保证网路的安全可靠性和经济合理性。

混合起爆网路有三种形式：电雷管-导爆管雷管混合网路、导爆索-导爆管雷管混合网路、电雷管-导爆索混合网路。有时候，混合起爆网路甚至包含电雷管-导爆管雷管-导爆索网路。

1.3.4.1 电雷管-导爆管雷管混合网路

在导爆管雷管起爆网路中，可将各种网路形式混合使用，如在建筑物拆除爆破中，墙体上钻孔密而多，采用闭合网路可以减小传爆雷管数量，从这些闭合网路中引出多根导爆管，与柱孔引出的导爆管形成捆联网路，对理顺整个起爆网路很有好处。

在以导爆管雷管起爆法为主的起爆网路中，利用电力起爆网路可以实现远距离起爆，控制起爆时间，通常采用电力起爆法实现击发起爆。

1.3.4.2 导爆索-导爆管雷管混合网路

辅助起爆网路与导爆管雷管起爆网路配合使用的时候往往采用导爆索起爆法，当用导爆管雷管起爆导爆索时，必须注意起爆雷管的方向性。

采用导爆索引爆导爆管雷管网路可以避免导爆索网路中不能使用孔内延时爆破的缺点，又使导爆管雷管网路的工作面混乱的局面得到根本的改善。普通导爆索与导爆管应垂直连接，连接形式可采用绕结或 T 形结（见图 1-22）。

在井巷（隧道）掘进爆破中，重要的是保证相邻起爆段之间具有足够长的延期时间。Exel长延时导爆管雷管有一系列延期段别，可用于地下矿山掘进爆破、隧道爆破、天井及竖井掘进等。在使用时可以采用低能导爆索-导爆管雷管起爆系统，孔内采用不同段别的长延时导爆管雷管，通过塑料 J 形钩与孔外的低能导爆索网路相连，再用雷管引爆低能导爆索（见图 1-23）。但要注意的是，为确保导爆管连接不会出现交叉现象，在距导爆索 20 cm 范围内不要放置导爆管。

导爆索-导爆管混合连接

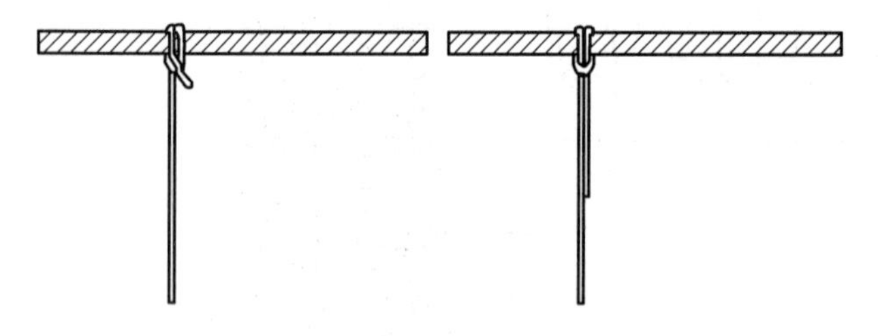
图 1-22 普通导爆索与导爆管连接形式

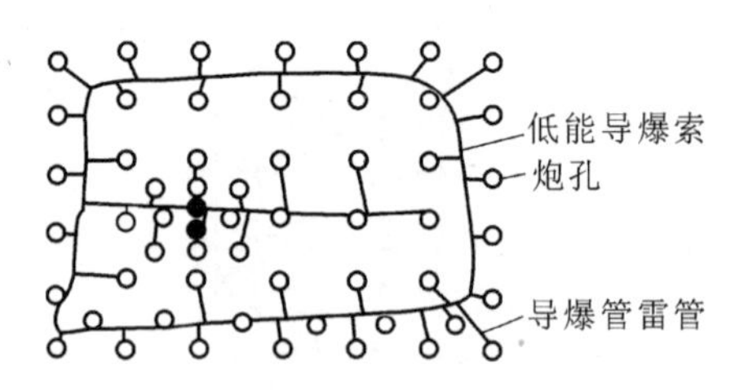

图 1-23 低能导爆索-导爆管起爆网路

1.3.4.3 电雷管-导爆索混合网路

与导爆索-导爆管雷管混合网路一样，电雷管-导爆索起爆法也经常用于辅助起爆网路与电爆网路的配合使用过程。

混合起爆网路

总之，在熟悉各种起爆网路使用特点的基础上，根据各个工程的特点和要求，可以组合出各种各具特色的混合起爆网路。

1.3.5　数码电子雷管起爆网路

随着时代的变化和科学技术的进步，爆破规模、爆炸工艺与爆破器材迅速发展，与此同时起爆技术水平也得到巨大的提高。但是在爆破工程中工业炸药和爆破器材等危险物品大量使用，许多不利因素导致爆破事故时有发生，给国家和人民群众的生命财产安全带来重大损失。为了防止爆破事故的发生，大量研究工作者对爆破事故的原因、机理进行研究，采取必要的安全技术措施。目前工程爆破中常用的工业雷管有火雷管、电雷管和非电雷管等，各种起爆安全技术相继被提出，如火雷管起爆法的安全技术、电雷管起爆法的安全技术、导爆索起爆法的安全技术及塑料导爆管起爆法的安全技术等。但是，自20世纪80年代以来，工业雷管发展迅速，各种新品种、新技术不断涌现，如新型工业安全雷管、数码电子雷管和耐高温、耐低温、耐油及高强度的导爆管等，其中数码电子雷管等一系列新品种，目前在国外得到大量推广使用，在国内一些高要求、高精度的爆破工程中也开始逐步被应用。

1.3.5.1　数码电子雷管基本原理

电子雷管是一种可以任意设定并准确实现延期发火时间的新型电雷管，其本质是采用一个微电子芯片取代普通电雷管中的化学延期药与电点火元件，不但大大地提高了延时精度，而且控制了通往引火头的电源，从而最大限度地减小了由引火头能量需求引起的延时误差。对于爆破工程来说，数码电子雷管实际上已经达到起爆延时控制的零误差。

图1-24所示为500 ms、520 ms段别传统火延期雷管与电子雷管的发火误差正态分布图。可见，两段火延期雷管(20 ms间隔)的延期发火误差分布已发生重叠，实际应用中有可能发生“跳段”起爆，而同样两段电子雷管的发火误差分布范围非常小，绝对不会发生“跳段”事故。此外，传统火延期雷管的段别越高，其标准延期发火误差越大，而新型电子雷管的延期发火误差，与其设定的段别高低几乎无关。

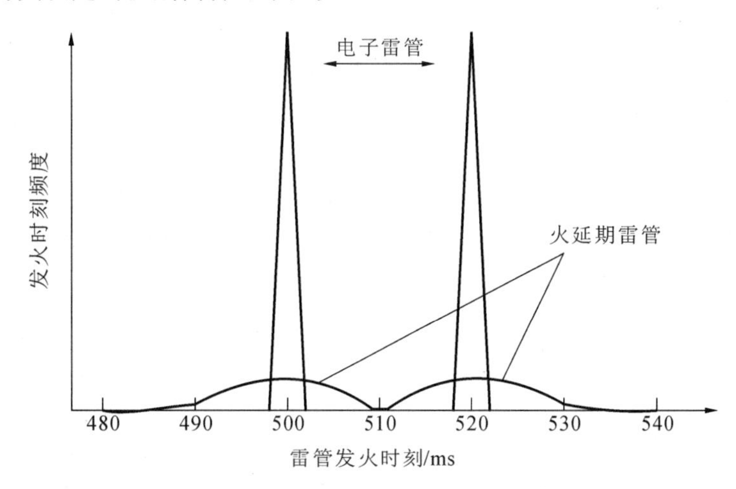

图1-24　两种雷管发火误差的正态分布

有关电子雷管技术的研发工作始于20世纪80年代初。20世纪80年代中期，电子雷管基本处于技术与产品研究开发和应用试验阶段。20世纪90年代以后，电子雷管技术取得了较快发展。例如，澳大利亚 Orica 公司、南非 AEL 公司、德国 Dynamit Nobel 公司、法国 Davey BickFord 公司和日本旭化成工业公司等世界著名制造商和企业都研制开发出了新型电子雷管。图 1-25 所示为几种电子雷管示例。

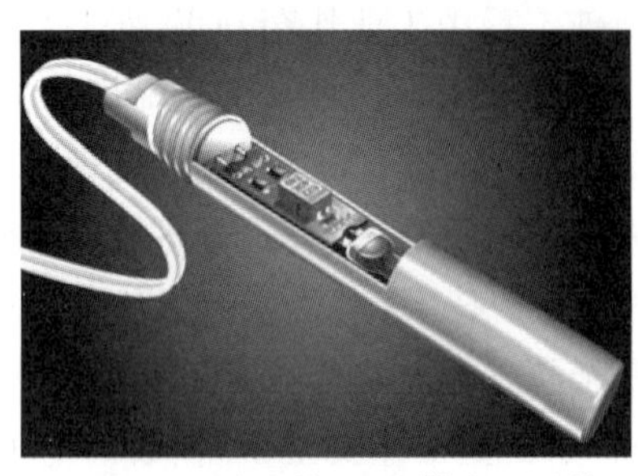

(a) Orica 公司的 I-Kon™ 电子雷管

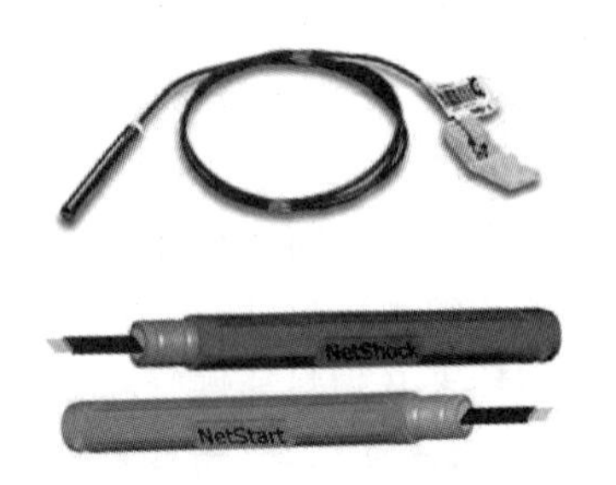

(b) AEL 公司的电子雷管

图 1-25　电子雷管

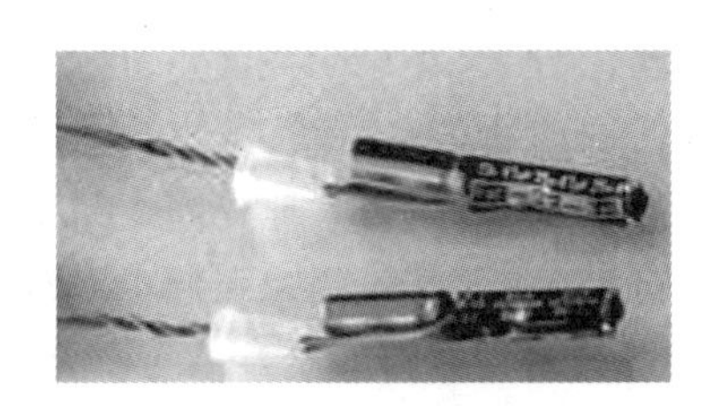

图 1-26　我国第一代电子雷管的延期体

中国冶金工业部安全环保研究院从 1985 年开始研制电子延期超高精度雷管，通过与上海元件五厂与云南燃料一厂合作，于 1988 年研制出了我国第一代电子雷管，如图 1-26 所示。目前，陕西应用物理化学研究所(西安 213 所)、南京理工大学、中国兵器工业集团有限公司和保利联合化工控股集团股份有限公司等也相继开展了此项研究工作。国内第一个自主研发的电子雷管专用集成电路“隆芯 1 号”已研制成功。2006 年 5 月贵州久联民爆器材发展股份有限公司的电子雷管通过了技术鉴定，具备了工业规模批量试生产的条件。

随着电子雷管技术的不断改进和完善，电子雷管也逐渐趋于爆破工程实用化，目前，已在很多国家得到了实际应用。2001 年 7 月加拿大 Noranda 公司在 Branswick 地下矿山采用 Orica 公司的 I-Kon™ 电子雷管进行了地下矿山的大型卸压爆破。De Beers Consolidated 矿山公司为了提高巷道掘进进尺以及在开槽过程中优化延期时间，在围岩中以及角砾云母橄榄岩岩体中进行了不同的试验。美国 Douglas 等人也对电子雷管的现场应用进行了探讨。在中国，由北京北方邦杰科技发展有限公司研制、辽宁华丰民用爆破器材有限责任公司生产的隆芯 1 号数码电子雷管在杭州市钱塘江引水入城工程中得到首次应用，并获得圆满成功。

电子雷管结构示意图如图 1-27 所示。电子雷管的起爆能力与传统延期雷管的起爆能力相同，可看成由传统瞬发雷管、外挂电子控制电路构成。图 1-28 所示为电子雷管的基本控制原理图，为保持与传统电子雷管接线方式的一致性，电子雷管通常采用供电线和通信线复用的方式。其中延期/控制电路进行电子雷管起爆所需各项工作的协调管理，是电子雷管的核心控制部分。由于不同公司对电子雷管的认识存在差异，以及采取的技术手段不同，因此生产的电子雷管各不相同，但延期和控制的功能是雷管的基本功能。

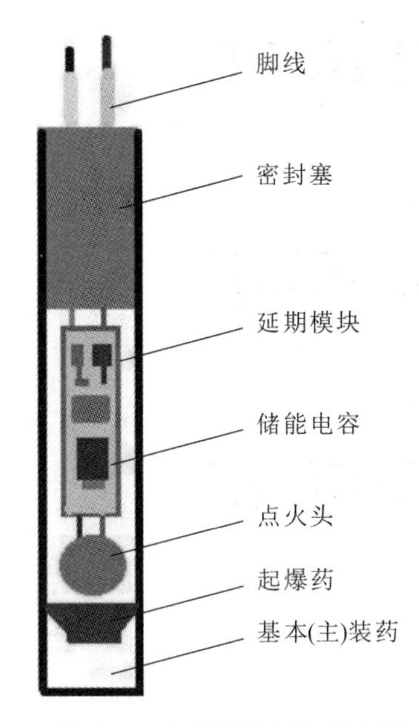

图 1-27　电子雷管结构示意图

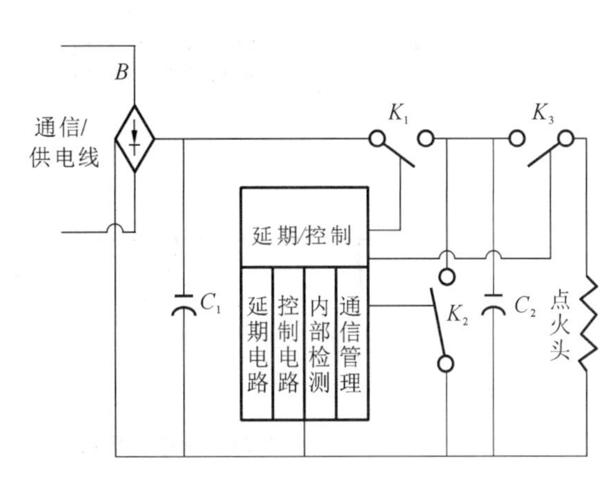

图 1-28　电子雷管的基本控制原理图

电子雷管与传统延期雷管的根本区别在于管壳内部的延期结构和延期方式。电子雷管和传统的电雷管的“电”部分基本上是不同的，对于电雷管来说，这部分不外乎就是一根电阻丝和一个引火头，点火电流通过时，电阻丝加热引燃引火头和邻近的延期药，由延期药长度来决定雷管的延期；在电子雷管内，也有一个这种形式的引火头，但前面的电子延期芯片取代了电和非电雷管引火头后面的延期药。由于取消了发火感度较高的延期药，电子雷管的生产更加安全。

电子雷管具有下列技术特点：

(1) 电子延期芯片取代传统延期药，雷管发火延时精度高，准确可靠，有利于控制爆破效应；

(2) 生产、储存和使用的技术安全性得到提高；

(3) 使用时不必担忧段别出错，操作简单快捷；

(4) 可以实现国际标准化生产和全球信息化管理。

1.3.5.2　数码电子雷管起爆网路

起爆器顶端

起爆器正面

由于各个公司生产的电子雷管各不相同，其起爆系统的差异也很大。以隆芯1号数码电子雷管为例，其核心部件为电子控制器，数码电子雷管必须用其配套的铱钵起爆系统起爆。该起爆系统由主、从起爆控制器两级设备构成：主设备——铱钵起爆器，用于电子雷管起爆流程的全流程控制，是系统唯一可以起爆雷管网路的设备；从设备——铱钵表，用于实现电子雷管连网注册、在线编程、网路测试和网路通信的专用设备。该起爆系统网路结构示意图如图1-29所示。爆破作业标准操作流程如图1-30所示。

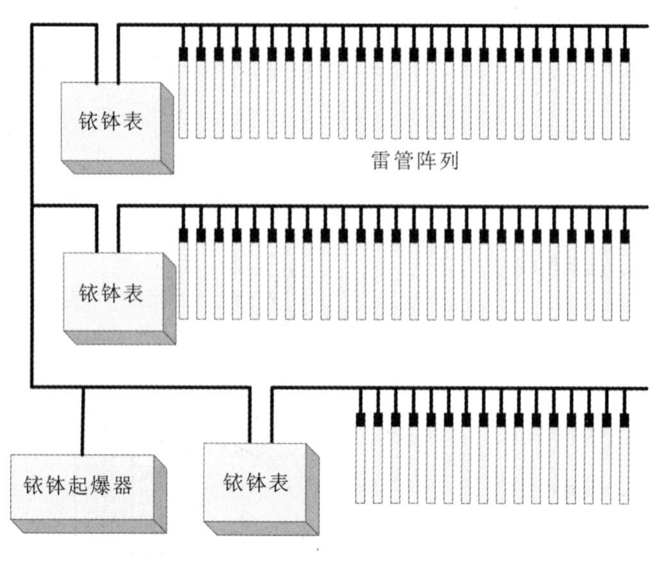

图 1-29　铱钵起爆系统网路结构示意图

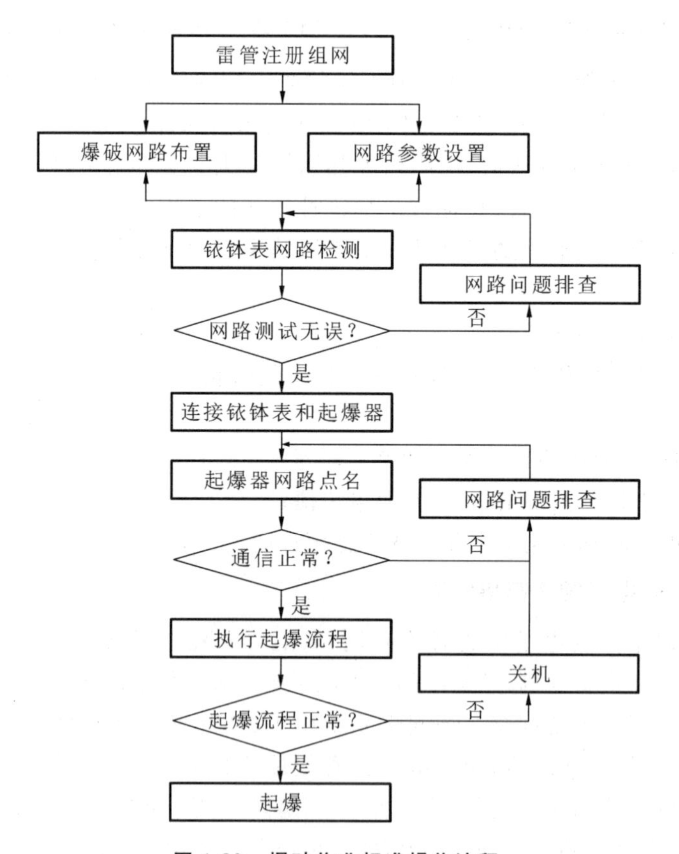

图 1-30　爆破作业标准操作流程

1.3.5.3 数码电子雷管及起爆系统的安全性

电子雷管本身的安全性，主要取决于它的发火延时电路。就点燃雷管内引火头的技术安全性来说，传统延期雷管靠简单的电阻丝通电点燃引火头，而电子雷管通常除靠电阻、电容、晶体管等传统元件外，关键还靠一块控制这些元件工作的可编程芯片来点燃引火头。如果用数字1来表征传统电阻丝的点火安全度，则电子点火芯的点火安全度为105。

与传统电雷管相比，数码电子雷管除受电控制外，还受到一个微型控制器的控制，且在起爆网路中该微型控制器只接收起爆器发送的数字信号。

电子雷管及其起爆系统的设计，引入了专用软件，其发火体系是可检测的。雷管的发火动作也完全以软件为基础。在雷管制造过程中，每发雷管的器件都要经过检验，检验时，施加于每个器件上的检验电压均高于实际应用中编码器的输出电压。未通过检验的器件，不能用于雷管生产。此外，还要对总成的电子雷管进行600 V交流电、30000 V静电和50 V直流电试验。

电子起爆系统服从“本质安全”概念。除上述电子雷管的本质安全性外，系统中的编码器同样具有良好的安全性，编码器只用来读取数据，所以它的工作电压和电流很小，不会出现导致雷管引火头误发火的电脉冲，即使不慎将传统的电雷管接在编码器上，也不会触发雷管发火。此外，编码器的软件不含任何雷管发火的必要命令，这意味着即使编码器出现错误，在炮孔外面的编码器或其他装置也不会使雷管发火。

在网路中，编码器还具备测试和分析功能，可以对雷管和起爆回路的性能进行检测，会自动识别线路中的短路情况和对安全发火构成威胁的漏电（断路）情况，自动监测正常雷管和缺陷雷管的ID码，并在显示屏上将每个错误告知其使用者。在测试中，一旦某只雷管出现差错，编码器会将这只雷管的ID码、它在起爆回路中的位置及其错误类别告诉使用者。只有使用者对错误予以纠正且在编码器上得到确认后，整个起爆回路才可能被触发。在电子雷管起爆网路中，雷管需要复合数字信号才能组网和发火，而产生这些信号所需要的编程在起爆器内。经计算，杂散电流误触电子雷管发火程序的概率是十六万亿分之一。

铱钵起爆系统的安全可靠性试验的目的是通过延期时间检测、静电感度、振动等试验，考察隆芯1号数码电子雷管的作用可靠性和安全性。

1. 常规性能检验

抽样产品251发进行常规性能检验，利用铱钵表读取受检雷管ID码和检测雷管静态工作电流、雷管自动上线功能、ID码正确返回情况、静态工作电流情况。检测结果如下：全部静态电流均在50 μA以内，雷管常规性能全部符合设计要求。

2. 静电感度试验

抽样20发雷管，在环境温度为19 ℃、相对湿度为52%的条件下，进行隆芯1号雷管静电感度试验。采用充电电容2000 PF(±10%)、充电电压15 kV，对脚壳放电，试验结果如下：雷管均未发火，且试验用的雷管仍可通过产品正常检测和正常起爆试验。

3. 振动试验

抽样20发雷管，按照国家标准有关规定，用WU001振动试验机，采用落高(150±2) mm、频率1 Hz、振动试验20 min的条件进行试验。全部隆芯1号雷管产品未产生结构松散或损坏，结构完好，可正常起爆，全部通过产品检测。

用CV-1000-15专用振动台，将雷管装入专用工装内，频率为50 Hz、最大振幅为0.5 mm、持续1 h的振动试验表明，全部受检雷管均未发生爆炸，且全部通过产品检测。

4. 延期时间检测试验

抽样56发雷管，分7组，每组8发。用铱钵专用抽样检测器对隆芯1号雷管进行延期起爆时间误差检测。不同组试验的设定时间分别为：25 ms、75 ms、100 ms、1000 ms、10000 ms、15000 ms和25～60 ms(等增量间隔为5 ms)。试验结果如下：100 ms以内，最大偏差小于0.85 ms；101～15000 ms，最大偏差为0.3%。

5. 起爆威力测试试验

取样20发雷管，按照GB/T 13226的规定，对隆芯1号数码电子雷管进行5 mm厚铅板威力试验。试验结果如下：穿孔直径范围为11.2～11.7 mm，超过优质产品(9 mm)的质量水平。

6. 作用可靠性试验

经过静电感度试验、振动试验的产品，一次抽样40发。用单个铱钵表组成并联网路，用铱钵起爆器进行网路检测和正常起爆试验。试验结果如下：全部产品准确起爆，满足产品可靠性及设计要求。

7. 非正常起爆试验

按照国家标准有关规定，进行产品串联起爆试验。加载3.5 A直流电，通电6 ms自动断电，试验产品未发生起爆。单发隆芯1号雷管引脚接入220 V/50 Hz工频交流电，通电5 min，产品未发生起爆。使用电雷管专用起爆器MFB50-2对单发隆芯1号雷管进行起爆试验，重复起爆，试验结果为未发生起爆。该试验验证了隆芯1号雷管产品具有极强的抗非正常起爆性能。

8. 组网起爆试验

在经过常规试验的雷管产品中抽样86发雷管，与单铱钵表和铱钵起爆器组成起爆网路。设定雷管延期时间增量间隔为10 ms，总延期时间为850 ms，一次同步起爆，试验结果为全部产品准确、正常、可靠起爆。抽样300发雷管，使用6个铱钵表分6组，进行一次性组网起爆试验。每组设定延期时间增量间隔为60 ms，总延期时间为2940 ms，一次同步起爆。对试验起爆状态进行了录像记录和分析，试验结果表明全部产品准确、可靠。

1.3.5.4 隆芯电子雷管在工程中的应用

1. 工程背景

江西南昌发电厂欲对该厂1×125 MW和1×135 MW二台机组210 m高钢筋混凝土烟囱采用控爆法拆除。待拆除210 m高的烟囱修建于1987年，位于江西南昌发电厂生产区中央，东西北三面均为保留建筑物和正在运行的设备。烟囱地面以上标高为210.00 m，为钢筋混凝土筒式结构。在±0.00 m标高处，烟囱外半径为9.24 m，内半径为8.62 m，壁厚为0.62 m。烟囱筒身在±0.00 m标高处正北方向和正南方向各有一个相对于烟囱中心轴线互相对称的出灰口，同向在+10.00 m标高处各有一个烟道。在烟囱内部+10.00 m标高处为多井字梁支撑的积灰平台，下部为钢制灰斗。筒身混凝土体积为2609 m^3，隔热层体积为 495 m^3，内衬体积为 847 m^3。经计算，烟囱重约 9398.69 t，重心高度为 72 m。

爆破切口形状设计为正梯形。切口圆心角取 215°。切口开设在 +0.5 m 处，此位置的烟囱外径为 18.44 m，壁厚为 620 mm，烟囱切口弧长为 34.58 m。切口高度为 5.2 m。定向窗形状为直角三角形，最小角度为 30°，底边长 3.5 m，高 2.02 m。

切口爆破参数：炮孔深度取 0.35～0.45 m（自底部起 1、2、3、4、5、7、9、11、13、15 排为 0.45 m，6、8、10、12、14 排为 0.35 m），孔距为 0.45 m，排距为 0.35～0.38 m，单孔装药量为 300～400 g。爆破总药量为 192 kg。

2. 数码电子雷管起爆系统的应用

本次爆破采用了由北京北方邦杰科技发展有限公司研制、湖北卫东化工股份有限公司生产的隆芯 1 号数码电子雷管。

为了进行两种起爆网路可靠性对比，并确保爆破网路起爆准确、可靠，工程中采用以数码电子雷管为主、非电导爆管雷管为辅的综合复式起爆网路。

以导向窗为中心，将爆破切口从中往外划分为对称的 3 个区域Ⅰ、Ⅱ、Ⅲ，如图 1-31 所示。

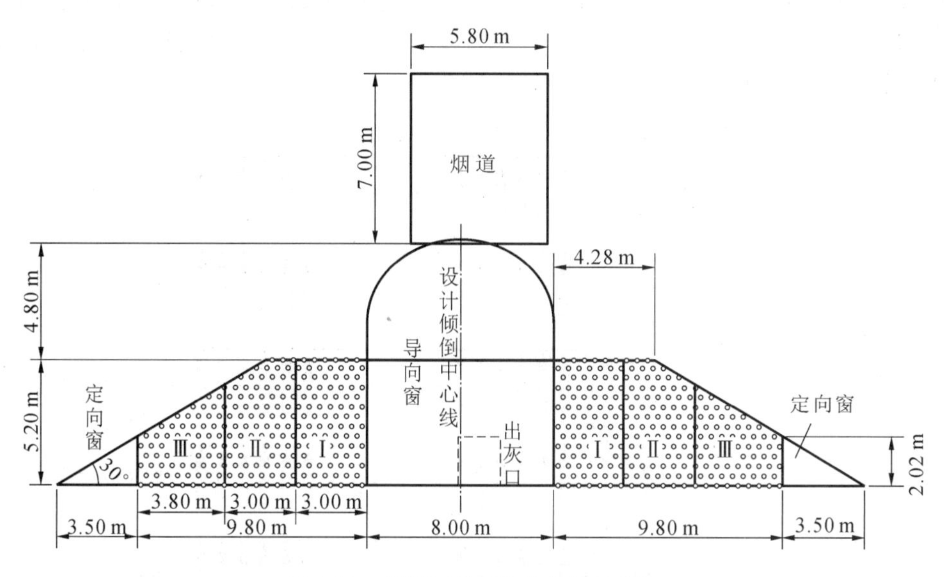

图 1-31　起爆区域及炮孔布孔示意图

每孔装一发数码电子雷管和一发或两发 7 m 的非电毫秒延期导爆管雷管。Ⅰ、Ⅱ、Ⅲ区域内的炮孔：非电毫秒延期导爆管雷管的段别采用 MS1、MS3。孔内非电毫秒延期导爆管雷管底部 4 排炮孔装双发雷管，其余孔装单发雷管。

孔外非电毫秒延期导爆管雷管网路：双发雷管的炮孔复式交叉，与其余单发孔的雷管每 20 发为一组"大把抓"，采用 MS1 双发连接雷管起爆，孔外的连接雷管再复式分组，用瞬发双发电雷管总起爆。网路总起爆的瞬发电雷管采用串联的形式，连接至主起爆线上，用 EF-300 型起爆器起爆。非电起爆网路示意图如图 1-32 所示。

数码电子雷管的网路连接：切口分成对称的 6 个区，即东西向各 3 个区（Ⅰ、Ⅱ、Ⅲ区），每一个区内的数码电子雷管并联接入一区域线上，再用主线连入一块 EBR-908 型铱钵表

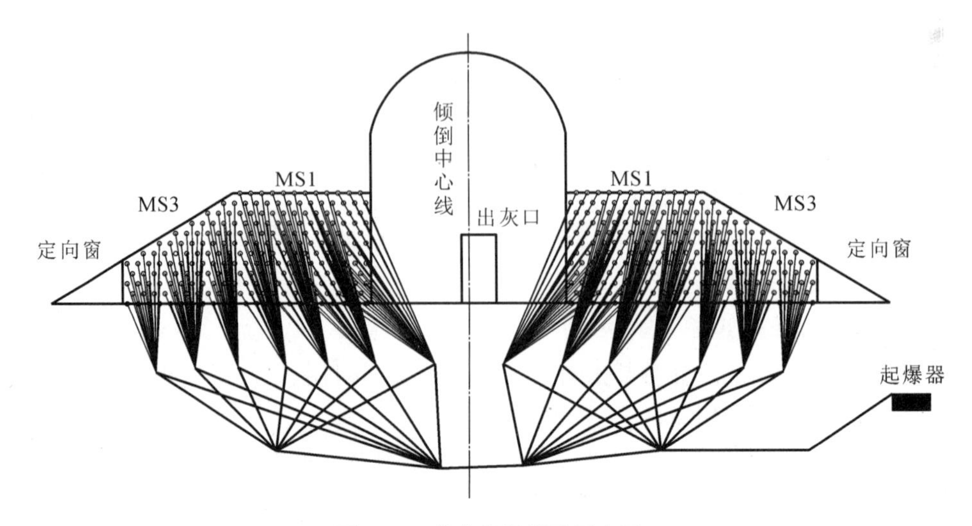

图 1-32 非电起爆网路示意图

中；负责总起爆的数码电子雷管并入东向的Ⅲ区；在起爆站，6 块 EBR-908 型铱钵表并联接入 1 台 EBQ-908 型主起爆器上，形成另一套起爆系统——数码电子雷管铱钵起爆系统。数码电子雷管起爆网路示意图如图 1-33 所示。

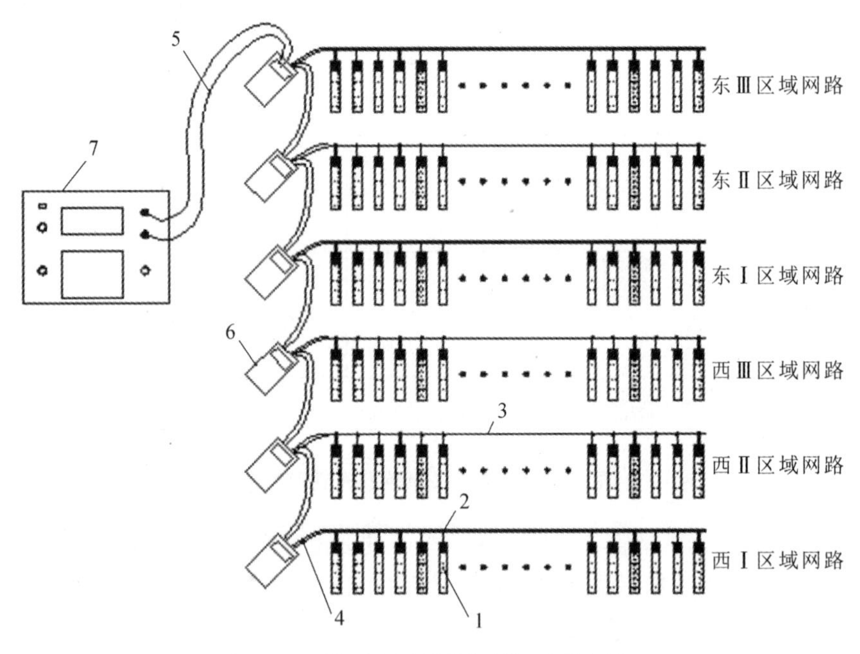

图 1-33 数码电子雷管起爆网路示意图

1—电子数码雷管；2—导线连接件；3—区域内连接电线；4—区域连接主线；
5—起爆器与铱钵表连接线；6—区域铱钵表(EBR-908 型)；7—铱钵起爆器(EBQ-908 型)

起爆时，铱钵起爆系统先起爆，1 s 后，EF-300 型起爆器起爆系统起爆，铱钵起爆系统如图 1-34 所示。工程实际起爆网路如图 1-35 所示。

图 1-34　铱钵起爆系统

图 1-35　工程实际起爆网路

3. 精确延时控制爆破对爆破效果的影响

本次爆破工作中，数码电子雷管以其优良的性能，获得了良好的效果。

（1）由于高精度电子雷管的电子延期采用延时精度极高的电子延期芯片（或模块）取代了传统的烟火延期药，因此其延期精度极高，延时绝对精度可达 0.1%，相对精度可达 0.005%（不同系统有所差异）。电子雷管的准确延时大大地增强了雷管系统在爆破技术中的作用，有利于控制爆破效应，改善爆破效果。而且数码电子雷管分段精确，将烟囱爆破从原有的 2 段分为了 3 段，减少了爆破振动，更为重要的是，降低了爆破振动对烟囱中上部结构的影响。

（2）通过对高耸建（构）筑物爆破拆除三种起爆网路可靠性的计算与分析，复式导爆管雷管接力式簇并联起爆网路通过增加传爆结点上传爆雷管的个数，将其可靠度在单式导爆管雷管起爆网路的基础上提高了 10.09%。而数码电子雷管起爆网路系统在连接形成起爆网路后，对全爆破网路进行高安全性和可靠性功能检测，确认网路中的每一发雷管都是完好的，来确保可靠性，可靠度可达到 99.91%，比复式导爆管雷管接力式簇并联起爆网路提高了 6.39%，比单式导爆管接力式簇并联起爆网路提高了 16.48%。

（3）起爆网路抗杂能力强，可以在有高压电源及杂电可能的电厂中使用。并且起爆网路可查可控，相对于传统的导爆管起爆网路，数码电子雷管起爆网路可以检测网路通畅情况，甚至可以检测到具体雷管的通路情况，使用过程中极大地避免了问题火工品的使用，抑制了盲炮的产生。

（4）通过对非电起爆网路延时误差的分析发现，合理地选择毫秒雷管的段别和数量及起爆网路形式，尽可能地降低爆破延时误差，不至于严重影响爆破效果。但采用传统延期技术难以使延时绝对精确，不能适应爆破技术发展的需要，而电子雷管起爆系统延时的极高准确性能满足爆破技术发展和爆破工程应用的需要。

（5）针对高耸建（构）筑物周围环境和结构本身的特殊性，为使其能够按照爆破拆除设计方案安全、准确地倒塌在预定范围内，应选用安全性、可靠性高的电子雷管起爆网路系统进行实际爆破拆除。

（6）将电子雷管起爆系统应用于 210 m 高钢筋混凝土烟囱爆破拆除工程中，实现了精确延时控制爆破，由于电子雷管起爆网路的高可靠性和精确分段降低了爆破振动对结构本身和周围环境的影响，因此其获得了很好的爆破效果，为复杂环境下拆除爆破延期时间、倒塌方向的精确控制提供了保证。

(7) 隆芯 1 号数码电子雷管由于具有爆破精度高、延时范围宽和网路可检查的特点提高了爆破网路的可靠性和方案设计的灵活性。铱钵起爆系统具有抗杂散电流、使用安全性好、延时可在线编程的高精度毫秒延期同步起爆的能力,能够实现和满足高精度延时减振爆破的工程要求,在未来大规模、高水平的复杂工程爆破中将具有很好的应用前景。

1.4 起爆网路的施工技术

1.4.1 电爆网路的施工技术

1.4.1.1 电爆网路导线连接方式

电力起爆网路的所有导线接头,均应按电工接线法连接,并用绝缘胶布缠好。

对线径较大的单股或多股线,连接时将剥开的线头对向交叉,再互相按顺序缠在对方被剥开的导线上,要缠得密实、紧凑,保证接头牢固不松动,然后用绝缘胶布缠好。

电雷管脚线与线径较小的单股爆破线连接时,可将剥开的线头顺向并拢在一起,在中间倒折回来转动缠绕并成一股,再将露出的线头尖端折回压紧在接头处,然后用绝缘胶布缠好。

1.4.1.2 电爆网路施工技术

在进行电爆网路施工前,应进行如下准备工作。

(1) 当爆区附近有各类电源及电力设施,有可能产生杂散电流时,或爆区附近有电台、雷达、电视发射台等高频设备时,应对爆区内的杂散电流和射频电的强度进行检测。若电流强度超过安全允许值,则不得采用普通电雷管起爆,应采用抗杂散电流电雷管。

(2) 同一起爆网路,应使用同厂、同批、同型号的电雷管,电雷管的电阻值不得大于产品说明书的规定值。

(3) 对电雷管逐个进行外观检查和电阻检查,挑出合格的电雷管应用于电爆网路中;对延期秒量进行抽样检查;对网路中使用的导线进行外观检查、电阻检查。

(4) 对于重要的爆破工程,应安排网路的原形试验,即将准备用于电爆网路中的主线、连接电线、起爆电源,按设计网路的连接方式、连接电阻、连接电雷管数进行电爆网路原形试验。原形试验中一般使用挑出后剩余的电雷管。

必须在爆破区域装药堵塞全部完成和无关人员全部撤至安全地点之后,由有经验的爆破工程技术人员和爆破员进行电爆网路的连接。连接中应注意以下事项:

(1) 电爆网路的连接要严格按照设计进行,不得任意更改;

(2) 电爆网路的端线、连接线、区域线应采用绝缘良好的铜芯线;不得利用铁轨、钢管、钢丝作为爆破线;不应使用裸露导线,在硐室爆破中不宜使用铝芯线作为导线;

(3) 连线前应擦净手上的泥污或药粉;

(4) 接头要牢靠、平顺,不得虚接;接头处的线头要新鲜,不得有锈蚀,以防接头电阻过大；两线的接点应错开 10 cm 以上；接头要绝缘良好，特别要防止尖锐的线端刺透出绝缘层；

(5) 导线敷设时应防止损坏绝缘层，应避免导线接头接触金属导体；在潮湿有水地区，应避免导线接头接触地面或浸泡在水中；

(6) 敷设时应留有 10%～15%的富余长度，防止连线时导线拉得过紧，甚至拉断；

(7) 连线作业应先从爆破工作面的最远端开始，逐段向起爆点后退进行；

(8) 在连线过程中应根据设计计算的电阻值逐段进行网路导通检测，以检查网路各段的连接质量，及时发现问题并排除故障；在爆破主线与起爆电源或起爆器连接之前，必须测量全线路的总电阻值，实测总电阻值与实际计算值的误差不得超过±5%，否则禁止连接；

(9) 电爆网路的导通和电阻值检查，应使用专用导通器和爆破电桥；

(10) 电爆网路应经常处于短路状态；

(11) 在雷雨天不应采用电爆网路，如果在电爆网路连接过程中出现雷雨天气，应立即停止作业，爆区内的一切人员要立即撤离危险区，撤离前要将电爆网路的主线与支线拆开，将各线路分别绝缘并将绝缘接头处架高，使之与地绝缘和防止水浸，不要将电爆网路连接成闭合回路。

1.4.2　导爆索起爆网路的施工技术

1.4.2.1　导爆索的连接方式

导爆索传递爆轰波的能力有一定方向性，在其传爆方向上最强。在与爆轰波传播方向成夹角的导爆索方向上传爆能力会减弱，减弱的程度与此夹角的大小有关。因此，应采用搭接、扭接、水手结和 T 形结等方法连接导爆索，其中搭接应用得最多(见图 1-36)。

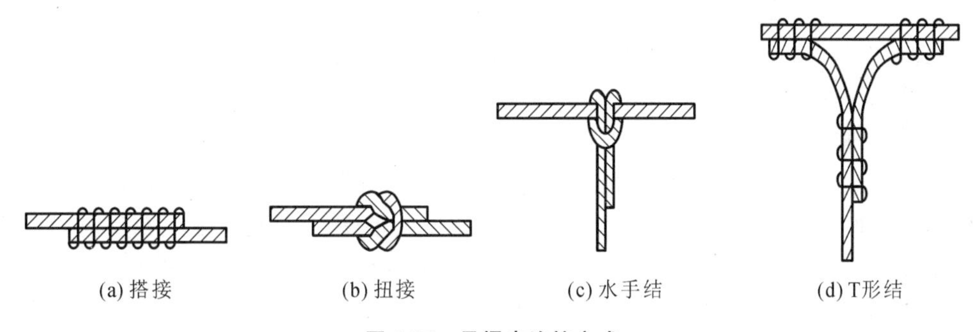

图 1-36　导爆索连接方式

1.4.2.2　导爆索连接技术

导爆索起爆网路的敷设要严格按设计的方式和要求进行。其敷设和连接必须从最远地段开始逐步向起爆点后退进行。在敷设和连接导爆索起爆网路时，要注意以下问题：

(1) 同一导爆索起爆网路中，应使用同一工厂生产的同一牌号导爆索，以避免导爆索因起爆力、感度、爆速差别而发生拒爆；

(2) 在使用导爆索前应进行外观检查，包缠层不得出现松垮、涂料不均以及折断、有油污等不良现象，对质量有怀疑的段应当切掉，切掉的废料集中做销毁处理；

(3) 普通导爆索不能在烈日下长时间暴晒，防止内外层防潮涂料熔化而渗入药芯使药芯产生钝感；

(4) 切割导爆索时应使用锋利刀具，但禁止切割已接上雷管或已插入炸药里的导爆索；不应用剪刀剪断导爆索；

(5) 在敷设过程中，防止导爆索折角、打结、挽圈，并尽量避免交叉；应避免脚踩和冲击、碾压导爆索；

(6) 搭接导爆索起爆网路时，搭接长度不能小于 15 cm，并要捆扎牢固紧密；在任何时候支索搭接方向与干索爆轰波方向的夹角都不能大于 90°；环形网路中，支索与干索之间要采用三角形连接方式连接；

(7) 交叉敷设时，应在两根交叉导爆索之间设置厚度不小于 10 cm 的木质垫块；平行敷设传爆方向相反的两根导爆索间距必须大于 40 cm；

(8) 起爆导爆索的雷管与导爆索捆扎端端头之间的距离应不小于 15 cm，雷管的聚能穴应朝向导爆索的传爆方向；

(9) 硐室爆破中，导爆索与铵油炸药接触的部位应采取防渗油措施或采用塑料布包裹，使导爆索与油源隔开；

(10) 在潮湿和有水的条件下应使用防水导爆索，索头要做防水处理或密封好，防止水从索头处渗入药芯使药芯潮湿而不能起爆；

(11) 深孔爆破中露出炮孔的索头不能小于 0.5 m，填塞炮孔时，要防止导爆索跌入炮孔内。

1.4.3 导爆管雷管起爆网路的施工技术

1.4.3.1 导爆管雷管起爆网路一般施工要求

导爆管雷管起爆网路施工要求一般有以下几点。

(1) 施工前应对导爆管进行外观检查，用于连接的导爆管不允许有破损、拉细、进水、管内杂质、断药、塑化不良、封口不严的情况。在连接过程中导爆管不允许打结、不能对折，要防止管壁破损、管径拉细和异物入管。如果在同一分支网路上有一处导爆管打结，传爆速度会降低；若有两个或两个以上的死结，导爆管就会发生拒爆；对折通常发生在反向起爆的药包处，实测表明，对折可使爆速降低，从而导致延期时间不准确，严重时导爆管可发生拒爆。

(2) 导爆管雷管起爆网路应严格按设计进行连接。用于同一工作面上的导爆管必须是同厂同批产品，每卷导爆管两端封口处应切掉 5 cm 后才能使用。露在孔外的导爆管封口不宜切掉。

(3) 根据炮孔的深度、孔间距选取导爆管长度，炮孔内导爆管不应有接头。

(4) 用套管连接两根导爆管时，两根导爆管的端面应切成垂直面，接头用胶布缠紧或加铁箍夹紧，使之不易被拉开。

(5) 孔外相邻传爆雷管之间应留有足够的距离，以免相互错爆或切断网路。

(6) 用雷管起爆导爆管雷管网路时，起爆导爆管的雷管与导爆管捆扎端端头之间的距离应不小于 15 cm，应有防止雷管聚能穴炸断导爆管和延时雷管的气孔烧坏导爆管的措施，导爆管应均匀地敷设在雷管周围并用胶布等捆扎牢固，接头胶布层数不少于三层。

(7) 用导爆索起爆导爆管时，宜采用垂直连接。用普通导爆索击发引爆导爆管时，因为导爆索的传播速度一般在6500 m/s以上，比导爆管的传播速度快得多，为了防止导爆索产生的冲击波击断导爆管造成引爆中断，导爆管与导爆索不能平行捆绑，而应采用正交绑扎或大于45°以上的绑扎。硐室爆破中采用导爆管和导爆索混合起爆网路时，宜用双股导爆索连成环形起爆网路，导爆管与导爆索宜采用单股垂直搭接，即各根导爆管分别搭接(可以将导爆管用水手结连在导爆索上)在单股导爆索上，相互之间分开，再将导爆索围成圈，组成环形起爆网路。硐室爆破中每个起爆体中的导爆管雷管数不得少于4个。

(8) 只有当所有人员、设备撤离爆破危险区，具备安全起爆条件时，才能在主起爆导爆管上连接起爆雷管。

1.4.3.2　捆联网路的施工技术

现在最常用的导爆管雷管起爆网路连接方法一种是捆联法，直接将导爆管捆扎在雷管上，如接力捆联网路、复式交叉网路等；另一种是插接法，将导爆管插接在连接件中，如网格式闭合网路等。捆联网路的施工要求如下。

(1) 捆扎材料。捆联网路通常采用塑料电工胶布捆绑导爆管和雷管，塑料胶布有一定的弹性和黏性，能将导爆管紧紧地贴在雷管四周。黑胶布弹性差，且易老化。

(2) 捆扎导爆管根数。按导爆管质量要求，一只8号工业雷管可击发50根以上的导爆管。考虑目前导爆管的质量和捆绑时的操作特点，一发雷管外侧最多捆扎20根导爆管，复式接力式捆联网路中，每个接力点上两发导爆管雷管捆绑的导爆管数量应控制在40根以内。导爆管末端应露出捆扎部位15 cm以上，胶布层数不得少于三层(有的厂家要求不少于5层)，关键是捆扎时导爆管要均匀布置在雷管四周，捆扎要紧贴。

(3) 雷管方向。雷管击发导爆管是靠其主装药部位，为防止金属壳雷管爆炸时聚能穴部位的金属碎片在高速射流的作用下损伤捆绑在雷管四周的导爆管和延时雷管的气孔烧坏导爆管，应在金属壳导爆管雷管的底部先用胶布包严，再在其四周捆绑导爆管。金属壳导爆管雷管最好反向起爆导爆管，即导爆管雷管聚能穴指向导爆管传爆的反向，对于非金属壳导爆管雷管，正向和反向捆绑均可。

1.4.3.3　网格式闭合网路的施工技术

网格式闭合网路连接方式以插接为主，连接元件为套管接头、塑料四通接头和导爆管。在施工中，应注重连接技巧，提高连接质量。想要连接成“四通八达”的网格式网路，就必须保证每个四通接头中至少有两根导爆管与其他接头相接，即每个接头至多只能接两个炮孔；网路中的网格应分布均匀。网路连接的施工要求如下：

(1) 施工前应对导爆管进行外观检查；

(2) 导爆管内径仅为1.35 mm，任何细小的杂质、毛刺都可能将导爆管管口堵塞而引起拒爆，因此，施工前应检查要使用的每一个接头，套管接头应没有漏气现象，塑料四通接头中不能有毛刺，接头内的杂质要清理干净；

(3) 在插接导爆管前应用剪刀将导爆管的端头剪去一小截，并将插头剪平整；

(4) 每个接头内的导爆管要插够数、要插紧，使用塑料四通时要加缩口金属箍；

(5) 连接用的导爆管要有一定的富余量，不要拉得太紧，因为导爆管与接头采用的是插接法，稍许受力就可能脱开；

(6) 防止雨水、污泥及其他杂物进入导爆管管口和接头内,在雨天和水量较大的地方最好不采用网格式网路,如果在连接过程中遇到水,则应将接头口朝下,离地支起,并做好防水包扎。

1.5 起爆网路的试验与检查

1.5.1 电爆网路的试验与检查

1.5.1.1 电爆网路的试验

硐室爆破和其他 A 级、B 级爆破工程,应进行起爆网路试验。起爆网路检查,应由有经验的爆破员组成的检查组完成,检查组不得少于两人。

电爆网路应进行实爆试验或等效模拟试验。应选择平整、安全的场地进行实爆试验或等效模拟试验。

实爆试验指按设计网路连接起爆;等效模拟试验,至少应选一条支路按设计方案连接雷管,其他各支路可用等效电阻代替。

在电爆网路实爆试验或等效模拟试验中,一般先测量电雷管,按电爆网路所需电雷管的数量将电阻值符合要求的电雷管挑拣出来留作正式爆破使用;实爆试验或等效模拟试验中的导线应采用正式爆破中使用的导线,一般应将导线打开,以消除导线成卷时可能产生的电容对电爆网路的影响;实爆试验或等效模拟试验应采用正式爆破时使用的起爆电源;总之,电爆网路实爆试验应完全模拟正式起爆的形式,等效模拟试验则至少有一条支路与正式爆破的网路的连接方式一致,其他各支路应采用正式爆破中的设计电阻值和连接形式进行模拟。

1.5.1.2 电爆网路的检查

在电爆网路与主线连接前,检查组应进行仔细检查,检查的内容包括以下几点。

(1) 电源开关是否接触良好,开关及导线的电流通过能力是否能满足设计要求;如果采用起爆器起爆,则要检查起爆器的电池是否充足、充电时间是否正常,充电后电压能否达到最高值、起爆能力是否足够。

(2) 网路电阻实测值与设计值是否相符,电阻值是否稳定。在串联电爆网路中有多人连接时,特别要注意有没有自成闭合网路而未接入整个起爆网路的情况。

在检查网路电阻值时,应始终使用同一个爆破电桥,避免因使用不同的电桥而带来的测量误差。

如果电阻实测值与设计值的误差超过 5%,应分析并检查可能发生故障的地点。一般影响电爆网路电阻值的因素有:网路接头的操作质量、发生错接和漏接、裸露接头相互搭接或接地短路、雷管脚线在填塞过程中受损。应顺线路有序检查,重点检查导线有没有破损、接头处的连接质量;检查是否有接头接地或锈蚀,是否有短路或开路。当发现不了故障点时,可采用1/2淘汰法寻找故障点,即把整个网路一分为二,确定其中哪部分含故障点,再将这部分一分为二,逐步缩小故障点的范围,直到找出故障点并将其排除。

(3) 在毫秒延期爆破中应检查电雷管的段别是否符合设计要求。

在对电爆网路检查确认无误后,起爆器方能与主线连接。起爆要在确认警戒到位和发出起爆信号后才能实施。在使用起爆器起爆时,要控制好充电完毕到按钮起爆之间的时间,因为起爆器充电完毕后要求立即起爆,一般其间隔时间不得超过 20 s ,否则起爆器的起爆能力会受到很大影响,容易出现部分拒爆的情况。

1.5.2　导爆索和导爆管雷管起爆网路的试验与检查

1.5.2.1　导爆索和导爆管雷管起爆网路的试验

大型导爆索起爆网路或导爆管雷管起爆网路试验,应按设计连接起爆,或至少选一组(对于地下爆破,选一个分区)典型的起爆网路进行试爆,对于重要爆破工程,应考虑在现场条件下进行网路试爆。网路试验应采用在正式爆破中使用的导爆索、导爆管和雷管。这些导爆索、导爆管和雷管应已经过外观检查、起爆性能检查。

1.5.2.2　导爆索和导爆管雷管起爆网路的检查

导爆索和导爆管雷管起爆网路均属于非电起爆网路,这两种起爆网路的弱点是尚未有通过仪器检测网路是否通顺的有效手段,尤其是导爆管雷管起爆网路,导爆管本身的缺陷、操作中的失误和周围杂物对其的轻微损伤都有可能引起网路的拒爆。

导爆索或导爆管雷管起爆网路的检查主要靠目测和手触。检查应从最远的爆破点到起爆点或从起爆点到最远的爆破点顺网路连接顺序进行,检查人员应熟悉网路的设计和布置,并亲自参加网路的连接,且检查人员间应相互检查。

导爆索起爆网路检查内容包括:传爆方向是否正确;导爆索有无打结或打圈,支路连接方向和拐角是否符合规定;导爆索继爆管的连接方向是否正确、段别是否符合设计要求;导爆索搭接长度是否大于 15 cm,搭接方式是否正确;平行敷设传爆方向相反的两根导爆索的间距是否大于 40 cm;交叉导爆索之间有没有设置厚度不小于 10 cm 的木质垫块;起爆雷管与导爆索是否正向捆扎。

导爆管雷管起爆网路检查内容包括:网路连接是否符合设计要求;导爆管有无漏接或中断、破损;雷管捆扎是否符合要求;线路连接方式是否正确、雷管段数是否与设计相符;网路保护措施是否可靠;导爆管与连接元件的接插是否稳固,会不会脱开;潮湿和有水地区的导爆管接头有没有做防水处理。对于网格式闭合网路,还应检查网格布置是否合理,在某些关键部位要加强布置网格通道,以提高网路的安全准爆性能。

1.6　工程爆破警戒及信号

爆破作业全过程都存在安全警戒问题,但在起爆阶段,其主要工作是安全警戒。为了保证起爆工作能够按程序有条不紊地进行,还需要规定必要的联络信号,使整个起爆工作安全、准确、可靠、万无一失。

1.6.1 警戒方法

安全警戒是执行爆破作业时的重要工作，其任务是在起爆阶段将无关人员和爆破材料撤离危险区；在执行装药等作业时将装药作业区与周边隔离。一般在爆破作业的不同阶段采取不同的安全警戒措施。

作业期间安全警戒的范围由爆破作业区与周围地区的分界线确定。警戒区边界应设立明显的标志，其功能是禁止无关人员进入，防止爆破器材丢失，检查施工安全情况，制止人员在作业区内吸烟、打闹、违章作业等。

起爆前后的警戒是保证爆破安全的最后一个重要环节，同时也是防止爆破飞散物造成人员伤亡和财产损失的有效手段。许多爆破事故是因为爆破警戒人员不到位(距离不够)或失职造成的。在起爆阶段安全警戒按以下步骤进行。

(1) 清场。

按照爆破负责人的要求，将爆破警戒区内的人员、禽畜、机械设备、仪器仪表及贵重物品在规定的时间内撤离到警戒区以外；凡是不能撤离的仪器设备和贵重物品等要加以保护，防止被爆破产生的飞散物砸坏。

(2) 派出岗哨。

清场开始即向各个预定的警戒点派出岗哨，防止人员、车辆、禽畜等进入警戒区。警戒点一般应选在爆破危险区以外、交通道口、视野开阔的位置，相邻岗哨之间可以通视联络，以便于执行警戒任务。

(3) 临时交通管理。

安全警戒中的一个重要环节是实行临时交通管理。通往爆破危险区的道路在警戒人员到位后应立即中断，禁止所有人员入内；当爆破危险区内有交通干道通过时，应当在道路两端设立警戒哨，警戒人员应根据爆破工作管理人员的指令实施临时交通管理，在管理时间内，禁止所有行人、车辆通行。

(4) 坚守岗位。

爆破安全警戒中警戒人员应坚守岗位，不但要求警戒人员在进入哨位后到爆破前的一段时间内坚守岗位，在爆破后到解除信号发出前的一段时间内仍然要坚守岗位。响炮后由于需要通风及爆区内可能还有盲炮或其他不安全因素要排除，因此在起爆后的等待时间内，警戒人员要阻止无关人员、车辆和机械设备等进入危险区。当警戒人员听到解除警戒的信号后方可恢复交通，允许行人、车辆等通行。

对爆破安全警戒人员的要求是：

① 忠于职守、认真负责；

② 佩戴标志，携带红(或绿)旗、对讲机、口哨等警戒用品；

③ 与爆破指挥部或起爆站保持良好的通讯联系；

④ 能坚守岗位，在指定的警戒点值勤；

⑤ 严格执行安全警戒信号的规定。

1.6.2 信号规定

警戒信号是保证爆破安全实施的基本保障，一般有口哨、信号旗、警报器、警笛等音响和视觉信号。其主要作用是告诫附近人员爆破已经进入实施状态，应该在警戒人员的组织下撤离到安全的地方躲避；通知所有爆破作业人员在起爆的各个实施阶段进行相关操作。

在每次爆破中，起爆前后一共有3类信号。

(1) 预警信号：该信号发出后爆破警戒范围内开始清场工作。

(2) 起爆信号：起爆信号应在确认人员全部撤离爆破警戒区，所有警戒人员到位，具备安全起爆条件时发出。起爆信号发出后现场负责人应再次确认是否达到安全起爆条件，然后下令起爆。

(3) 解除警戒信号：安全等待时间过后，检查人员进入危险区内检查、确认安全后，报请现场负责人同意，方可发出解除警戒信号。在此之前，岗哨不得撤离，不允许非检查人员进入爆破警戒范围。

各类信号均应使爆破警戒区及附近的人员能清楚地听到或看到。

1.7 爆破事故的预防和处理

1.7.1 工程设计中应注意的问题

大量工程实践表明，预防爆破事故的措施可以概括为"精心设计是基础，严谨施工是关键，安全管理是保证"。

(1) 调查掌握实施爆破的客观条件。在接受任务、明确工程要求以后，细致调查，掌握爆破对象、周围环境的实际情况，是制定爆破事故预防措施的依据。可通过查阅原始地形、地质资料、岩性资料、建筑物设计资料，爆区气象、杂散电流、射频电、感应电等外来电源和外来热源，以及爆区附近作为保护对象的建筑物、设施和人畜等有关资料进行调查；但更重要的是设计人员必须深入现场仔细勘查，掌握第一手资料。

调查工作不可能一次完成，而应贯穿于整个爆破准备工作的全过程。因为，随着爆破准备工作的深入开展，岩体内部地质构造以及建筑物材质、结构情况会逐步暴露，地形也可能因施工而发生改变，爆破设计就必须根据新情况进行修改和调整。

(2) 周密设计，合理布药，优化爆破方案和爆破参数。药包的位置和药量的大小，决定着爆破安全和效果；而药包位置、各项爆破参数之间又有密切联系。设计时应根据工程要求和现场条件，全面分析对比、综合考虑调整，来优化爆破方案和参数，从而得出最佳爆破方案。

(3) 确定保护对象安全判据，限定一次齐爆药量。从现有对工程爆破(尤其是岩土爆破)各种危害效应的认识出发，通常先确定最近保护对象所在地面的质点安全允许振动速度，经过经验公式估算出一次齐爆最大允许药量，这是保护对象不受爆破振动破坏的基本保证。控制药量同时也有利于控制其他危害效应。

必须指出的是，限定一次齐爆药量只是控制了爆源强度。爆破振动传播受地形、地质条件影响很大；凸出的山包、陡坎或台阶会增强振动效应，软弱夹层、破裂带、沟渠等会减弱振动效应。相同条件下，药包位置较高的场地爆破振动效应要强于药包位置较低的场地爆破振动效应。另外，保护对象所处地基情况、药包齐爆个数、延期起爆或齐爆、间隔时间长短、是否重复多次爆破等因素，对保护对象的抗振能力都有影响；设计时应根据调查结果，采取相应措施以解决振动效应过强的问题。

(4) 分散释放全部能量，实施分段延期起爆，确保准爆。为解决工程规模、工期同爆破安全间的矛盾，经常采用分段延期起爆技术。设计起爆顺序取决于：①减振要求，使每段起爆药量不大于允许起爆药量；②安全要求，使先爆药包爆破后对后爆药包无不利影响；③爆效要求，如土岩爆破中使先爆药包开创新自由面控制后爆药包定向抛掷，又如拆除爆破中先爆药包炸毁部分支柱使结构倒塌、拉曳后爆药包所在部分结构避开保护对象、推动整体建筑定向倒塌等。延期时间间隔按工程情况选定，对石方爆破一般取 25～200 ms，对块体拆除爆破一般取25～100 ms，对建筑物拆除爆破一般取 200～250 ms。

若想实现分段延期爆破，就要设计合理的起爆网路，确保每个药包不误爆(早爆或迟爆)、不半爆、不拒爆。要根据工程特点，选定正确的起爆方法。电起爆系统稍复杂，受环境外来电潜在威胁大，起爆分段数受延期电雷管段数限制而不能太多；但电起爆器材质量较有保证，网路的施工质量可检查，准爆可靠度大。非电导爆管系统较简便，受环境外来电威胁相对较小，采用少数延期雷管品种，孔内、孔外相结合的延期起爆网路可实现任意延期起爆段。但目前国产非电起爆器材质量尚待提高，网路的施工质量还无法检查，准爆可靠度相对小些。鉴于此，在雷雨天或易遭雷击、外来电影响的场合实施爆破时，采用电力起爆必须有周密的安全措施。某地在硐室爆破施工准备阶段就曾发生过雷击引爆炸药的特大事故。非电导爆管起爆系统虽不能绝对防止在雷电、高压电作用下不引爆，但相对而言，它比电起爆系统安全些。迄今还没有出现有关雷电(或其他外来电)作用下导爆管发生误爆的事例；在上述场合起爆方法首选非电导爆管起爆系统。

(5) 预估可能出现的爆破事故，提出处理预案。要预估爆后可能出现的意外事故，并在设计中提出事故预防和应急处理措施，做到“有备无患”，以免因措手不及、手忙脚乱而引发新的事故。

1.7.2 工程施工中应注意的问题

(1) 设计人员到现场。爆破工程具有特殊性，爆破设计人员必须深入现场，参加施工、指导施工，针对施工中出现的新情况、新问题，及时调整修改设计，确保最终实现设计要求。

(2) 建立、健全各项规章制度。根据工程特点，分别制定各项制度、各类人员岗位职责和关键工序的施工图、技术操作细则，明确安全、质量标准，对全体工作人员进行技术培训，考核合格后持证上岗。切实做到有章可循，有法可依，按图施工，确保安全。

(3) 检查验收，确保关键工序的施工质量。开始装药前必须对药室、药孔进行逐个检查验收，发现不符合设计要求的地方，坚决纠正。对药孔，主要检查孔位、孔深、孔数、孔距、倾斜度以及孔内情况(是否受堵、存水等)。对药室，主要检查位置、走向、尺寸、地质构造以及重大施工质量问题等。最后填写《竣工验收登记表》，由施工负责人、验收人分别签字。验收成果是最后确定设计的主要依据，必须足够重视。

(4) 保障合格器材，留有备用。爆破器材是实现安全准爆的物质基础。按照《爆破安全规程》规定，使用前必须按产品说明书指标检查性能，坚决不用价廉而质量低劣的产品；对其他器材也同样如此。使用多时段延期雷管时，要及时核查原有雷管、消耗雷管以及剩余雷管的品种、数量是否相符，严防错发、错装雷管品种导致由设计起爆顺序错乱引发的爆破事故。

(5) 防护措施。在有可能危及人员安全或使邻近建(构)筑物、重要设施遭受损伤的场合进行工程爆破时，应该采取各项防护措施。对个别飞散物可采用全面防护(覆盖爆破物)、重点防护(在保护对象周围设置遮障)或两者综合的防护措施。全面防护时，要注意防止覆盖物破坏起爆网路，还要防止先爆药包破坏覆盖物而使后爆部分裸露。采用金属防护材料覆盖时，应将电雷管脚线和导线接头用胶布包缠绝缘，严防短路。当爆破部位较长时，应将覆盖物锚系在不受爆破影响的部位，防止滑落。

(6) 布设警戒，严禁无关人员进入。工程爆破安全距离已在设计中规定，警戒时决不可缩小。警戒范围要明确标定在平面图上，通过现场勘查，核定各个岗哨位置及人员、装备。原则是必须封闭可以进入爆破危险区的所有通道。各个岗哨按照事前公布的警戒时间封闭通道，确保人员、车辆不能进入危险区。

(7) 爆后安全检查，消除隐患。爆破后，解除警报前要认真对爆破现场进行安全检查，及时发现和消除事故隐患。在确认现场安全后，方可解除警戒。检查人员必须具有丰富的实际工作经验，在岩体、建(构)筑物塌落稳定后才能进入爆破现场工作，以防被砸伤或埋入爆堆。检查中如果发现有拒爆征兆或塌落未稳定的部分岩体或结构物(均属事故隐患)，应立即在周围设置明显标志，严禁无关人员靠近该处。检查中如果发现残存爆炸物品，说明有拒爆、半爆药包，随后清渣中应指派专人负责配合，随时查找和按有关规定正确处理残存爆炸物品。

1.7.3 加强安全管理

(1) 加强人的管理。主要是组织本单位爆破作业人员参加培训，经考核并取得有关部门颁发的相应类别和作业范围、级别的安全作业证，才能上岗。要组织爆破作业人员在工作中学习、相互交流，不断提高安全技术水平。要奖励先进，树立典型，推动单位安全工作不断进步。

(2) 加强物的管理。要根据爆破工程的具体情况，对爆破器材的购置、运输、装卸、贮存、发放、检查、应用、销毁等各个环节制定具体操作细则，随时检查执行情况，切实做到账物相符，严防流失，遵章操作，杜绝事故。

(3) 建立质量保证体系。按照质量管理体系标准，建立本单位工程爆破质量保证体系，这是预防爆破事故、确保爆破质量的根本措施。目前国内已有部分爆破企业按照国际质量管理体系标准要求，制定出本单位工程爆破质量保证体系文件(质量手册、程序文件、作业指导书、检验规程等)并通过国家权威机构认证。这不但强化、提高了企业的内部管理水平，同时也为企业今后走出国门，承接国外爆破工程项目创造了条件。

1.7.4 拒爆及处理

拒爆(雷管或炸药没有引爆)、半爆(爆轰波在炸药中传递中断，留有残药)、爆轰不安全(未达到稳定爆轰状态)不仅影响爆破效果，还造成不安全因素。对拒爆和半爆药包，应及时妥善处理。

1.7.4.1 由炸药因素造成的拒爆

对于工业炸药，起爆能量、含水率、密度、药卷直径、爆破约束条件等对其稳定爆轰状态影响甚大，了解工业炸药的性能，对在爆破工程中正确使用炸药、充分发挥炸药效能非常重要。

由炸药因素造成拒爆的主要原因及预防措施如下。

(1) 采用过期、变质、失效的炸药、雷管和爆破器材是药包拒爆的重要原因，在爆破作业中，禁止采用。

(2) 爆破作业中常用的岩石炸药、铵油炸药不抗水，因此，在多雨或地下水发育的爆破工地，要做好炸药、起爆药包、导爆索的防水、防潮工作，将炮孔中的积水排干，或采用浆状炸药、水胶炸药、乳化炸药等抗水类炸药进行爆破。

(3) 装药直径小于该种炸药的临界直径时，爆轰波不能稳定传播。在光面、预裂爆破等场合需自制小直径药卷时应特别注意。

(4) 装药密度对爆轰状态影响也很大，对于硝铵类炸药，最佳装药密度是 1.0～1.1 g/cm^3，密度过大、过小，都可造成药包的拒爆。

1.7.4.2 由起爆网路和方法操作不当引起的拒爆

工业炸药的起爆方法，目前主要是导爆索、电雷管及导爆管雷管起爆法。起爆方法不同，产生拒爆的原因也不同。

采用导爆索起爆法，产生拒爆的原因主要有：导爆索质量差或因贮存时间长，保管不良而受潮变质；装入炮孔(或药室)后，被油炸药中的柴油渗入药芯中，使其性能改变，造成拒爆；在充填过程中打断或受损；多段起爆时，被前段爆破冲坏；网路连接方法错误等。

导爆管网路产生拒爆的原因主要有：导爆管质量差，有破损、漏洞或管内有杂物；在连接过程中有死结，有沙粒、气泡、水珠进入导爆管；导爆管与连接元件松动、脱节；起爆雷管不能完全起爆网路；网路在装药填塞过程中受损等。

采用导爆管毫秒延期雷管网路，可以实现大面积分段毫秒延时爆破，但在起爆网路设计中，应注意选取合理的点燃阵面宽度，防止先爆药包对尚未点燃的后爆药包造成破坏而引起拒爆。

电雷管和电爆网路起爆方法，是深孔爆破、硐室大爆破中最常用的起爆方法。电雷管产生拒爆的原因，可以从两方面来分析：一是雷管本身的原因，如装运过程中，桥丝松动或断裂，或在贮存中保管不良及装药后雷管受潮变质；又如雷管出厂时，质量就不合格，起爆力小，桥丝电阻值过大或过小，超过允许的范围值，或品种不一、起爆敏感度不一致等；二是外来原因，如装填不慎，将网路打断，连接不牢固，连接方式不妥当，使爆破网路有漏电或接地现象等。

电爆网路设计或计算错误，也会引起拒爆。除电源产生的电流太小，不够准爆条件而引起拒爆外，还可能由于设计时采用的连接方式不够合理，例如各支路电阻值不平衡，一些支路电流较大，而另一些支路中的雷管得不到最低准爆电流。因此，在电爆网路设计中，一定要注意电源的容量和保证网路中每一个电雷管所得到的电流大于最小准爆电流。一般情况下，应尽可能使各支路电阻值平衡。除此以外，对深孔爆破或大爆破，由于炮孔(或硐室)数量多，应注意炮孔与炮孔、延期雷管与瞬发雷管、并联与串联、主副网路线头之间不要错连、漏连。

为了确保起爆网路安全可靠，防止在起爆网路这一重要环节出现拒爆事故，要求各种起爆网路均应使用经现场检验合格的起爆器材；在可能对起爆网路造成损害的地段，应采取措施保护穿过该地段的网路；A、B、C、D 级爆破和重要爆破工程应采用复式起爆网路。对于各种起爆网路，应按照《爆破安全规程》的要求进行施工，并做好起爆网路的试验和检查。

1.7.4.3　拒爆的处理

在深孔爆破和硐室大爆破后，发现有下列现象之一者，可以判断其药包发生了拒爆：

(1) 爆破效果与设计有较大差异，爆堆形态和设计有较大差别，地表无松动或抛掷现象；

(2) 在爆破地段范围内残留炮孔，爆堆中留有岩坎、陡壁或两药包之间有显著的间隔；

(3) 现场发现残药和导爆索残段。

检查人员发现盲炮及其他险情，应及时上报或处理；处理前应在现场设立危险标志，并采取相应的安全措施，无关人员不应接近。处理盲炮应当遵守以下规定。

(1) 处理盲炮前应由爆破管理人员定出警戒范围，并在该区域边界设置警戒，处理盲炮时无关人员不准许进入警戒区。

(2) 应派有经验的爆破员处理盲炮，硐室爆破的盲炮处理应由爆破工程技术人员提出方案并经单位主要负责人批准。

(3) 电力起爆发生盲炮时，应立即切断电源，及时将盲炮电路短路。

(4) 导爆索和导爆管起爆网路发生盲炮时，应首先检查是否有破损或断裂，发现有破损或断裂的应修复，然后重新起爆。

(5) 不应拉出或掏出炮孔中的起爆药包。

(6) 盲炮处理后，应仔细检查爆堆，将残余的爆破器材收集起来销毁；在不能确认爆堆无残留的爆破器材之前，应采取预防措施。

(7) 盲炮处理后应由处理者填写登记卡片或提交报告，说明产生盲炮的原因、处理的方法和结果、预防措施。

处理裸露爆破的盲炮可采取以下办法。

(1) 处理裸露爆破的盲炮时，可去掉部分封泥，安置新的起爆药包，加上封泥起爆；如果发现炸药受潮变质，则应将变质炸药取出销毁，重新敷药起爆。

(2) 处理水下裸露爆破和破冰爆破的盲炮时，可在盲炮附近另投入裸露药包诱爆，也可将药包回收销毁。

处理浅孔爆破的盲炮可采取以下办法。

(1) 经检查确认起爆网路完好时，可重新起爆。

(2) 可打平行孔装药爆破，平行孔距离盲炮应不小于 0.3 m；对于浅孔药壶法，平行孔距离盲炮药壶边缘应不小于 0.5 m。为确定平行炮孔的方向，可从盲炮孔口掏出部分填塞物。

(3) 可用木、竹或其他不产生火花的材料制成的工具，轻轻地将炮孔内填塞物掏出，用药包诱爆。

(4) 可在安全地点外用远距离操纵的风水喷管吹出盲炮填塞物及炸药，但应采取措施回收雷管。

处理非抗水性硝铵类炸药的盲炮时，可将填塞物掏出，再向孔内注水，使其失效，但要回收雷管。

盲炮应在当班处理，若当班不能处理或未处理完毕，应将盲炮情况（盲炮数目，炮孔方向，装药数量和起爆药包位置，处理方法和处理意见）在现场交接清楚，由下一班继续处理。

处理深孔爆破的盲炮可采用如下办法。

（1）爆破网路未受到破坏，且最小抵抗线无变化者，可重新连线起爆；最小抵抗线有变化者，应验算安全距离，并加大警戒范围后，再连线起爆。

（2）可在距离盲炮孔口不小于 10 倍炮孔直径处另打平行孔装药起爆。爆破参数由爆破工程技术人员确定并经爆破负责人批准。

（3）所用炸药为非抗水性硝铵类炸药且孔壁完好时，可取出部分填塞物，向孔内灌水使之失效，然后再做进一步处理。

处理硐室爆破盲炮可采用如下办法。

（1）能找出起爆网路的电线、导爆索或导爆管，且经检查正常仍能起爆者，应重新测量最小抵抗线，重划警戒范围，连线起爆。

（2）可沿竖井或平硐清除填塞物，并重新敷设网路连线起爆，或取出炸药和起爆体。

处理水下炮孔爆破盲炮可采用如下办法。

（1）对于由起爆网路绝缘不好或连接错误造成的盲炮，可重新连网起爆。

（2）对于因填塞长度小于炸药的殉爆距离或全部用水填塞而造成的盲炮，可另装入起爆药包诱爆。

（3）可在盲炮附近投入裸露药包诱爆。

1.7.4.4 早爆及预防

在电爆网路的设计和施工中，既要保证网路安全准爆，又必须防止在正式起爆前网路的早爆。爆破作业的早爆，往往会造成重大恶性事故。引起早爆的原因很多，在电爆网路敷设过程中，引起电爆网路早爆的主要因素是爆区周围的外来电场。外来电场主要指雷电、杂散电流、感应电流、静电、射频电、化学电等。不正确使用电爆网路的测试仪表和起爆电源也是引起电爆网路早爆的原因。另外，雷管的质量问题也可能引起早爆。

1. 雷电引起的早爆及预防

1）雷电引起的早爆

雷电是一种常见的自然现象。它对爆破的影响在各种外来电场中是最大的。雷电引起早爆的事故多发生在露天爆破作业中，如硐室爆破、深孔爆破和浅孔爆破的电爆网路中。

雷电引起早爆的原因有以下三点。

（1）直接雷击。雷电流是一个幅值大、陡度大的脉冲波，直接雷击所产生的热效应（雷电通道的温度可高达 6000～10000 ℃，甚至更高）、电效应、冲击波等破坏作用是很强大的，会对起爆网路产生极大的危害。对于直接雷击，导爆管网路也不能避免早爆的发生。可以说，倘若爆破区域被雷电直接击中，则发生早爆是必然的。但由于爆破网路一般沿地面敷设，附近往往有较高的构筑物和设备，直接雷击造成的早爆是罕见的。

（2）电磁场的感应。雷电流有极大的峰值和变化率，在它周围的空间产生强大的变化的电磁场，处于该电磁场内的导体会感应出较大的电动势。如果电爆网路处于该电磁场附近，就可能产生感应电流，当感应电流大于电雷管的安全电流时，就可能引起电雷管的早爆。据分析，我国矿山因雷电引起的早爆事故多属于这种类型。

(3) 静电感应。当天空有带电的雷云出现时，雷云下面的地面及物体(如起爆网路导线)等，都将因静电感应的作用而带上相反的电荷。由于从雷云的出现到发生雷击(主放电)所需要的时间相较于主放电过程的时间长得多，因此大地有充分的时间积累大量电荷。雷击发生后，雷云上所带的电荷通过闪击与地面的异种电荷迅速中和，而起爆网路导线上的感应电荷由于与大地之间有较大的电阻，不能在同样短时间内消失，从而形成局部地区感应高电压。当网路中某个导线连接点直接接地时，在放电过程中，导线因雷管有电阻而产生压降，致使有感应电流流过雷管而发生早爆。或者由于网路区域中各处地面的土壤电阻率分布不同，放电过程中在某些区域发生"击穿"现象，导线上有电流流过而使雷管发生早爆。

2) 预防雷电早爆的措施

目前在人们所掌握的防雷技术及爆破工地对防雷可投入成本等的条件下，爆破区域防直接雷击还是非常困难的。遇到这种情况，唯一的预防措施就是将所有人员和机械、设备等撤离爆破危险区。

对于由电磁场感应和静电感应引起的早爆，最好的办法就是采用导爆管起爆系统。

在雷雨天实施工程爆破时，采取如下措施可以防止由雷电引起的早爆。

(1) 在雷雨天进行爆破作业宜采用非电起爆系统。

(2) 在露天爆区不得不采用电力起爆系统时，应在爆破区域设置避雷针或预警系统。

(3) 在装药连线作业遇雷电来临征候或预警时，应立即停止作业，拆开电爆网路的主线与支线，裸露芯线用胶布捆扎，电爆网路的导线与地绝缘，要严防网路形成闭合回路；同时作业人员要立即撤到安全地点。

(4) 在雷电到来之前，暂时切断一切通往爆区的导电体(电线或金属管道)，防止电流进入爆区。

(5) 对于硐室爆破，遇有雷雨时，应立即将各硐口的引出线端头分别绝缘，放入离硐口至少2 m的悬空位置上，同时将所有人员撤离到安全地区。

(6) 电爆网路主线埋入地下 25 cm，并在地面布设与主线走向一致的裸线，其两端插入地下 50 cm。

(7) 在雷电到来之前将所有装药起爆。

2. 杂散电流引起的早爆及预防

1) 杂散电流的形成与早爆

杂散电流是存在于起爆网路的电源电路之外的杂乱无章的电流，其大小、方向随时都在变化，例如，牵引网路流经金属物或大地的返回电流、大地自然电流、化学电以及交流杂散电流等。

产生杂散电流的主要原因是：各种电源输出的电流通过线路到达用电设备后，必须返回电源，当用电设备与电源之间的回路被切断时，电流便利用大地作为回路而形成大地电流，即杂散电流；另外，电气设备或电线因破损而产生的漏电也能形成杂散电流。

在地下工程中普遍存在着杂散电流。其中，由直流架线电机车牵引网路引起的直流杂散电流在电机车启动瞬间可达数十安培；在运行中可达几安培至十几安培，停车后可降至一安培以下。

威胁电气爆破安全的杂散电流主要分布在导电物体之间（如风水管对岩体，铁轨对岩体，铁轨对风水管，其他金属物体对岩体、铁轨或风水管），这些杂散电流通常高于电雷管的起爆电流，如果在操作时电雷管脚线或电爆网路与金属体之间接触并形成通路，杂散电流将流经电雷管而造成早爆事故。

交流杂散电流一般比较小，但在电气牵引网路为交流电、电源变压器零线接地以及采用两相供电的场所，铁轨与风水管之间的交流杂散电流也可达几安培而足以引爆电雷管。

无金属物体地点的杂散电流主要是大地自然电流，其远小于电雷管的安全电流，即使这些地点存在较多的和接地面积较大的游离金属体，其杂散电流有所增大，但一般都小于起爆电流，大部分小于电雷管安全电流。

化学电也属于杂散电流，它是某些金属体浸入电解质内产生的。潮湿的地层或具有导电性能的炸药（如硝铵类炸药等）都属于电解质，金属体进入其中就可能产生化学电。化学电达到一定值，并通过导电体流经电雷管时，便可能引起早爆事故。

杂散电流可以现场测试，有专用的杂散电流测试仪。近年来，一些电雷管测试仪表也附加了杂散电流的测试功能。

《爆破安全规程》规定，爆破作业场地的杂散电流大于 30 mA 时，禁止采用普通电雷管。

2）预防杂散电流引起早爆的措施

（1）减少杂散电流的来源，采取措施减少电机车和动力线路对大地的电流泄漏；检查爆区周围的各类电气设备，防止漏电；切断进入爆区的电源、导电体等；在进行大规模爆破时，采取局部或全部停电。

（2）装药前应检测爆区内的杂散电流，当杂散电流值超过 30 mA 时，应采取降低杂散电流强度的有效措施，采用抗杂散电流的电雷管或防杂散电流的电爆网路，或改用非电起爆系统。

（3）防止金属物体及其他导电体进入装有电雷管的炮眼中，防止将硝铵类炸药撒在潮湿的地面上等。

3. 感应电流引起的早爆及预防

1）感应电流的产生与早爆

感应电流是由交变电磁场引起的，它存在于动力线、变压器、高压电气开关和接地的回馈铁轨附近。如果电爆网路靠近这些设备，电爆网路中便会产生感应电流，当感应电流大于电雷管的安全电流时，就可能引起早爆事故。因此，当拆除物附近有输电线、变压器、高压电气开关等带电设施时，必须采用专用仪表检测感应电流。当感应电流值超过 30 mA 时，禁止采用普通电雷管。

2）预防感应电流引起早爆的措施

为防止感应电流对起爆网路产生误爆，应采取以下措施。

（1）电爆网路附近有输电线时，不得使用普通电雷管；否则，必须用普通电雷管引火头进行模拟试验；在 20 kV 动力线 100 m 范围内不得进行电爆网路作业。

（2）尽量缩小电爆网路圈定的闭合面积，电爆网路两根主线间距离不得大于 15 cm。

(3) 采用导爆管起爆系统。

4.静电引起的早爆及预防

1) 静电产生的原因

在进行爆破器材加工和爆破作业中,如果作业人员穿着化纤或其他具有绝缘性能的工作服,则这些衣服相互摩擦就会产生静电荷,当这种电荷积累到一定程度时,便会放电,一旦遇上电爆网路,就可能导致电雷管爆炸。

采用压气装药器或装药车进行装药可以减小劳动强度、提高装填效率、保证装药密度、改善爆破破碎效果。但在装药过程中,由于机械的运转,高速通过输药管的炸药颗粒与设备之间的摩擦、炸药颗粒与颗粒的撞击会产生静电。如果静电不能及时泄漏而集聚,其电压可达数万伏。静电集聚到一定程度时所产生的强烈火花放电,不仅可能对操作人员产生高压电火花的冲击,引起瓦斯或粉尘爆炸的危险,而且可能引起电雷管的早爆。这种早爆可能有以下四种情况。

(1) 装药时,带电的炸药颗粒使起爆药包和雷管壳带电。若雷管脚线接地,管壳与引火头之间产生火花放电,能量达到一定程度时,引起早爆。

(2) 装药时,带电的装药软管将电荷感应或传递给电雷管脚线。若管壳接地,引火头与管壳之间产生火花放电,能量达到一定程度时,引起早爆。

(3) 装药时,电雷管的一根脚线受带电的炸药或输药软管的感应或传递而带电,另一根脚线接地,则脚线之间产生电位差,电流通过电桥在脚线之间流动。当该电流大于电雷管的最小起爆电流时,可能引起早爆。

(4) 在第三种情况下,如果电雷管断桥,则在电桥处产生间隙,并因脚线间的电位差而产生放电,引起早爆。

压缩空气及周围空气的湿度对静电压的影响极大。空气湿度大,则装药设备、炮孔的表面电阻下降,静电不易集聚。一般认为,相对湿度大于70%,则静电不致引起早爆事故。

输药管、装药器等经常接地,炮孔潮湿,则输药管上的电荷和吹入炮孔的炸药颗粒所带的电荷很快向大地泄漏,静电不易集聚,电位差就低。

2) 静电早爆的预防措施

爆破作业人员禁止穿戴化纤、羊毛等可能产生静电的衣物。

(1) 机械化装药时,所有设备必须有可靠的接地,防止静电积累。粒状铵油炸药露天装药车车厢应用耐腐蚀的金属材料制造,厢体应有良好的接地;输药软管应使用专用半导体材料,钢丝与厢体的连接应牢固。小孔径炮孔使用的装药器的罐体应使用耐腐蚀的导电材料,输药软管应采用半导体材料。在装药时,不应用不良导体垫在装药车下面;输药风压不应超过额定风压的上限值;持管人员应穿导电或半导电胶鞋,或手持一根接地导线。

(2) 在使用压气装填粉状硝铵类炸药时,特别是在干燥地区,为防止静电引起早爆,可以采用导爆索网路和孔口起爆法,或采用抗静电的电雷管。

(3) 采用导爆管起爆系统。

5.高压电、射频电对早爆的影响和预防

依靠高压线输送的电压很高的电称为高压电。射频电是指电台、雷达、电视发射台、高频设备等产生的各种频率的电磁波。在高压电和射频电的周围存在着电场,电雷管或电爆网路如果处在强大射频电的电磁场内，便起着接收天线的作用，感生和吸收电能，在网路两端产生感应电压，从而有电流通过。该电流超过电雷管的最小发火电流时就可能引起电爆网路早爆事故。

为防止射频电对电爆网路产生早爆，必须遵守下列规定。

(1) 采用电爆网路时，应对高压电、射频电等进行调查；发现存在危险，应采取预防或排除措施。

(2) 在爆区用电引火头代替电雷管，做实爆网路模拟试验，检测射频源对电爆网路的影响。

(3) 禁止流动射频源进入作业现场。对于已进入且不能撤离的射频源，装药开始前应暂停工作。手持式或其他移动式通信设备进入爆区前应事先关闭。

(4) 电爆网路敷设时应顺直、贴地铺平，尽量缩小导线圈定的闭合面积。电爆网路的主线应用双股导线或相互平行且紧贴的单股线。如果用两根导线，则主线间距不得大于 15 cm。网路导线与电移动式调频(FM)发射机雷管脚线不准与任何天线接触，且不准一端接地。

6. 仪表电和起爆电源引起的早爆、误爆及预防

在电爆网路敷设过程中和敷设完毕后使用非专用爆破电桥或不按规定使用起爆电源，也会引起网路的早爆。

《爆破安全规程》重点强调：电爆网路的导通和电阻值检查应使用专用导通器和爆破电桥，专用爆破电桥的工作电流值应小于 30 mA。使用万能表等非专用爆破电桥，容易因误操作使仪表工作电流超标而引起早爆。

防止仪表电和起爆电源失误产生早爆、误爆的措施如下。

(1) 严格按照规定使用专用导通器和爆破电桥进行电爆网路的导通和电阻值检查，禁止使用万用表或其他仪表检测雷管电阻值和导通网路；定期检查专用导通器和爆破电桥的性能和输出电流。

(2) 严格按照有关规定设置和管理起爆电源。

(3) 定期检查、维修起爆器，电容式起爆器至少每月充电赋能一次。

(4) 在整个爆破作业中，起爆器或电源开关箱的钥匙要由起爆负责人严加保管，不得交给他人。

(5) 在爆破警戒区所有人员撤离以后，只有在爆破工作负责人下达准备起爆命令之后，起爆网路主线才能与电源开关、电源线或起爆器的接线钮相连。起爆网路在连接起爆器前，起爆器的两接线柱要用绝缘导线短路，放掉接线柱上可能残留的电量。

思 考 题

1. 详细论述工业炸药的分类。
2. 常用的起爆器材有哪些？
3. 简述数码电子雷管的主要特性。

4.导爆管雷管起爆网路由哪些部分组成?

5.电爆网路的连接应注意哪些事项?

6.处理浅孔爆破盲炮的办法有哪些?

7.预防雷电早爆的具体措施是什么?

参考文献

[1] 汪旭光.爆破设计与施工[M].北京:冶金工业出版社,2012.

[2] 顾毅成,史雅语,金骥良.工程爆破安全[M].合肥:中国科学技术大学出版社,2009.

[3] 公安部治安管理局.爆破作业技能与安全[M].北京:冶金工业出版社,2014.

[4] 汪旭光.爆破手册[M].北京:冶金工业出版社,2010.

[5] 于亚伦.工程爆破理论与技术[M].北京:冶金工业出版社,2004.

[6] 顾毅成.爆破工程施工与安全[M].北京:冶金工业出版社,2004.

[7] 张永哲.爆破器材经营与管理[M].北京:冶金工业出版社,2003.

[8] 吴子骏.工程爆破操作员读本[M].北京:冶金工业出版社,2004.

[9] 中华人民共和国国家质量监督检验检疫总局,中国国家标准化管理委员会.爆破安全规程:GB 6722—2014[S].北京:中国标准出版社,2015.

[10] 刘殿中.工程爆破实用手册[M].北京:冶金工业出版社,1999.

[11] 毛静民.延迟间隔对微差爆破震动效应的影响[J].爆破,1997,14(2):81-84.

[12] 潘涛,陈辉峻,赵明,等.数码电子雷管延时精度误差影响因素及改进措施研究[J].爆破,2014,31(2):135-138.

[13] 颜景龙.铱钵起爆系统的安全性分析与试验[J].工程爆破,2008,14(2):70-72.

炸药感度测试

炸药感度,是指炸药在外界能量作用下发生爆炸的难易程度。此外界能量称为初始冲能或起爆能,一般常用起爆能定量表示炸药的感度。感度高表示炸药敏感,容易爆炸;感度低表示炸药钝感,不易爆炸。感度是炸药能否实用的关键性能之一,是炸药安全性和作用可靠性的标度。

由于外界能量作用的形式很多,因此相应地有很多感度。常用的感度主要有热感度、机械感度、起爆感度和静电感度四类。多种外界能量作用都能使炸药爆炸,不同的外界能量作用形式下表现出不同的感度,例如,冲击波感度、枪击感度、射频感度、微波感度、激光感度、化学感度等。这些能量的作用机制和引爆炸药的机理不尽相同,另外,炸药种类繁多,它们的物理、化学性质,如聚集状态、表面状况、熔点、硬度、导热性和晶体外形等,均可影响炸药的感度,而且,测试方法和条件也与感度测定结果有关,由于多方面的因素错综复杂地互相影响,因此虽然可以用能量来衡量外界的作用,但在不同情况和在不同条件下所测得的能引起炸药发生爆炸的能量之间并没有什么定量的关系。

为了使炸药感度的测试结果具有实用性,并且能对各种炸药的感度进行评定和比较,各国都制定了一些有关感度的测试标准,其中有的已在国际上得到公认,本章介绍几种常见的感度测试实验。

2.1 炸药的热感度

炸药在热作用下发生爆炸的难易程度称为炸药的热感度。热作用的形式主要有均匀加热和火焰点火两种,一般把均匀加热时炸药的感度称为热感度,而把火焰点火时炸药的感度称为火焰感度。

2.1.1 爆发点

炸药热感度通常用爆发点来表示,爆发点是指在一定条件下炸药被加热到爆炸时加热介质的最低温度。显然,爆发点越高,该炸药的热感度越低。

由炸药的爆炸理论可以知道,要使炸药在热作用下发生爆炸反应,必须保证其发生化学反应所放出的热量大于热辐射和热传导所失去的热量,这样才能保证化学反应能加速进行,使反应过程中的反应速度达到炸药爆炸时相应的临界值,产生爆炸。

由此可见,炸药的爆发点与延滞时间有一定的关系,符合 Arrhenius 关系式,即

$$\tau = C \cdot e^{E/(RT)} \tag{2-1}$$

式中：τ 为延滞时间，s；C 为与炸药成分有关的常数；E 为与爆炸反应有关的炸药活化能，J/mol；R 为气体常数，8.314 J/(mol·K)；T 为爆发点，K。

如果用对数表示，则式(2-1)可写成

$$\ln\tau = A + \frac{E}{RT} \tag{2-2}$$

从式(2-2)中可以看出，若活化能 E 减小或爆发点 T 升高，则爆炸所需要的延滞时间将迅速减小，且 $\ln\tau$ 和 $1/T$ 之间成线性关系，如图 2-1 所示。图中直线的斜率为 E/R，因此，通过测定炸药的一系列爆发点和延滞时间，可以求出炸药的活化能 E。

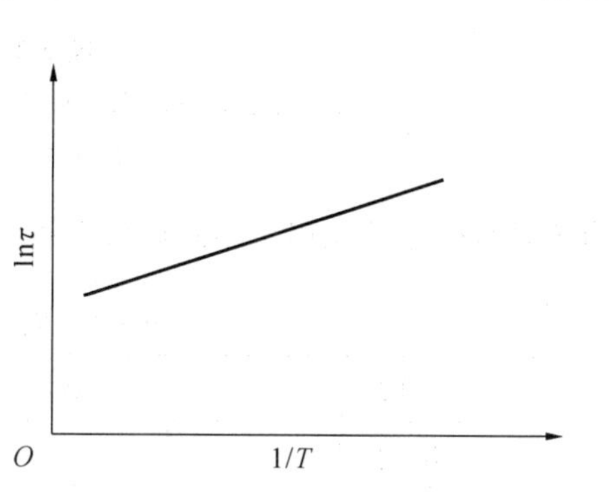

图 2-1　爆发点和延滞时间的关系

应该指出，由于爆发点与实验条件有密切的关系，因此炸药爆发点的测定必须在严格且固定的标准条件下进行。影响炸药爆发点的因素主要有：炸药的量、炸药的粒度、实验程序以及反应进行的热条件和自加速条件等，但在实际测定时，要准确地测定炸药每一时刻的爆发点是非常困难的，因此常采用测定炸药 5 min、1 min 或 5 s 延滞时间的爆发点，即加热介质的温度的方法，并以此表示炸药的热感度。

测定炸药爆发点的两种方法如下。

(1) 将一定量的炸药从某一初始温度开始等速加热，同时记录从开始加热到爆炸的时间和介质的温度，爆炸时的加热介质温度即炸药的爆发点。这种方法由于比较简单、直接在实际工作中得到应用。

(2) 测定炸药延滞时间与加热介质温度之间的关系，并将实验结果根据 Arrhenius 关系式用曲线表示。这种方法由于准确度较高主要应用在炸药研究工作中。

1. 炸药爆发点实验

炸药爆发点实验在具有低熔点(约 65 ℃)、高沸点(约 500 ℃)的伍德合金浴中进行，伍德合金浴的主要成分为铋(50%)、铅(25%)、锡(13%)、铬(12%)。实验装置如图 2-2 所示，夹层用电阻丝加热，实验时称取一定质量的炸药(猛炸药 0.05 g，起爆药 0.01 g)放入带铜制塞子的雷管壳中，塞上塞子，将装药试管插入已加热至恒温的合金浴锅中，同时用秒表记录发火的延滞时间 τ。改变合金浴锅中的恒温 T，记录与之相应的点火延滞时间 τ。根据所得到的数据，作出 T 与 τ 以及 $\ln\tau$ 与 $\frac{1}{T}$ 的关系曲线，并根据相应的关系曲线找出与 5 s 相应的温度，该温度就是 5 s 延滞时间的爆发点。此外，根据曲线再通过相应的计算，就可以得到炸药的活化能 E。

常见炸药 5 s 延滞时间的爆发点如表 2-1 所示。表 2-1 中的数据是在一定条件下测定的，但是由于爆发点并不是炸药的特性常数，它与实验条件以及散热、反应速度等影响因素

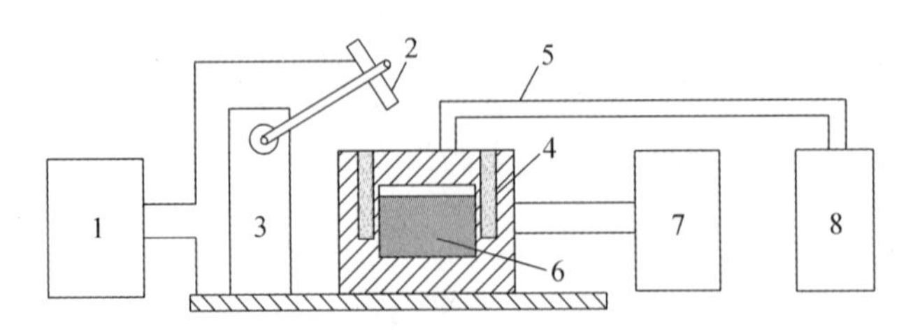

图 2-2　炸药爆发点实验装置

1—数字式记录仪；2—带铜制塞子的雷管壳；3—支架；4—电加热器；5—测温热电偶；6—伍德合金浴；7—温度控制器；8—数字式测时仪

有关，因此，它只能用于不同炸药之间热感度的相对比较，而不能作为炸药的危险温度。

表 2-1　常见炸药 5 s 延滞时间的爆发点

炸药	爆发点/℃	炸药	爆发点/℃
硝化甘油	222	硝化棉(13.3%N)	230
太安	225	结晶叠氮化铅	345
梯恩梯	475	雷汞	210
苦味酸	322	DDNP	180
特屈儿	257	硝酸肼镍	283
黑索今	260	斯蒂芬酸铅	265

2. 工业含水炸药的热感度测定——铁板法

乳化炸药的热感度一般不用 5 s 爆发点的方法测定，因为该类炸药是含水炸药，用标准规定的 5 s 爆发点法测定时，往往很难准确判定终点。除乳化炸药外，水胶炸药也存在类似的问题，目前常用的方法是铁板法，实验装置如图 2-3 所示。

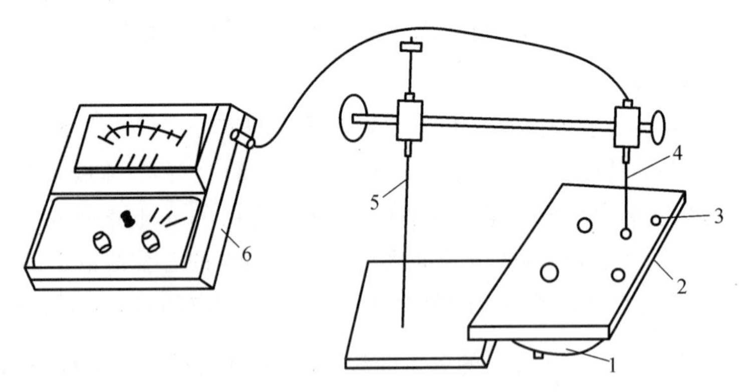

图 2-3　含水炸药的热感度铁板法实验装置

1—电炉；2—加热铁板；3—试孔；4—感温热电偶；5—实验架；6—控温仪

铁板法的原理是：将一定质量的炸药在某一温度下恒温一定的时间，观察炸药是否有燃烧或爆炸现象，从而评估乳化炸药的热感度。实验时采用一块标准铁板，将铁板加热(200±

5)℃并保持恒温；称取炸药样品 1 g，平均分为 4 份，分别置于规定的铁板四个位置并立刻开始计时，观察在 20 min 内炸药是否发生燃烧或爆炸。目前常用含水炸药的热感度一般要求三次实验均不燃不爆为合格。

除乳化炸药和水胶炸药外，其他配方的含水炸药也可参考使用该方法来评定热感度。

2.1.2　火焰感度

炸药在明火作用下发生爆炸反应的能力称为炸药的火焰感度。在敞开的环境中，军用猛炸药、工业炸药以及火药在用火焰点燃时都可以发生一定程度的燃烧反应，而起爆药遇到火焰时则发生爆炸反应。

测定炸药火焰感度的方法较多，常用的装置之一如图 2-4 所示。

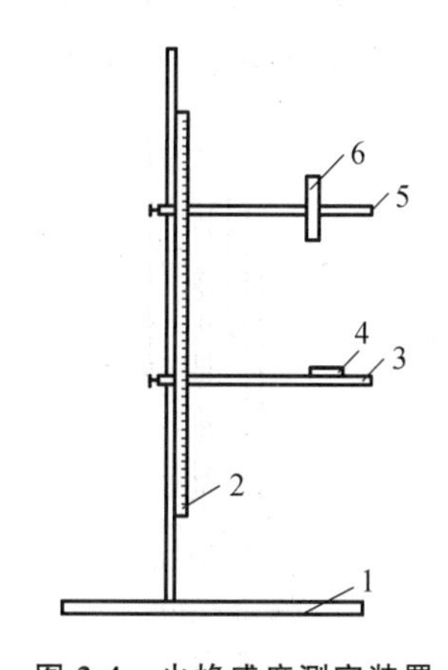

图 2-4　火焰感度测定装置

1—铁架台；2—刻度尺；3—火帽架；4—火帽壳；5—导火索固定架；6—导火索

实验步骤如下：准确称取 0.05 g 炸药样品，装入火帽壳内，在火帽架上固定火帽壳，改变导火索（或黑火药柱）的固定架以调节上、下两个固定架之间的距离，点燃导火索（或黑火药柱）并观察火焰对样品的点燃情况，测定样品 100％发火时的最大距离（上限）和 100％不发火时的最小距离（下限），用上、下限的高度来表示炸药火焰感度的大小。根据上限的大小可以比较炸药发火的难易程度，而下限的大小可以用来比较火焰的安全性。

由于炸药只是局部表面受到火焰作用，因此局部表面在吸收火焰传递的能量后，温度将升高，同时局部表面所吸收的能量还要向未受火焰作用的相邻表面和炸药内部传递，炸药表面层的温度从而升高。这样，在火焰的作用下炸药表面层的温度能否上升到发火温度并发生燃烧，主要取决于它吸收火焰传递能量的能力以及其导热系数的大小。显然，炸药的上限越大，火焰感度越大；反之，则火焰感度越小。由于实验中存在各种误差，特别是用导火索作为发火源时，由于导火索药芯的粒度和密度都可能存在差异，它的发火能量就存在差异，因此实验结果便会出现误差，其实验值只能作为相对比较的参考数据。

2.2　炸药的机械感度

炸药的机械感度是指炸药在机械作用下发生爆炸的难易程度。

机械作用的形式很多，如撞击、摩擦、针刺、惯性等作用，常见的有垂直的撞击作用和水平的滑动作用两种情况，而与之相应的炸药感度称为炸药的撞击感度和摩擦感度。由于炸药在生产、运输以及使用过程中不可避免地会受到撞击、摩擦和挤压等作用，炸药在这些作用下的安全性如何，弹药和爆破器材在机械引发时能否可靠地引爆，这些都与炸药的机械感度有关。因此,从实验方法和起爆机理等方面对炸药的机械感度进行深入的研究,对于正确确定炸药的应用范围、保证炸药处理过程中的安全性具有十分重要的意义。本节主要介绍炸药的撞击感度和摩擦感度。

2.2.1　炸药的撞击感度

1.卡斯特立式落锤仪实验

测定猛炸药撞击感度的实验通常借助卡斯特立式落锤仪进行,测定炸药发生爆炸、拒爆或者两者之间有一定比例关系时所需要的撞击作用功。测定的基本步骤是将一定质量和粒度的炸药样品放在撞击装置的立式落锤仪的两个击柱之间,让一定质量的落锤从一定高度自由落下,撞击被测炸药样品,经多次实验后,计算该炸药样品发生爆炸的概率。

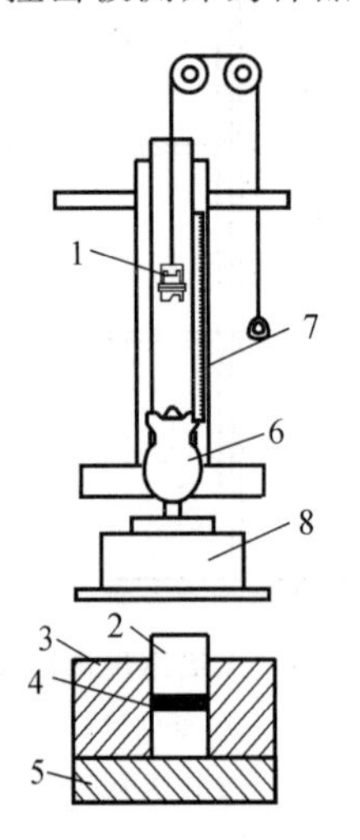

图 2-5　WL-1 型立式落锤仪

1—卡子;2—击柱;3—导向套;4—被测样品;5—底座;6—落锤;7—导轨;8—击砧

目前,世界上各国测定炸药撞击感度时均采用立式落锤仪,但测试的条件以及撞击感度的表示方法不一样。我国采用的是 WL-1 型立式落锤仪,如图 2-5 所示。它是由固定的且相互平行的两个立式导轨以及可以在导轨上自由滑动的落锤组成的,落锤按质量分为 10 kg、5 kg、2 kg 等几种。测试时,先将落锤固定在某一高度,然后让它沿导轨自由落下,撞击击柱间的被测炸药样品,再根据火花、烟雾或者声响结果来判断炸药样品是否发生爆炸,并计算炸药样品发生爆炸的概率。

在对炸药撞击感度影响因素的研究中发现,除了炸药药量以及粒度对其撞击感度有影响外,击柱材料、材料加工精度、导轨的平行性和垂直度等都会影响撞击感度的测定。因此,为了提高测试的精度,对仪器和实验条件都要严格控制,并保持相对的一致性。此外,要在相同的条件下进行多次实验,以便消除偶然因素所造成的误差。

炸药撞击感度的表示方法有很多,常见的有爆炸百分数法、上下限法、50%爆炸特性落高法等,最常用的是爆炸百分数法。

(1) 用爆炸百分数表示炸药的撞击感度。

爆炸百分数法是将一定质量的落锤从一定的高度落下后撞击炸药,通过爆炸百分数来比较各种炸药的撞击感度。爆炸百分数越大,则炸药的撞击感度越大;爆炸百分数越小,则炸药的撞击感度越小。实验条件一般是:落锤的质量为 10 kg、5 kg 和 2 kg,落高为 25 cm,以 25 次实验结果为一组,且必须有两组以上的平行数据,最后计算出炸药的爆炸百分数。

应该注意的是,如果实验条件不同,则选择的参照标准也不同。若实验条件为落锤重 10 kg、落高为 25 cm,则选用爆炸百分数是(48±8)%的特屈儿作为参照标准;若测定工业炸药的撞击感度,在落锤质量为 2 kg 时,以发生爆炸时最小落高为 100 cm 的梯恩梯作为参照标准。几种常见炸药的撞击感度如表 2-2 所示。

表 2-2　几种常见炸药的撞击感度*

炸药名称	爆炸百分数/(%)	炸药名称	爆炸百分数/(%)
梯恩梯	4～8	2#岩石炸药	20
黑索今	75～80	2#煤矿炸药	5
太安	100	3#煤矿炸药	40
苦味酸	24～32	阿马托	20～30
特屈儿	50～60	硝酸铵/梯恩梯(80/20)	16～18

注："*"表示落锤重 10 kg、落高为 25 cm、样品质量为 0.05 g。

(2) 用上下限表示炸药的撞击感度。

撞击感度的上限是指炸药 100%发生爆炸时的最小落高，下限则是指炸药 100%不发生爆炸时的最大落高。实验测定时先选择某个落高，再改变落高，观察炸药的爆炸情况，得出炸药发生爆炸的上限和不发生爆炸的下限，以 10 次实验为一组。实验得出的数据可作为安全性能的参考数据。

(3) 用 50%爆炸特性落高(临界落高)表示撞击感度。

临界落高是指一定质量的落锤使炸药样品发生爆炸的概率为 50%时的高度，常用 h_{50} 来表示。

用 50%爆炸特性落高表示撞击感度的方法是首先找出炸药的上限和下限；然后在上限和下限之间取若干不同的高度，并在每一高度下进行相同数量的平均实验，求出爆炸百分数；最后在坐标纸上以横坐标表示落高 h、以纵坐标表示爆炸百分数作图，画出感度曲线，并在感度曲线上找出爆炸百分数为 50%时的落高 h_{50}，如图 2-6 所示。近代常采用数理统计方法来计算爆炸百分数为 50%时的 h_{50}，最常用的方法是"布鲁斯顿的上下法"，由于这种方法可以测出各种不同感度炸药的特性落高，并能够比较出它们感度的大小，克服了爆炸百分数法可比范围小的缺点，因此得到广泛的应用。

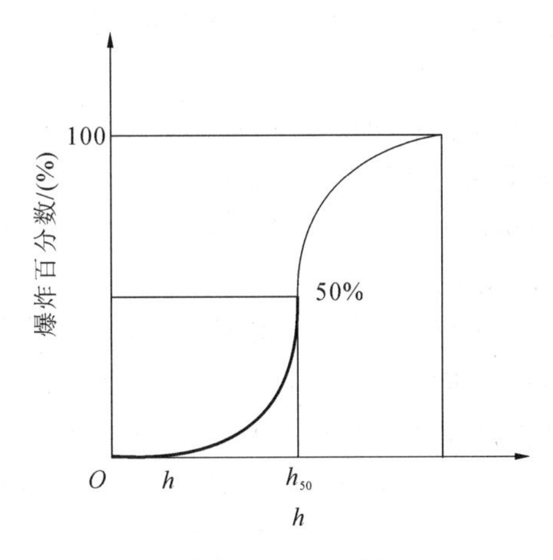

图 2-6　感度曲线

布鲁斯顿的上下法又称升降法，是根据数理统计理论提出的一种在平均值左右变化而行的实验方法。采用这种方法时应按次序进行实验，先确定开始时间的水平值 h 以及间隔值 d，d 的值应按等间隔配置，且接近标准偏差的值，即将变量固定在按等差数列级数分布的一序列水平上，下一次实验时的落高则根据上一次的实验结果决定。例如，第一次实验在高 h 处进行，如果发生爆炸，用符号"×"表示，下次实验就应在落高为 $h-d$ 处进行；如果 h 处的实验结果是未爆炸，则用符号"○"表示，下次实验就应在 $h+d$ 处进行，依此类推。也就是说，发生爆炸的实验应减小落高，不发生爆炸的实验应增大落高。将实验结果记录在有关的表格中。升降法实验程序记录如图 2-7 所示。

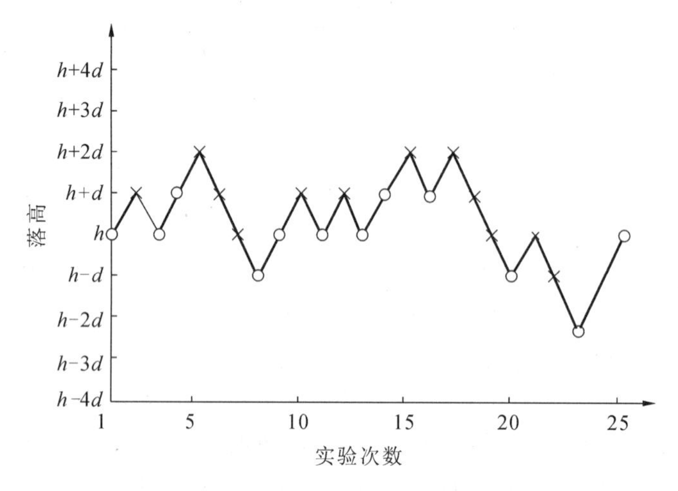

图 2-7 升降法实验程序记录

布鲁斯顿的上下法中实验样本一般以 25 发为一组，当样本量 N 为 100 发时就可以得到很满意的结果，但样本量不能少于 20 发，同时应除掉无效实验次数。

由于布鲁斯顿的上下法可以将实验自动地集中在平均值的附近，一般情况下能使实验次数减少 30%～40%，并且能够提高测试的精度，因此该方法在测定炸药的感度工作中已得到广泛的应用。

值得注意的是，应用布鲁斯顿的上下法进行实验的前提条件是所选择的变量必须服从正态分布。如果变量不服从正态分布，则首先要把它变换成服从正态分布的变量，否则就不能应用该方法进行实验。实验已经证明，撞击感度落高的对数($\lg h$)是服从正态分布的变量，因此在实验中落锤下落的高度应按对数等间隔分布。

布鲁斯顿的上下法实验结束后，应该对实验数据进行处理，处理步骤如下：根据实验记录表，分别统计实验结果中发生爆炸的总数 $N(\times)$和未发生爆炸的总数 $N(\bigcirc)$，在进行数据处理时取两个总数中小的那个，如果两个总数相等则可以任取一个进行计算。

50%爆炸临界落高的对数值可用下列公式计算得到：

$$h_{50} = C + d\left[\frac{1}{N(\bigcirc)}\sum in_i(\bigcirc) + \frac{1}{2}\right] \tag{2-3}$$

$$h_{50} = C + d\left[\frac{1}{N(\times)}\sum in_i(\times) - \frac{1}{2}\right] \tag{2-4}$$

式中：h_{50} 为 50%爆炸临界落高的对数值；C 为零水平时的落高值；d 为水平间隔值；$N(\bigcirc)$为未发生爆炸的总数；$N(\times)$为发生爆炸的总数；i 为水平数，从零开始的自然数；$n_i(\bigcirc)$为 i 水平时未发生爆炸的次数；$n_i(\times)$ 为 i 水平时发生爆炸的次数。

实验的标准偏差 σ 由下式计算：

$$\sigma = 1.62d\left[\frac{\sum i^2 n_i}{N} - \left(\frac{\sum in_i}{N}\right)^2 + 0.029\right] \tag{2-5}$$

一些炸药的 50%爆炸临界落高如表 2-3 所示。

表 2-3　以50%爆炸临界落高表示炸药的撞击感度*

炸药名称	临界落高/cm	炸药名称	临界落高/cm
太安	13	梯恩梯	200
黑索今	24	阿马托	116
奥克托今	26	复合推进剂	15～41
特屈儿	38	硝酸铵	>300

注："*"表示落锤重2.5 kg,炸药样品质量为0.035 g。

2. 弧形落锤仪实验

由于起爆药的撞击感度很高,其撞击感度通常用弧形落锤仪(见图2-8)测定。

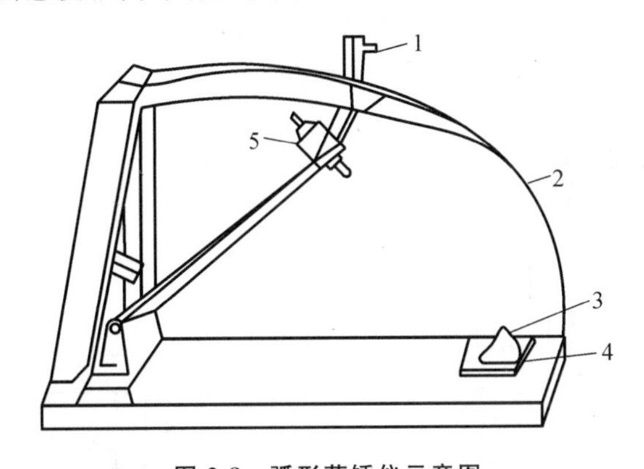

图 2-8　弧形落锤仪示意图

1—手柄;2—有刻度的弧形架;3—击针;4—固定击针和火帽的装置;5—落锤

弧形落锤仪的落高刻在一弧形架上,这样就可以使落高刻度放大,读数更加精确。落锤的质量可以改变。

实验步骤如下:将0.02 g起爆药放入枪弹的火帽内,用锡箔或铜箔覆盖,在30～50 MPa的压力下压药,将火帽放在定位器内并放入击针,然后让落锤在不同的落高处落下撞击,根据声响来判断是否发火。

应该注意的是,在同一落高处必须进行6次平行实验,并用落高的上限和下限表示起爆药的撞击感度,落锤质量通常为0.5～15 kg。一些起爆药的撞击感度如表2-4所示。

表 2-4　落锤重0.4 kg时起爆药的撞击感度

起爆药名称	上限/cm	下限/cm
雷汞	9.5	3.5
叠氮化铅	33	10
斯蒂芬酸铅	36	11.5
二硝基重氮酚	6	3

由于在使用过程中起爆药要具有适当的机械感度，因此，通过它的上限值可以选择其准确发生爆炸时所需要外界作用力的大小，而通过它的下限值可以确定其生产过程中的安全性。

弧形落锤仪也有一定的缺点：由于锤头质量增大可能会使锤头出现摇摆现象，因此砝码的质量不宜过大。有些国家也采用立式落锤仪来测定起爆药的撞击感度。

2.2.2 炸药的摩擦感度

炸药在机械摩擦作用下发生爆炸的能力称为炸药的摩擦感度。炸药在加工或者使用过程中，除可能受到撞击作用外，还经常受到摩擦作用，或者受到摩擦和撞击的共同作用。有些被钝化的炸药和某些复合推进剂可能具有较低的撞击感度，但却表现出较高的摩擦感度，因此，从安全的角度考虑，研究和测定炸药的摩擦感度有非常重要的意义。

用于测定炸药摩擦感度的仪器有很多种，目前常用的是柯兹洛夫摩擦摆。它主要由打击部分、仪器本体和油压系统组成，如图 2-9 所示。

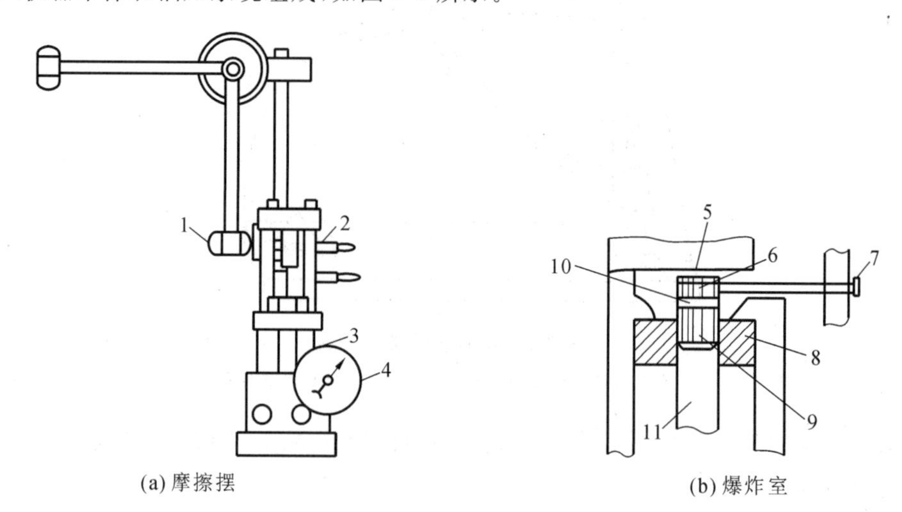

图 2-9　柯兹洛夫摩擦摆

1—摆锤；2—仪器本体；3—油压机；4—压力表；5—上顶板；6—上击柱；7—击杆；8—导向套；9—下击柱；10—炸药；11—顶杆

实验步骤：将 20 mg 的炸药样品均匀地放在上、下两个钢制圆击柱之间，开动油压机，通过顶杆将上击柱从击柱套中顶出并用一定的压力压紧，压力大小可根据压力表的读数以及仪器活塞和击柱的截面积计算得到。将摆锤从一定摆角处落下并打击击杆，使上击柱迅速平移 1～2 mm，两击柱间的炸药样品便受到强烈的摩擦作用，根据声响和分解等情况来判断炸药样品是否发生爆炸。

实验结果的表示方法有两种。

(1) 用爆炸百分数表示摩擦感度。

如果是感度较高的炸药，则实验条件为：挤压压强 39.2 MPa，摆角 90°，药量 0.02 g；如果是感度较低的大颗粒炸药，则实验条件为：挤压压强 49.0 MPa，摆角 96°，药量 0.03 g。在上述实验条件下，可用标准的特屈儿来校准实验仪器。

（2）用不同压强下爆炸百分数的感度曲线表示摩擦感度。

由于压强的变化，作用在炸药样品上的摩擦力也会随之改变，因此，根据不同压强下炸药爆炸百分数的不同可以比较炸药摩擦感度的大小，其感度曲线如图 2-10 所示。

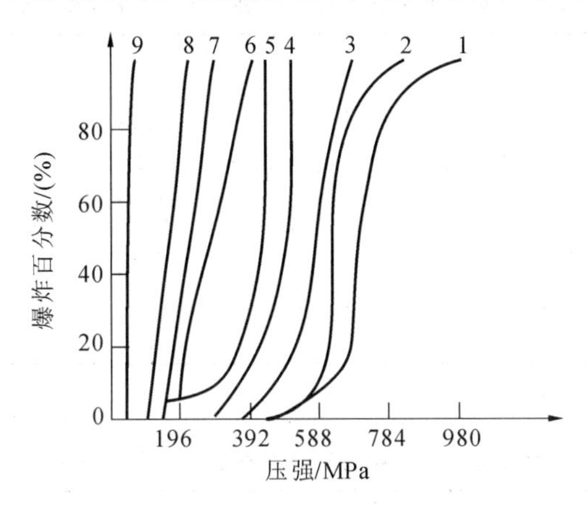

图 2-10　爆炸百分数与压强的关系

1—梯恩梯；2—二硝基苯；3—三硝基苯；4—特屈儿；5—黑索今；6—太安；7—硝化棉；8—叠氮化铅；9—雷汞

2.3　炸药的静电感度

炸药在静电火花作用下发生爆炸的难易程度称为炸药的静电感度。

炸药的静电感度在静电火花感度仪上测量，测量装置示意图如图 2-11 所示。

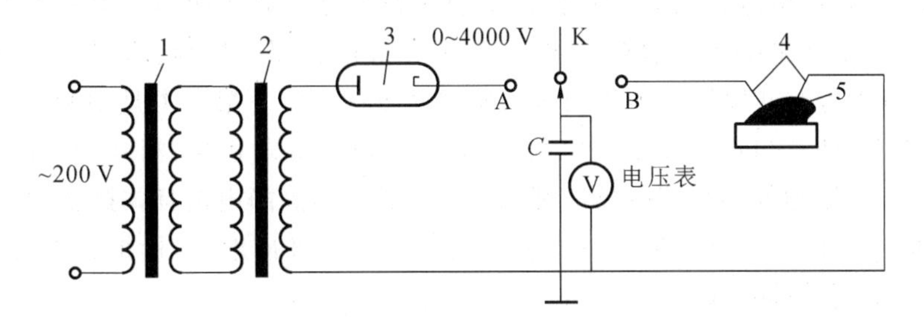

图 2-11　炸药静电感度测量装置示意图

1—自耦变压器；2—升压变压器；3—高压整流管；4—尖端电极；5—被测炸药样品

实验步骤：先将 220 V 的交流电通过自耦变压器的调压和升压变压器的升压，并经高压整流管整流后变成高压直流电，然后将开关 K 合到位置 A 使电容器充电；待电容器的电压稳定后（此时的电压为 U），再将开关 K 从 A 处断开并合到 B 处，尖端电极立即放电，产生静电火花；静电火花作用在两个尖端电极间的被测炸药样品上，观察炸药是否发生爆炸，以燃烧和爆炸的百分数或 0、50％或 100％发火率时的能量 E_0、E_{50}、E_{100} 表示炸药的静电感度。

静电火花能量的计算公式如下：

$$E=\frac{1}{2}CU^2 \tag{2-6}$$

式中：E 为火花放电的能量；C 为放电电容；U 为放电电压。

不同能量下几种炸药的静电感度列于表 2-5 和表 2-6 中。

表 2-5 不同能量下几种炸药的静电感度（爆炸百分数*） （单位：%）

炸药名称	能量/J							
	0.013 (0.5 kV)	0.050 (1.0 kV)	0.113 (1.5 kV)	0.200 (2.0 kV)	0.313 (2.5 kV)	0.450 (3.0 kV)	0.613 (3.5 kV)	0.800 (4.5 kV)
梯恩梯	18	50	68	83	100	100	—	—
黑索今	0	13	38	38	55	85	100	100
特屈儿	10	37	100	100	100	—	—	—

注："*"表示电容 $C=0\ \mu F$，电极间距 $d=1$ mm，药量 $m=20$ mg。

表 2-6 几种炸药的静电感度 $E_0^{①}$、$E_{50}^{②}$、$E_{100}^{③}$

起爆药名称	E_0/J	E_{50}/J	E_{100}/J
梯恩梯	0.004	0.050	9.374
黑索今	0.013	0.288	0.577
特屈儿	0.005	0.071	0.195

注：① E_0 为零发火率时所需的最大静电火花能量；② E_{50} 为 50%发火率时所需的静电火花能量；③ E_{100} 为 100%发火率时所需的最小静电火花能量。

防止静电事故的发生，主要在于防止静电的产生和静电产生后的及时消除，使静电不致过多地积累。消除静电危害的方法从机理上说大致可分为如下两类。第一类是泄漏法，让静电荷比较容易地从带电体上泄漏散失，从而避免静电积累。接地、增湿、加入抗静电添加剂，以及铺设导电橡胶或喷涂导电涂料等措施都属于这一类。第二类是中和法，给带电体加一定量的反电荷，使其与带电体上的电荷中和，从而避免静电积累，消除静电的危害。正负相消法、电离空气法和外加直流电场法都属于这一类。消除静电的具体措施如下。

（1）接地。把和炸药相接触的一切金属设备串联起来接地，尽量把静电带走。但接地法不是对所有的情况都有效。

（2）增湿。在炸药操作的场所，尽量提高空气的湿度，使带电体表面吸附一定水分，降低其表面电阻系数，有利于静电泄于大地。但是大车间不易形成高湿度环境，对炸药干燥及包装工房的增湿也是有限度的。

（3）铺设导电橡胶、穿导电鞋（低电阻鞋）和导电纤维工作服，通过导电纤维的弱放电来减少人体带电。

（4）使用抗静电添加剂。这种方法就是在易于带电的介质中或工装上加上或喷涂一种助剂，借助助剂的某种作用，可以防止静电的产生和积累。

（5）正负相消。炸药和金属材料接触或摩擦，大多带负电。可以选择一种能使炸药带正电的材料，将这种材料按一定的面积比例镶嵌于工装与炸药接触的表面上，这样在炸药与这种工装相接触时，炸药既带正电又带负电，从而达到中和电荷和消除静电的目的。

2.4　炸药的冲击波感度

炸药在冲击波作用下发生爆炸的难易程度称为炸药的冲击波感度。

在实际爆破中，经常用一种炸药产生的冲击波并通过一定的介质去引爆另一种炸药，这是利用了冲击波可以通过一定介质传播的性质。由于炸药爆炸时所产生的冲击波是一种脉冲式的压缩波，当它作用在物体上时，物体就会受到压缩并产生热量，如果受冲击的是均质炸药，则冲击面上一薄层炸药就会均匀地受热升温，当温度升到爆发点时炸药就会发生爆炸；如果受冲击的是非均质炸药，由于炸药受热升温的不均匀性，其局部高温处就会产生“热点”，这样，爆炸首先从热点处开始并扩展，最后引起整个炸药发生爆炸。

2.4.1　隔板实验

隔板实验是测定炸药冲击波感度最常用的方法之一，如图 2-12 所示。

实验步骤：将雷管、各种药柱和隔板装好，传爆药常选用特屈儿，这主要是为了使主发药柱发生稳定的爆轰。主发药柱的装药密度、药量以及药柱的尺寸应按标准严格控制。隔板可采用铝、铜等金属材料或塑料、纤维等非金属材料，其尺寸应与主发药柱的直径相同或稍大些，厚度应根据实验要求进行变换，实验所用主发药柱和被测药柱的直径应相等。

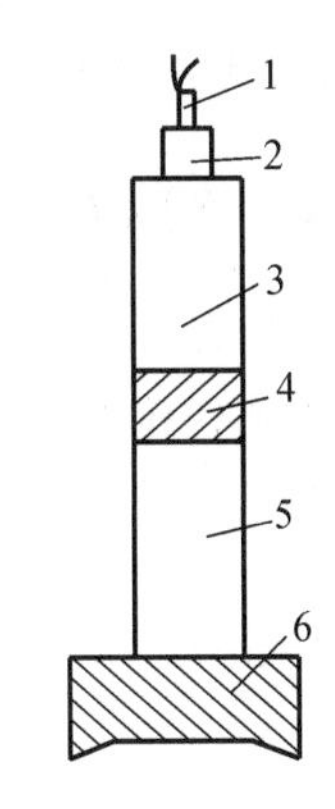

图 2-12　隔板实验示意图

1—雷管；2—传爆药柱；3—主发药柱；4—隔板；5—被测药柱；6—钢座

当雷管起爆传爆药柱后，传爆药柱便引爆了主发药柱，主发药柱发生爆轰并产生一定强度的冲击波通过隔板传播，隔板的主要作用是衰减主发药柱产生的冲击波，以调节传入被测药柱冲击波的强度，使其强度刚好能引起被测药柱的爆轰，同时还能够阻止主发药柱的爆炸产物对被测药柱的冲击和加热。根据爆炸后钢座的状况判断被测药柱是否发生爆轰，如果实验后钢座验证板上留下了明显的凹痕，说明被测药柱发生了爆轰；如果没有出现凹痕，则说明被测药柱没有发生爆轰；如果出现不明显的凹痕，则说明被测药柱爆轰不完全。另外，为了提高判断爆轰的准确性，还可以安装压力计或高速摄像机测量其中的冲击波参数，根据有关的参数可以判断被测药柱是发生了高速爆轰还是发生了低速爆轰。

被测药柱的冲击波感度用隔板值表示。所谓隔板值，是指主发药柱爆轰产生的冲击波经隔板衰减后，其强度仅能引起被测药柱爆轰时隔板的厚度。如果被测药柱 100％爆轰时的最大隔板厚度为 δ_1，而被测药柱 100％不爆轰时的最小隔板厚度为 δ_2，则隔板值 $\delta_{50}=\frac{1}{2}(\delta_1+\delta_2)$。

此外，也可以采用布鲁斯顿的上下法来进行实验，根据所改变的隔板厚度的实验数据求出 50%的临界隔板值。实验测得部分炸药的隔板值如表 2-7 所示。

表 2-7　部分炸药的隔板值

炸药名称	装药条件	密度/(g/cm^3)	隔板值 δ_{50}/cm
黑索今	压装	1.640	8.20
特屈儿	压装	1.615	6.63
B 炸药	压装	1.663	6.05
B 炸药	压装	1.704	5.24
梯恩梯	压装	1.569	4.90
梯恩梯	压装	1.600	3.50
阿马托	压装	—	4.12

应该指出的是，当被测装药的直径较大时，应该选用大隔板进行实验。大隔板实验的装置、方法、步骤和小隔板实验的相似，只是要相应地增大钢座验证板的厚度。

2.4.2　殉爆

如图 2-13 所示，装药 A 爆炸时，引起与其相距一定距离的被惰性介质隔离的装药 B 爆炸，这一现象称作殉爆。

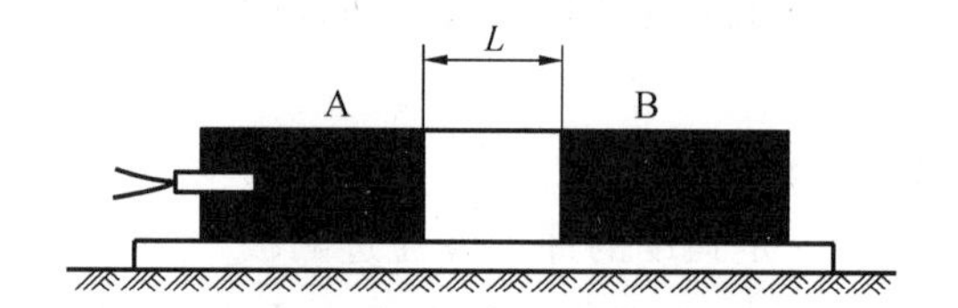

图 2-13　炸药殉爆示意图

惰性介质可以是空气、水、土壤、岩石、金属或非金属材料等。装药 A 称为主发装药，被殉爆的装药 B 称为被发装药。

在一定程度上，殉爆反映了炸药对冲击波的感度。引起殉爆时两装药间的最大距离称为殉爆距离。炸药的殉爆能力用殉爆距离表示。

研究炸药的殉爆现象有重要意义。一方面在实际应用中要利用炸药的殉爆现象，如引信中雷管或中间传爆药需要通过隔板来起爆或隔爆传爆药，殉爆也是工业炸药生产中检验产品质量的主要方法之一，殉爆距离既可反映被发装药的冲击波感度，也可反映主发装药的引爆能力。另一方面，研究殉爆现象可为炸药生产和储存的厂房、库房的安全距离提供基本依据。殉爆也是工程爆破中炸药的一个重要爆炸性能指标，相关标准规定粉状工业炸药在有效期内的殉爆距离必须大于或等于 3 cm。

主发装药的爆炸能量可以通过以下三种途径传递给被发装药使之殉爆。

(1) 主发装药的爆轰产物直接冲击被发装药。当两个装药间的介质密度不是很大(如空气等)且距离较近时,主发装药的爆轰产物就能直接冲击被发装药,引起被发装药的爆轰。

(2) 主发装药在惰性介质中形成的冲击波冲击被发装药。主发装药爆轰时其周围介质中形成冲击波,冲击波通过惰性介质进入被发装药后仍具有足够的强度时,就能引起被发装药的爆轰。

(3) 主发装药爆轰时抛射出的固体颗粒冲击被发装药,外壳破片、金属射流等冲击到被发装药时可引起被发装药的爆轰。

在实际情况中,也可能是以上两种或三种因素的综合作用,这要视具体条件而定。如果惰性介质是空气,两装药相距较近,主发装药又有外壳,则可能是三种因素都起作用;如果两装药间用金属板隔开,则主要是第二种因素起作用。

1. 影响殉爆的因素

1) 主发装药的药量及性质

殉爆距离主要取决于主发装药的起爆能力,凡是影响起爆能力的因素,都会影响殉爆距离。

主发装药的质量越大,且其爆热、爆速越大时,引起殉爆的能力越大,因为当主发装药的能量高、爆速大、质量大时,所形成的爆炸冲击波的压力和冲量越大。主发装药的起爆能力越强,爆轰传递的能力越强,即殉爆距离越大。表 2-8 中的主发装药和被发装药都是梯恩梯,介质为空气,被发装药放置在主发装药周围的地面上。主发装药质量对殉爆距离的影响如表 2-8 所示。

表 2-8　主发装药质量对殉爆距离的影响

主发装药质量/kg	10	30	80	120	160
被发装药质量/kg	5	5	20	20	20
殉爆距离/m	0.4	1.0	1.2	3.0	3.5

表 2-9 列出了 2＃煤矿炸药药卷直径和药量对殉爆距离的影响。所列实验分两种情况,其一是固定主发药卷和被发药卷的药量而同时改变两者的直径,其二是固定主发药卷和被发药卷的直径而同时改变两者的药量。实验表明,增大药量和直径,将使主发药卷的冲击波强度增大,被发装药接受冲击波的面积增大,这些因素均导致殉爆距离的增大。

表 2-9　2＃煤矿炸药药卷直径和药量对殉爆距离的影响

药卷直径/mm	药量/g	殉爆距离/mm	
		1＃实验	2＃实验
25	1＃为 100 2＃为 80	60	60
30		—	110
32		105	100
35		115	120
40		125	120

续表

药卷直径/mm	药量/g	殉爆距离/mm	
		1＃实验	2＃实验
35	100	190	165
	125	185	170
	150	190	185
	175	190	175
40	100	150	140
	125	195	160
	150	200	190
	175	200	200
45	80	—	70
	100	120	110
	125	130	160
	150	205	170
	175	250	205

主发装药有无外壳及外壳强度、主发装药与被发装药之间的连接方式，都对殉爆距离产生影响。如果主发装药有外壳，甚至两个装药用管子连接起来，由于爆炸产物侧向飞散受到约束，被发装药方向的引爆能力提升，因此殉爆距离显著增大，而且随着外壳管子材料强度的增大而进一步增大。表 2-10 和表 2-11 所列实验数据就是例证。实验均采用苦味酸装药，药量为 50 g，主发装药的密度为 1.25 g/cm^3，被发装药的密度为 1.0 g/cm^3。

表 2-10　主发装药外壳对殉爆距离的影响

主发装药外壳	主发装药密度/(g/cm^3)	被发装药密度/(g/cm^3)	殉爆距离/mm
纸钢(壁厚 4.5 mm)	1.25	1	170 230
纸钢(壁厚 6 mm)	1.25	1	130 180

表 2-11　主发、被发药卷有无连接管子时的殉爆距离

连接管子	材质	尺寸(直径/mm×壁厚/mm)	50％殉爆距离/mm
有	钢	32×5	1250
	纸	32×1	590
无	—		190

2）被发装药的爆轰感度

影响殉爆距离的主要因素是被发装药的爆轰感度，它的爆轰感度越大，殉爆能力越大。凡是影响被发装药爆轰感度的因素（如密度、装药结构、粒度、物化性质等）均影响殉爆距离。在一定范围内，当被发装药密度较低时，其爆轰感度较大，殉爆距离也较大。非均质装药比均质装药的殉爆距离大。压装装药比熔铸装药的殉爆距离大。用梯恩梯、纯化黑索今和 2＃煤矿炸药进行殉爆实验，实验结果相似，如表 2-12 所示。

表 2-12　被发装药密度与殉爆距离的关系

实验装药	主发装药			被发装药		殉爆距离/mm
	直径 d/mm	密度 ρ/(g/cm^3)	装药质量/g	直径 d/mm	密度 ρ/(g/cm^3)	
梯恩梯	23.2	1.6	35.5	23.2	1.3	130
					1.4	110
					1.5	100
纯化黑索今	23.2	1.6	35.5	23.2	1.4	95
					1.5	90
					1.6	75
2＃煤矿炸药	25	0.9	40.0	25.0	0.7	160
					0.8	140
					0.9	140
					1.0	70
					1.1	35

3）装药间惰性介质的性质

惰性介质的性质对殉爆距离有很大影响。表 2-13 中主发装药是苦味酸，其质量为 50 g，密度为 1.25 g/cm^3，纸外壳；被发装药亦是苦味酸，其质量为 50 g，密度为 1.0 g/cm^3。惰性介质对殉爆距离的影响主要和冲击波在其中传播的情况有关，在不易压缩的介质中，冲击波容易衰减，因而殉爆距离较小。此外，惰性介质越稠密，冲击波在其中损失的能量越多，殉爆距离也就越小。

表 2-13　惰性介质对殉爆距离的影响

装药间介质	空气	水	黏土	钢	砂
殉爆距离/mm	280	40	25	15	12

4）装药的摆放形式

主发装药与被发装药按同轴线的形式摆放比按与轴线垂直的形式摆放容易殉爆，如图 2-14(a)所示。因为垂直摆放主发装药的爆轰方向未朝向被发装药，冲击波作用的效果就会大大下降。即使装药按同轴线的形式摆放，若主发装药的雷管放置位置与装药轴线方向不同，殉爆距离也会显著减小。图 2-14(b)、(c)的殉爆效果很差。

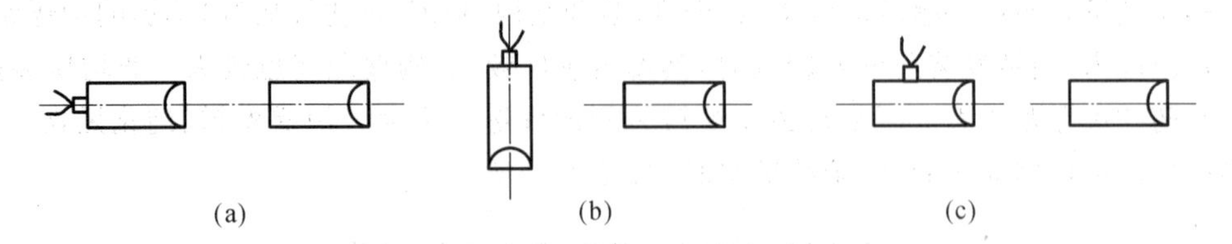

图 2-14 装药摆放位置对殉爆的影响

2. 殉爆距离的测试

殉爆距离是工业炸药的一项重要性能指标，在工业炸药生产的检验项目中，殉爆距离几乎是必须检验的，用于判断炸药的品质。在炸药品种、药卷质量和直径、外壳、介质、爆轰方向等条件都给定的情况下，殉爆距离既反映了被发装药的冲击波感度，也反映了主发装药的引爆能力，两者都与工业炸药的加工质量有关。

最常用的殉爆距离测试方法如下。采用炸药产品的原装药规格，将砂土地面铺平，用与药卷直径相同的金属或木质圆棒在砂土地面压出一个半圆形凹槽，长约 60 cm，将两药卷放入槽内，中心对正，精确测量两药卷之间的距离，在主爆药卷的引爆端插入雷管，每次插入深度应一致，约占雷管长度的 2/3。引爆主发药卷后，如果被发药卷完全爆炸，则增大两药卷之间的距离，重复实验；反之，则减小两药卷之间的距离，重复实验。增大或减小的步长为 10 mm。取连续三次发生殉爆的最大距离作为该炸药的殉爆距离。

在工业炸药的技术要求中，一般规定一个殉爆距离的标准，因此在生产性检验时，可直接按标准取值，若连续三次均殉爆，即认为合格，一般不再测试该炸药确切的殉爆距离。

目前，也有采用更为科学的悬吊实验法来测量殉爆距离的，这种方法既避免了在砂坑中爆炸污染环境，受外界影响因素较多，又节约了资源，使数据的一致性大大提高。

2.5 炸药的爆轰感度

炸药的爆轰感度是指猛炸药在其他炸药(起爆药或猛炸药)的爆炸作用下发生爆炸的能力。炸药的爆轰感度在雷管装药设计、传爆药的研究以及工程爆破中起爆具的设计研究中十分重要。

猛炸药对起爆药的爆轰感度，一般用最小起爆药量来表示，即在一定的实验条件下，能引起猛炸药完全爆轰所需要的最小起爆药量。最小起爆药量越小，则表明猛炸药对起爆药的爆轰感度越大；反之，最小起爆药量越大，则表明猛炸药对起爆药的爆轰感度越小。

将 1 g 被测猛炸药试样用 49 MPa 的压力压入 8＃钢质雷管壳中，再用 29.4 MPa 的压力将一定质量的起爆药压入雷管壳中，最后将 100 mm 长的导火索装在雷管的上口。将装好的雷管放在防护罩内并垂直于 ϕ40 mm×4 mm 的铅板，点燃导火索引爆雷管。观察爆炸后的铅板，如果铅板被击穿且孔径大于雷管的外径，则表明猛炸药完全爆轰，否则，说明猛炸药没有完全爆轰。用插值法改变起爆药量，重复上述实验。经一系列的实验，可测出猛炸药的最小起爆药量。一些猛炸药的最小起爆药量如表2-14所示。

表2-14 一些猛炸药的最小起爆药量 单位:g

起爆药	猛炸药			
	梯恩梯	特屈儿	黑索今	太安
雷汞	0.36	0.165	0.19	0.17
叠氮化铅	0.16	0.025	0.05	0.03
二硝基重氮酚	0.163	0.075	—	0.09

从表2-14中可以看到,同一起爆药对不同猛炸药的最小起爆药量不同,这说明不同的猛炸药对起爆药具有不同的爆轰感度。此外,不同的起爆药对同一猛炸药的起爆能力也不同,这是由起爆药的爆轰速度不同造成的。爆轰速度越大,且爆炸的加速期越短,即爆炸过程中爆速增加到最大值的时间越短,则起爆能力越大。雷汞和叠氮化铅的爆轰速度均为4700 m/s左右,但叠氮化铅发生爆轰所需要的时间要比雷汞短很多,因此叠氮化铅的起爆能力比雷汞大很多,特别是在小尺寸引爆的雷管中,两者的差别更明显,但如果在直径比较大的情况下,两者的起爆能力则基本相同。

对于一些起爆感度较低的工业炸药,如铵油炸药、浆状炸药等,用少量的起爆药是难以使其爆轰的,这类炸药的爆轰感度不能用最小起爆药量来表示,而只能用较大的中继传爆药柱的最小药量来表示。

最小起爆药量的大小不仅取决于起爆药的爆炸性能和猛炸药的爆轰感度,还取决于起爆药与猛炸药的装药条件等一系列因素。因此爆轰感度的比较应在相同的实验条件下进行。起爆药的起爆能力与被起爆平面的大小有很大的关系,起爆面积增加,起爆药的起爆能力在一定范围内增大。最适合的起爆条件是:起爆药的直径与被起爆药的直径相同,若偏小则由于侧向膨胀的作用,起爆能量有较大的损失,起爆能力将明显降低。

此外,也可以用临界直径表示炸药的爆轰感度。临界直径越小,炸药的爆轰感度越大,反之越小。

2.5.1 自由振荡激光测定炸药感度

自由振荡激光不能产生高强度冲击波,完全属于热机理。曾有研究人员采用直径为10 mm、长度为180 mm氙灯(K14×160)的钕玻璃激光器作光源,测定起爆药的激光感度。被测样品分别称量20 mg,装入火帽中,压药压力为40 MPa。样品不密封,药面直接对准激光聚焦,光斑直径为1.6 mm,其面积约为20×10^{-3} cm^2,而火帽壳的内径为45 mm,这样激光能量全部进入药面上,保证了样品接收能量的一致性。为保证激光脉冲宽度保持不变,充电电压和电容量及放电电感不变。激光能量的增减通过光学玻璃衰减片调节。每一种样品在不同激光能量下做五组实验,每组打10发样品得出不同能量下样品的爆炸百分数。以激光能量和爆炸百分数作图求出对应于50%爆炸所需要的能量值。几种起爆药对激光能量的感度如表2-15所示。

表 2-15 几种起爆药对激光能量的感度

炸药名称	100%爆炸		100%不爆炸		50%爆炸	
	能量/mJ	能量密度/(J/cm^2)	能量/mJ	能量密度/(J/cm^2)	能量/mJ	能量密度/(J/cm^2)
1#$Ag_2C_2/AgNO_3$	6.18	0.31	3.54	0.18	4.35	0.22
2#$Ag_2C_2/AgNO_3$	12.82	0.64	5.24	0.26	8.80	0.44
斯蒂芬酸铅(LTNR)	9.42	0.47	5.21	0.26	7.35	0.37
DS共沉淀	21.00	1.05	6.79	0.34	8.80	0.44
$Hg(ONC)_2$	19.40	0.97	6.05	0.30	12.50	0.63
结晶$Pb(N_3)_2$	21.48	1.07	8.12	0.41	14.20	0.71

烟火药被自由振荡激光引爆所需的临界点火能量测定结果综合列于表 2-16 中。

表 2-16 烟火药激光引爆测定结果

引爆光源	烟火药样品	临界点火时激光能量密度 I_c/(J/cm^2)	备注
自由振荡钕玻璃激光器(脉宽为 0.45～1.50 ms)	Zr-$KClO_4$	1.27	—
	SOS-108	1.98	
	延期药 176	2.18	
	延期药 177	3.24	
	B/KNO_3	3.08	
	Mg/聚四氟乙烯	11.26	
自由振荡红宝石激光器(脉宽为 1.1～1.6 ms)	SOS-108	2.13	—
自由振荡红宝石激光器(脉宽为 0.9 ms)	50%KNO_3+25%镍粉+25%铝粉	0.33±0.15	—
自由振荡红宝石激光器(脉宽为 1.5 ms)	Zr/NH_4ClO_4(50/50)	0.93	—
自由振荡红宝石激光器(脉宽为 1 ms)	SOS-108	3.08	经过换算

2.5.2 调 Q 激光测定炸药感度

调 Q 激光是用一开关调节转镜和谐振腔，达到最高的 Q 值，实现激光高功率输出。起爆药激光引爆的临界能量密度实验结果综合列于表 2-17 中。大部分结果表明，自由振荡激光比 Q 开关激光的能量大一个量级。

表 2-17　起爆药激光引爆实验结果

引爆光源	火药样品	临界点火时激光能量密度 $I_c/(J/cm^2)$	备注
Q 开关钕玻璃激光器（脉宽为 80 ns）	$Pb(N_3)_2$	0.11	—
	LTNR	0.4	—
	DDNP	2.8	—
	导电药	0.06	—
	DS 药	0.03	—
自由振荡钕玻璃激光器（脉宽为 1 ms）	$Pb(N_3)_2$	2.2～4.6	—
自由振荡红宝石激光器（脉宽为 1 ms）	$Pb(N_3)_2$	3.5	—
	LTNR	14	—
Q 开关钕玻璃激光器（脉宽为 50 ns）	$Pb(N_3)_2$（松装药）	0.4	经过换算
	$Pb(N_3)_2$	0.082	
Q 开关红宝石激光器（脉宽为 19～30 ns）	$Pb(N_3)_2$（松装药）	5.4	50%点火概率时的激光能量
	雷汞	8.9	
	四氮烯	71	
	DDNP	220	
自由振荡红宝石激光器（脉宽为 0.4 ms）	同上	全未点火	—
自由振荡红宝石激光器	DDNP	1.7	—
自由振荡钕玻璃激光器（脉宽为 0.45～1.50 ms）	PVA $Pb(N_3)_2$	3.26	—
	糊精 $Pb(N_3)_2$	4.42	
	LTNR	1.30	

在实验中只有当激光束聚焦时猛炸药才能被引爆。激光束的能量密度难以确切测量，许多实验只测量激光能量。激光引爆猛炸药的效果有燃烧（或爆燃）、燃烧发展为爆轰、瞬时转变为爆轰等多种。

有人研究了太安炸药的激光引爆，发现将激光加给炸药后，经过 10～40 μs 的延滞时间，炸药开始燃烧。燃烧速度逐渐加快，由层流燃烧发展为对流燃烧（显示出“撕裂”的阵面）。随着燃烧产物压力的不断增加，燃烧转变为速度为 2～3 km/s 的低速爆轰。如果装药结构（如厚管壳、大直径药柱等）允许爆燃产物的压力上升到 10 GPa 水平，低速爆轰就转变为速度为 7～8 km/s 的高速爆轰。猛炸药激光引爆实验结果如表 2-18 所示。

表 2-18 猛炸药激光引爆实验结果

引爆光源	火药样品	激光能量密度或总能量	备注
Q 开关钕玻璃激光器（脉宽为 50 ns）	PETN（松装药）	0.5 J	瞬时爆轰
Q 开关钕玻璃激光器（脉宽为 50 ns）	PETN	12.3 J/cm^2	经过换算
Q 开关红宝石激光器（脉宽为 50 ns）	PETN	(2.5±1.8) J/cm^2	延滞时间小于 25 μs
	HMX	引爆	
	Tetryl	引爆	
自由振荡红宝石激光器（脉宽为 0.9 ms）	PETN	(14.86±11.49) J/cm^2	激光开始后 50～100 μs 内起爆
自由振荡钕玻璃激光器（脉宽为 0.45～1.00 ms）	PETN，RDX DIPAM，HNS	7.75 J/cm^2 未引爆	无窗口时 232 J/cm^2 亦未引爆
Q 开关红宝石激光器（脉宽为 25 ns）	PETN	0.8 J	镀膜窗口，均瞬时爆轰
	RDX	0.8～1.0 J	
	Tetryl	4.0 J	
自由振荡钕玻璃激光器（脉宽为 1.5 ms）	PETN，RDX	3.1 J/cm^2	临界点火
Q 开关红宝石激光器（脉宽为 19～30 ns）	PETN	0.53 J	50%点火概率
	TNT	0.66 J	
	RDX	0.65 J	
	Tetryl	0.51 J	
Q 开关钕玻璃激光器（脉宽为 80～100 ns）	PETN	1 J/cm^2（不聚焦）	临界点火。无窗口时，自由振荡激光达 8000 J/cm^2 亦未引爆
		4～5 J/cm^2（聚焦）	
	RDX	8～26 J/cm^2	
	Tetryl	30～70 J/cm^2	

2.5.3 采用金属膜技术引爆炸药

金属膜技术是指利用金属膜在激光作用下形成高温等离子体的冲击波引爆炸药。采用类似图 2-15 所示的爆炸装置，聚焦的激光作用于窗口后，金属膜迅速蒸发膨胀成等离子体，产生冲击波压力使炸药瞬时爆炸。

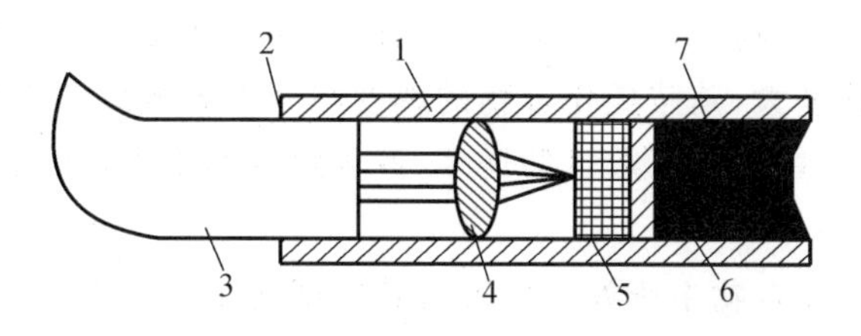

图 2-15　激光作用下高温等离子体的冲击波引爆炸药

1—管壳；2—管口；3—光导纤维；4—透镜；5—有机玻璃窗口；6—金属膜；7—炸药

一般窗口采用 0.5 cm 厚的有机玻璃，镀上 10 μm 厚的铝膜，取这一厚度是因为固体对光的吸收层厚度为 2～10 μm。Anderholm 曾测定铝膜的冲击波压力可达 2 MPa。镀膜窗口虽然在克服激光引爆猛炸药的困难方面有一定作用，但仍未完全解决，有待进一步研究。Yang 对普通窗口和铝膜窗口的研究结果如表 2-19 所示。

表 2-19　普通窗口和铝膜窗口的实验结果

炸药	雷管结构	激光能量/J	瞬时爆轰率	燃烧爆轰率	引爆失败率
PETN	普通窗口	0.5～4.0	4/5	1/5	0/5
	铝膜窗口		5/11	4/11	2/11
RDX	普通窗口	1.0～4.6	1/9	3/9	5/9
	铝膜窗口		10/43	19/43	14/43
Tetryl	普通窗口	3.0～4.0	0/2	1/2	1/2
	铝膜窗口		1/5	2/5	2/5

研究证明，不同的激光起爆形式影响炸药的激光引爆能量，而且由于激光起爆和闪光起爆同属于热起爆机理，凡影响闪光起爆的因素均影响激光起爆，因此在查阅光起爆能量时，一定要搞清楚测试条件与方法，这样对比各药剂的光感度次序才有意义。

2.6　影响炸药感度的因素

研究影响炸药感度的因素应该从两方面考虑：一方面是炸药的结构和物理化学性质的影响；另一方面是炸药的物理状态和装药条件的影响。通过对炸药感度影响因素的研究，掌握其规律性，有助于预测炸药的感度，并根据这些影响因素人为地控制和改善炸药的感度。

2.6.1　炸药的结构和物理化学性质对感度的影响

(1) 原子团的影响。炸药发生爆炸的根本原因是原子间化学键的破裂，因此原子团的稳定性和数量对炸药的感度影响很大。此外，不稳定原子团的性质以及它所处的位置也影响炸药的感度。

由于氯酸盐或酯（$—OClO_2$）和高氯酸盐或酯（$—OClO_3$）比硝酸酯（$—CONO_2$）的稳定

性低，而硝酸酯比硝基化合物（$—NO_2$）的稳定性低，因此，氯酸盐或酯比硝酸酯的感度大，硝酸酯比硝基化合物的感度大，硝胺类化合物的感度则介于硝酸酯和硝基化合物之间。对于同一化合物，随着不稳定爆炸基团数目的增多，各种感度均增大，如三硝基甲苯的感度大于二硝基甲苯的感度。

不稳定爆炸基团在化合物中所处的位置对其感度的影响也很大，如太安有四个爆炸性基团（$—CONO_2$），而硝化甘油中只有三个爆炸性基团，但由于太安分子中四个$—CONO_2$基团是对称分布的，导致太安的热感度和机械感度都小于硝化甘油的热感度和机械感度。

对于芳香族硝基衍生物，其撞击感度首先取决于苯环上取代基的数目，若取代基数目增加，则撞击感度增大，相对而言取代基的种类和位置的影响较小。此外，如果炸药分子中具有带电性基团，则对感度也有影响，带正电性的取代基感度大，带负电性的取代基感度小，如三硝基苯酚比三硝基甲苯的感度高。不同取代基对撞击感度的影响如表 2-20 所示。

表 2-20　不同取代基硝基衍生物的撞击感度

影响基团	炸药名称	取代基数量	撞击能/($kg \cdot cm/cm^2$)
$—CH_3$	二硝基苯	2	19.5
	二硝基二甲苯	4	14.6
	三硝基苯	3	12.1
	三硝基二甲苯	5	5.7
$—OH$	二硝基苯	2	19.5
	二硝基间苯二酚	4	10.3
	三硝基苯	3	12.1
	三硝基间苯二酚	5	4.0
$—Cl$	二硝基苯	2	19.5
	二硝基二氮苯	4	10.2
$—Br$	二硝基苯	2	19.5
	二硝基二溴苯	4	12.5
	二硝基三溴苯	5	7.7
$—NO_2$	二硝基苯	2	19.5
	三硝基苯	3	12.1
	二硝基二甲苯	4	14.6
	三硝基二甲苯	5	5.7
	二硝基酚	2	12.7
	三硝基酚	3	8.2

（2）炸药的生成热。炸药的生成热取决于炸药分子的键能，键能小，生成热也小，生成热小的炸药感度大。例如起爆药是吸热化合物，它的生成热较小，是负值，而猛炸药大多数是放热化合物，生成热较大，是正值，因此一般情况下起爆药的感度高于猛炸药的感度。

（3）炸药的爆热。爆热大的炸药感度高。这是因为爆热大的炸药只需要较少分子分解，其所释放的能量就可以维持爆轰继续传播而不会衰减，而爆热小的炸药则需要较多的分子分解，其所释放的能量才能维持爆轰的继续传播。因此，如果炸药的活化能大致相同，则爆热大的有利于热点的形成，爆轰感度和机械感度都相应增大。

（4）炸药的活化能。炸药的活化能大则能栅高，跨过这个能栅所需要的能量大，炸药的感度就小；反之，活化能小，感度就大。但是，由于活化能受外界条件影响很大，因此并不是所有的炸药都严格遵守这个规律。几种炸药的活化能与热感度的关系如表 2-21 所示。

表 2-21　几种炸药的活化能与热感度的关系

炸药名称	活化能 E/(J/mol)	热感度	
		爆发点/℃	延滞时间/s
叠氮化铅	108680	330	16
梯恩梯	116204	340	13
三硝基苯胺	117040	460	12
苦味酸	108680	340	13
特屈儿	96558	190	22

(5) 炸药的热容和热导率。炸药的热容大，则炸药从热点升高到爆发点所需要的能量就多，因此，感度就小。炸药的热导率高，就容易把热量传递给周围的介质，从而使热量损失大，不利于热量的积累，炸药升到一定温度所需要的热量增多，所以热导率高的炸药热感度低。

(6) 炸药的挥发性。挥发性大的炸药在加热时容易变成蒸气，由于蒸气的密度低，分解的自加速速度小，在相同的爆发点和相同的加热条件下要达到爆发点所需要的能量较多，因此，挥发性大的炸药热感度一般较小，这也是易挥发性炸药比难挥发性炸药发火困难的原因之一。

2.6.2　炸药的物理状态和装药条件对感度的影响

炸药的物理状态和装药条件对感度的影响主要表现在炸药的温度、炸药的物理状态、炸药的结晶形状、炸药的粒度、装药密度及附加物。通过对这些影响因素的深入研究，可以掌握改善炸药各种感度的方法。

(1) 炸药温度的影响。温度能够全面地影响炸药的感度，随着温度的升高，炸药的各种感度都相应地增大。这是因为炸药初温升高，其活化能将降低，使原子键破裂所需要的外界能量减小，爆炸反应发生容易。因此，温度对炸药的感度影响较大，如表 2-22 所示。

表 2-22　不同温度时梯恩梯的撞击感度

温度/℃	在不同落高时的爆炸百分数/(%)		
	25 cm	30 cm	54 cm
18	—	24	—
20	11	—	—
80	13	—	—
81	—	31	59
90	—	48	75
100	25	63	89
110	43	—	—
120	62	—	—

(2) 炸药物理状态的影响。通常情况下炸药由固态转变为液态时,感度将增大。这是因为固态炸药在较高的温度下熔化,变为液体,液体的分解速度比固体的分解速度大得多,同时,炸药从固态熔化为液态需要吸收熔化潜热,因而液体比固体具有更高的内能;此外,由于液态炸药一般具有较大的蒸气压而易于爆燃,因此,在外界能量的作用下液态炸药易于发生爆炸。例如固态梯恩梯在温度为 20 ℃、落高为 25 cm 时的爆炸百分数为 11%,而液态梯恩梯在温度为 100 ℃、落高为 25 cm 时的爆炸百分数为 25%。但是也有例外,如冻结状态的硝化甘油比液态硝化甘油的机械感度大,这是因为在冻结过程中具有敏感性的液态硝化甘油与结晶体之间发生摩擦而使感度增大,因此冻结的硝化甘油更加危险。

(3) 炸药结晶形状的影响。对于同一种炸药,晶体形状不同,其感度不同,这主要是由于晶体形状不同,其晶格能不同,相应的离子间的静电引力也不相同。晶格能越大,化合物越稳定,破坏晶粒所需的能量越大,因而感度就越小。此外,由于结晶形状不同,晶体的棱角度也有差异,在外界作用下炸药晶粒之间的摩擦程度就不同,产生热点的概率也不同,因而感度存在着差异。例如,奥克托今具有四种不同的晶型,其撞击感度是不相同的,如表 2-23 所示。

表 2-23　奥克托今四种晶型的性质

性质	晶型			
	α	β	γ	δ
密度/(g/cm³)	1.96	1.87	1.82	1.77
晶型的稳定性	亚稳定	稳定	亚稳定	不稳定
相对撞击感度*	60	325	45	75

注:* 数字越大,表示撞击感度越小,黑索今为 180。

(4) 炸药粒度的影响。炸药的粒度主要影响炸药的爆轰感度,一般粒度越小,炸药的爆轰感度越大。这是因为炸药的粒度越小,比表面积越大,它所接受的爆轰产物能量越多,形成的活化中心就越多,也越容易引起爆炸反应。此外,比表面积越大,反应速度越快,越有利于爆轰的扩展。

例如,100%通过 250 目的梯恩梯的极限起爆药量为 0.1 g,而从溶液中快速结晶的超细梯恩梯的极限起爆药量为 0.04 g。对于工业混合炸药,各组分越细,混合越均匀,其爆轰感度越大。

(5) 装药密度的影响。装药密度主要影响起爆感度和火焰感度。一般情况下,随着装药密度的增大,炸药的起爆感度和火焰感度都会降低,这是因为装药密度增大,结构更密实,炸药表面的孔隙率减小,就不容易吸收能量,也不利于热点的形成和火焰的传播,已生成的高温燃烧产物也难以深入炸药的内部。如果装药密度过大,炸药在受到一定的外界作用时会出现“压死现象”,并出现拒爆,即炸药失去被引爆的能力。因此,在装药过程中要考虑适当的装药密度,如粉状工业炸药的装药密度要求控制在 0.90~1.05 g/cm³ 范围内。舍吉特装药密度对起爆感度的影响如表 2-24 所示。

表 2-24　舍吉特装药密度对起爆感度的影响

装药密度/(g/cm³)	0.66	0.88	1.20	1.30	1.39	1.46
雷汞最小起爆药量/g	0.3	0.3	0.75	1.5	2.0	3.0

(6) 附加物的影响。在炸药中掺入附加物可以显著地影响炸药的机械感度，附加物对炸药机械感度的影响主要取决于附加物的性质，即硬度、熔点、含量及粒度等。

思考题

1. 简述炸药的各种感度。

2. 简述炸药的各种感度测试方法及感度表示方法。

3. 消除炸药静电的方法有哪些？

4. 什么是殉爆和殉爆距离？殉爆有何意义？殉爆产生的原因是什么？影响殉爆距离的因素有哪些？

5. 影响炸药感度的因素有哪些？

参考文献

[1] 张为鹏，黄亚峰，金朋刚，等. 炸药摩擦感度研究进展和趋势 [J]. 化学推进剂与高分子材料，2022，20(5)：9-16.

[2] 裴红波，李淑睿，郭文灿，等. 基于反向撞击法的 RDX 基含铝炸药冲击起爆实验研究 [J]. 含能材料，2023，31(5)：425-430.

[3] 李云秋. CL-20 基炸药结构改性及性能研究[D]. 南京：南京理工大学，2022.

[4] 郭惠丽，黄亚峰，金朋刚，等. 炸药摩擦感度研究和测试方法进展 [J]. 火工品，2021(6)：50-53.

[5] 王静波，王保国. 一种钝感高能挠性炸药的制备与性能测试 [J]. 测试技术学报，2017，31(1)：76-82.

[6] 黄琛鸿. 混合炸药机械感度理论预测研究[D]. 太原：中北大学，2013.

[7] 何中其，陈网桦，彭金华，等. 基于水中小隔板法测试炸药冲击波感度的初步尝试 [J]. 兵工学报，2012，33(8)：1004-1008.

[8] 卫彦菊，吕春玲，周得才，等. 粒度对 RDX 热感度和火焰感度的影响 [J]. 化学推进剂与高分子材料，2011，9(2)：89-91，96.

[9] 黄寅生. 炸药理论 [M]. 北京：北京理工大学出版社，2020.

[10] 王曙光，朱建生，陈栋，等. 炸药爆炸理论基础 [M]. 北京：北京理工大学出版社，2020.

[11] 欧育湘. 炸药学 [M]. 北京：北京理工大学出版社，2019.

[12] 金韶华，松全才. 炸药理论[M]. 西安：西北工业大学出版社，2010.

炸药爆炸性能测试

炸药是一种相对不稳定的物质，在常温、常压下会进行缓慢的热分解，在外界作用如高温、高压的作用下，可使化学反应加剧，发生燃烧，以致引起爆炸。炸药发生化学变化的基本形式包括炸药的热分解、燃烧和爆轰。炸药爆炸过程通常具有以下三个基本特征：爆炸反应是放热的；爆炸变化是高速的；生成大量气体产物。炸药的爆炸性能参数包括爆速、爆热、爆温、爆容、爆压、猛度等。本节主要介绍炸药爆炸性能的测试。

3.1 炸药爆速测试

爆速是炸药爆炸时爆轰波在炸药内部传播的速度，单位通常用 m/s 或 km/s 表示。必须指出的是，炸药的爆速与炸药的爆炸化学反应速度本质上是两个的不同概念，即爆速是爆轰波波阵面一层一层地沿炸药柱传播的速度，而爆炸化学反应速度是指单位时间内反应完成的物质的质量，其度量单位是 g/s。炸药爆速的高低与许多因素有关，不仅取决于炸药自身的性质，还与装药直径、装药密度以及粒度、外壳、附加物等因素有关。爆速是炸药爆炸性能的重要参数之一，爆速越高，炸药的爆炸能力越大。常用工业炸药的爆速通常为 3000～4 000 m/s，低爆速炸药的爆速通常为 2000 m/s 左右。

3.1.1 影响炸药爆速的因素

炸药的爆速除了与炸药本身的性质，如炸药密度、爆热和化学反应速度有关外，还受药包直径、装药密度和粒度、装药外壳、起爆冲能及传爆条件等影响。从理论上讲，当药柱处于理想封闭状态、爆轰产物不发生径向流动、炸药在冲击波波阵面后反应区释放出的能量全部都用来支持冲击波的传播时，爆轰波以最大速度传播，这时的爆速叫理想爆速。实际上，炸药是很难达到理想爆速的，炸药的实际爆速都低于理想爆速。

1. 药包直径的影响

当爆轰波沿直径有限的药柱轴向传播时，爆轰波反应区中有化学反应的放热过程，同时还存在着能量的耗散过程。爆轰波波阵面压力可达数千至数万兆帕。因此，爆轰气体产物必然要发生径向膨胀。这种径向膨胀引起向反应区内传播的径向稀疏波，结果造成反应区中能量向外耗散。爆轰波传播过程中，C-J 面后的高压气体产物也要向后膨胀而产生轴向稀疏波。但是 C-J 面后面的这种轴向稀疏波不能传入反应区内，不会引起能量损失。因此，径向稀疏波是爆轰波传播过程中能量损失的最主要原因。

通常实际使用的药柱的直径都是有限的，因此，总是存在着产物的径向膨胀及因此而引起的能量损失。这样，化学反应区所释放出的能量只有一小部分被用来支持爆轰波的传播，从而引起爆轰波波阵面压力的下降和爆速的减小。

2. 装药密度的影响

单质猛炸药和工业混合炸药的装药密度对传爆过程有不同的影响。梯恩梯的装药密度与爆速的关系如图 3-1 所示。装药密度增大，爆速也随之增大，两者成线性关系。对于混合炸药则不然，其爆速与装药密度的关系如图 3-2 所示。爆速随装药密度的增大而增加，但在密度增大到一定值时，爆速达到最大值，这一密度被称为最佳密度。此后，密度进一步增大，爆速反而下降，而且当密度大到超过某一极限值时，就会出现所谓"压死"现象，即不能发生稳定爆轰。这一密度称为极限密度，又称为"压死密度"。如图 3-2 所示，装药密度分别为 1.108 g/cm³ 和 1.15 g/cm³ 时，直径为 20 mm 和直径为 40 mm 的药包的爆速达到最大值。

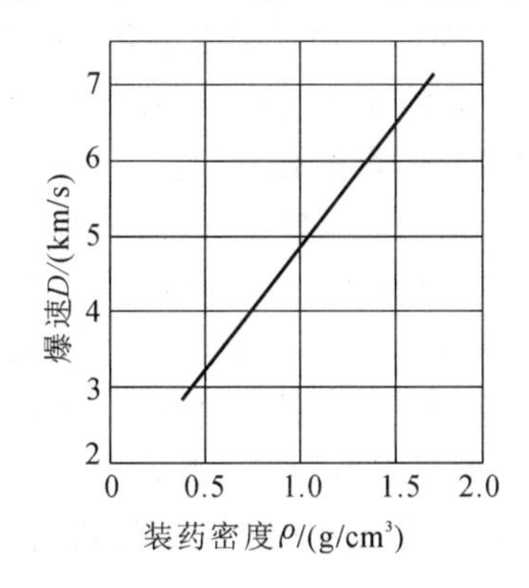

图 3-1 梯恩梯的装药密度与爆速的关系

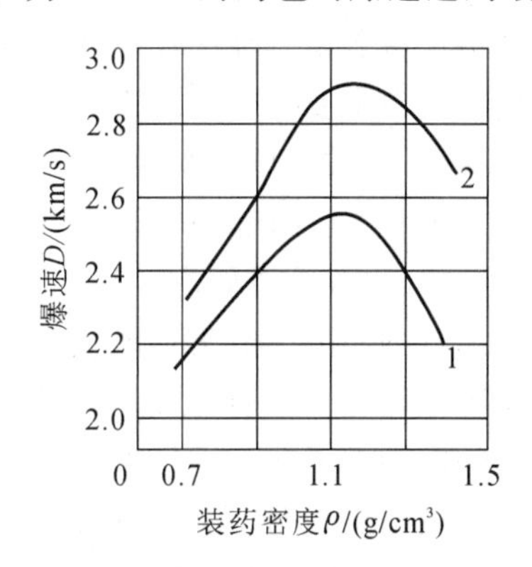

图 3-2 混合炸药的装药密度与爆速的关系

1—药包直径为 20 mm；2—药包直径为 40 mm

就一种炸药而言，极限密度并不是一个定值，它受炸药颗粒尺寸、混合均匀程度、含水量、药包直径以及外壳约束条件等因素的影响而变化很大。因此，增大炮孔装药密度虽是提高炸药威力的途径之一，但必须同时采取增大药包直径和炮孔直径，以及加强药包外壳约束条件或提高起爆能等措施，使装药密度在极限密度以下以保证稳定传爆。

3. 药包外壳的影响

药包外壳对传爆过程影响很大，装有坚固的外壳可以使炸药的临界直径减小。例如，硝酸铵的临界直径本是 100 mm，但在 20 mm 厚的内径为 7 mm 的管中能稳定传爆。这是由于坚固的外壳减小了径向膨胀所引起的能量损失。研究表明，对于爆轰压力高的炸药，对临界直径的影响起主导作用的不是外壳材料强度而是外壳材料的密度或质量。爆轰时，密度大的外壳径向移动困难，因此可以减小径向能量损失。对于爆轰压力低的炸药，外壳材料强度的影响也是重要的。在药包直径小于极限直径时，外壳对药包稳定传爆的影响显著，而当药包直径大于极限直径时，外壳的影响不显著。

4. 炸药粒度的影响

对于同一种炸药，粒度不同，化学反应速度不同，其临界直径、极限直径和爆速也不同，但粒度的变化并不影响炸药的极限爆速。一般情况下，减小炸药粒度能够提高化学反应速度、缩短反应时间和减小反应区厚度，从而减小临界直径和极限直径，提高爆速。但混合炸药中不同成分的粒度对临界直径的影响不完全一样。其敏感成分的粒度越小，临界直径越小，爆速越高；而相对钝感成分的粒度越小，临界直径越大，爆速相应越低，但粒度小到一定程度后，临界直径又随粒度减小而减小，爆速相应升高。

5. 其他影响因素

起爆冲能不会影响炸药的理想爆速，但要使炸药实现稳定爆轰，必须供给炸药足够的起爆能，且激发冲击波速度必须大于炸药的临界爆速。研究表明：起爆能量的强弱，能够使炸药形成差别很大的高爆速或低爆速爆轰稳定传播，其中高爆速爆轰即炸药的正常爆轰。例如，当梯恩梯(密度为 1.0 g/cm^3，装药直径为 21 mm，颗粒直径为 1.0～0.6 mm)在强起爆条件下爆速为 3600 m/s，而在弱起爆条件下爆速仅为 1100 m/s。对于装药直径为 25.4 mm 的硝化甘油，用 6 号雷管起爆时的爆速为 2000 m/s，而用 8 号雷管起爆时的爆速为 8000 m/s 以上。低爆速爆轰是一种比较特殊的现象，目前还难以从理论上加以明确解释。一般认为，低爆速爆轰现象主要出现在表面反应机理起主导作用的非均质炸药中，这样的炸药对冲击波作用很敏感，能被较低的初始冲能引爆，但由于初始冲能低，爆轰化学反应不完全，相当多的能量在 C-J 面之后的燃烧阶段放出，用来支持爆轰波传播的能量较小，因而爆速较低。

沟槽效应，也称管道效应、间隙效应，就是当药卷与炮孔壁间存在月牙形空间时，爆炸药柱所出现的自抑制——能量逐渐衰减直至拒(熄)爆的现象。实践表明，在小直径炮孔爆破作业中这种效应相当普遍，是影响爆破的因素之一。随着研究工作的不断深入，人们逐步认识到这一问题的重要性。近年来我国和美国等均已将沟槽效应视为工业炸药的一项重要性能指标。测试结果表明，在各种矿用炸药中，乳化炸药的沟槽效应是比较小的，也就是说在小直径炮孔中乳化炸药的传爆长度是相当大的。

3.1.2 炸药爆速的经验计算方法

用 ZND 模型研究炸药的爆轰，对 C-J 理论的适用性有争议，但对于炸药的稳定爆轰，认为 C-J 条件仍然成立。如果不考虑爆轰波的内部结构，根据质量守恒定律、动量守恒定律、能量守恒定律、理想气体状态方程和稳定爆轰简化条件，波阵面前后的状态参数应满足下列方程组：

$$
\begin{cases}
u_2 - u_0 = \sqrt{(p_2 - p_0)(V_0 - V_2)} \\
v_d - u_0 = V_0 \sqrt{\dfrac{p_2 - p_0}{V_0 - V_2}} \\
\varepsilon(p_2, V_2) - \varepsilon(p_0, V_0) = \dfrac{1}{2}(p_2 + p_0)(V_0 - V_2) \\
v_d - u_2 = C_2
\end{cases}
\tag{3-1}
$$

式中：u_0、u_2 分别为波阵面前、后介质的运动速度；p_0、p_2 分别为波阵面前、后的压力；V_0、V_2 分别为波阵面前、后的比容；v_d 为冲击波传播的速度；$\varepsilon(p_0,V_0)$、$\varepsilon(p_2,V_2)$ 分别为波阵面前、后的内能；C_2 为波阵面后气态产物的局部声速。

此方程组即计算炸药爆轰参数的基本方程组。已知炸药的初始参数、爆热、产物的状态方程和内能函数的具体形式，即可用该方程组求出爆轰波稳定传播时的爆轰参数。表面看来，炸药爆轰参数的计算与气相爆轰的计算差不多，但事实上，前者比后者困难得多，主要在于难以提供切合实际的爆轰产物的状态方程。即使采用上面介绍过的产物状态方程，其爆轰参数的计算也很复杂，只能用电子计算机做数值解。下面介绍供一般简单分析或工程应用的近似方法。

按照常 γ 状态方程：

$$p = AV^{-\gamma} = A\rho^{\gamma} \tag{3-2}$$

式中：p 为压力；A 和 γ 为与炸药性质有关的常数；ρ 为炸药密度。

炸药和爆轰产物的内能因素分别为

$$\begin{cases} \varepsilon(p_0, V_0, 0) = \dfrac{p_0 V_0}{\gamma - 1} \\ \varepsilon(p_2, V_2, 1) = \dfrac{p_2 V_2}{\gamma - 1} - Q_V \end{cases} \tag{3-3}$$

式中：Q_V 为炸药的爆热。

凝聚态炸药爆轰波的 Hugoniot（于戈尼奥）方程为

$$\frac{p_2 V_2}{\gamma - 1} - \frac{p_0 V_0}{\gamma - 1} = \frac{1}{2}(p_2 + p_0)(V_0 - V_2) + Q_V$$

由声速的公式得：

$$C^2 \approx \gamma p V = \gamma p / \rho \tag{3-4}$$

假设 $u_0 = 0$，则凝聚态炸药的爆轰参数计算方程组为

$$\begin{cases} p_2 = \dfrac{\rho_0 v_d^2}{\gamma + 1} \\ \rho_2 = \dfrac{\gamma + 1}{\gamma}\rho_0 \\ u_2 = \dfrac{v_d}{\gamma + 1} \\ v_d = \sqrt{2(\gamma^2 - 1)Q_V} \\ C_2 = v_d - u_2 = \dfrac{\gamma - v_d}{\gamma + 1} \end{cases} \tag{3-5}$$

显然，如果已经知道炸药的密度 ρ_0、爆热 Q_V 和绝热等熵指数 γ，就可以根据式(3-5)求出爆轰波波阵面的参数。

3.1.3　炸药爆速的实验测试方法

由于爆速是衡量炸药爆炸性能的重要指标，知道爆速就可以估算炸药的其他爆轰参数，加之爆速又是所有爆轰参数中能够直接准确测定的量，因此爆速的实测值一直被人们当作检验爆轰理论正确性的重要依据。爆速的测定无论是在实验上还是在理论上都具有重要的意义。测定爆速的方法很多，归纳起来，从测试原理上可以分为两大类：测时法和高速摄影法。测时法中，已知炸药中某两点的距离，利用各种类型的测时仪器或者装置测出爆轰波传过两点所经历的时间，即可求出爆轰波在这两点间传播的平均速度。高速摄影法利用多种近代高速摄影器材来测定爆速。

3.1.3.1 测时法

测时法中，测试仪器可分为示波仪和电子测时仪两种，其原理都是利用炸药爆轰时，爆轰波波阵面的电离导电特性或者压力变化，测定爆轰波依次通过药柱内外各个探针所需要的时间，从而求出炸药的平均爆速。

1. 示波仪测爆速法

示波仪测爆速法示意图如图 3-3 所示。

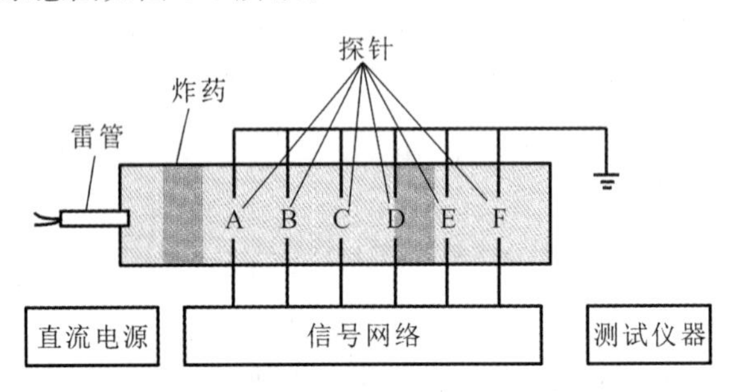

图 3-3 示波仪测爆速法示意图

当爆轰波沿药柱传播经 A、B、C、D、E、F 各处时，爆轰波波阵面的电离导电特性，使本来相互绝缘的各对探针依次通电，并使相应的电容器依次放电，从而把产生的脉冲信号先后传给示波仪供照相记录。测量示波图底片就可得到各信号间的时间 t，而各对探针间的药柱长度 L 可预先测知。若被测炸药样品分为 n 个测试段，则按下式

$$v_{\mathrm{d}} = \frac{1}{n}\sum \frac{L_i}{t_i} \quad (\mathrm{m/s}) \tag{3-6}$$

便可计算出炸药样品的平均爆速。

该方法测时精度不低于 3×10^{-8} s，精度较高，用药量小，但只能测定一段装药的平均爆速，适用于稳定爆轰情形。

2. 数字式测时仪法

常用的测时仪器还有多通道数字测时仪，这种测时仪可以将测得的时间间隔用数字直接显示，避免了示波仪的摄影、冲洗胶卷及底片读数等操作，必要时也可与计算机联用。高精度的多通道数字测时仪 1 次可以测得多个数据，测时精度最高可达 1 ns(10^{-9} s)，可用于爆速的精密测定。法国的 TSN 630M 型 32 通道测时仪的最大量程为 96 ms，时间分辨率可达 1 ns，可以 1 次测量 32 个数据，适用于小药量、高精度的爆速测定和不稳定爆轰的研究。

对于一般的测试，可采用国产的多通道爆速仪，这些仪器体积小、重量轻，可用电池作电源，适于野外作业和现场测试，如图 3-4 所示。国产的 BSZ-1 型智能单段爆速仪、BSW-3A 型智能五段爆速仪、BSS-1 型智能十段爆速仪的时间测量范围及误差可达(0.01 μs～42.949 s)±0.001%，爆速测量范围及误差可达(0.001～100000.000 m/s)±0.001%。

测试步骤如下。

(1) 对于需改装的样品，依据产品标准规定的装药直径和密度要求以及是否加起爆药和强约束条件等进行改装。样品药卷密度级差不大于 0.05 g/cm^3。

(2) 测距一般至少取 50 mm，最靠近样品起爆端点的探针位置与插入样品中雷管底部的距离应不小于二倍样品直径，对于装有起爆药的样品，此距离应不小于三倍样品直径，最

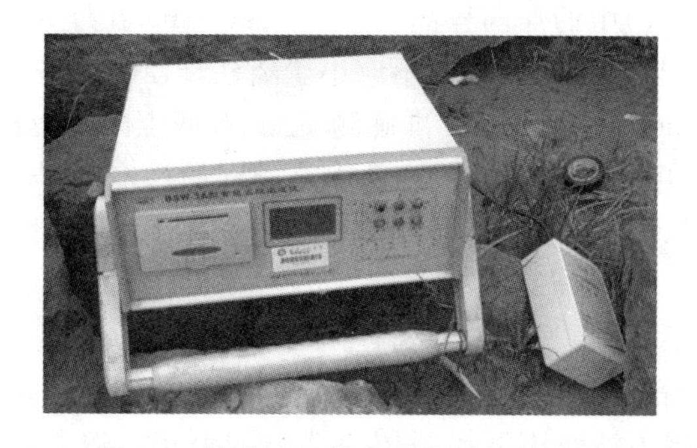

图 3-4　野外电池供电现场测试爆速仪

靠近样品末端的测点位置距离炸药样品底面应不小于 20 mm。

(3) 断、通丝式探针应沿样品径向穿过并保持平行，插入炸药样品内部分均应绞合并且拉直。探针的首、尾均折向样品的尾端，并用胶布固定在样品上。安装好后，两引出线应在电性能上保持断开状态。允许在同一发样品上，安装两个以上传感元件，但测距应相同。

(4) 将两引出线与爆速仪信号传输线相连，并对整个测时系统进行检查，以确保工作正常。

(5) 将 8 号雷管插入样品，插入深度为 15 mm。将爆速仪处于待测状态起爆，记下仪器测得的数据。

全部操作过程均应按照爆破作业安全规程有关规定进行。

3.1.3.2　导爆索法

导爆索法是最早用来测定炸药爆速的方法。其测试原理是通过与已知爆速的导爆索进行比较的方法来测定炸药的爆速，故称导爆索法。该方法简单易行，不需要复杂贵重的仪器设备，至今仍然广泛用于工业炸药爆速的测定。

导爆索法测爆速示意图如图 3-5 所示。当炸药由雷管引爆后，爆轰波传至 A 点时，引爆导爆索的一端，同时继续沿药卷传播，当到达 B 点时，导爆索的另一端也被引爆。在某一时刻，导爆索中沿两个方向传播的爆轰波相遇于 N 点，在铝板或者铅板记录爆轰波相遇时的痕迹。

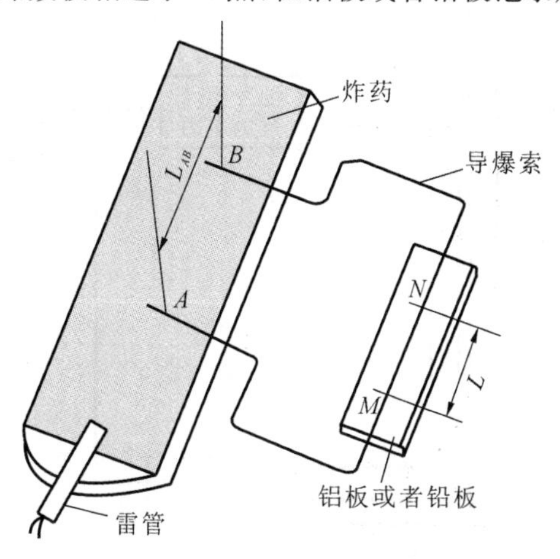

图 3-5　导爆索法测爆速示意图

装在外壳(钢管或纸管)中的炸药样品长 400～500 mm,在外壳的 A、B 两点钻两个同样深的孔,第 1 个孔(A 点)与起爆端的距离不应小于药柱直径的 5 倍,以确保 B 点能达到稳定爆轰。两孔间的距离为 300～400 mm。准确测量 A、B 两点间的距离。实验时,把 1 根长度约为 2 m、已知爆速的导爆索的两端插入两孔中至相同的深度,将导爆索的中段拉直并固定在一块长度约为 500 mm、厚度约为 5 mm 的铅板或者铝板上,对着导爆索的中点 M 在板上刻 1 条线作为标记。

当装药被雷管起爆后,爆轰波沿着炸药柱向右传播,传至 A 点分成两路:一路引爆导爆索,另一路继续沿药柱向前传播,至 B 点又引爆导爆索的另一端。导爆索中两个方向相反的爆轰波相遇于 N 点,在爆轰波作用下铅板留有明显的痕迹。爆轰波经 A 点→M 点→N 点传播与经 A 点→B 点→N 点传播所用的时间相等。

设导爆索的一半长度为 H,根据爆轰波相遇时所用的时间相等原理,则有

$$\frac{H+L}{v_c}=\frac{L_{AB}}{v_d}+\frac{H-L}{v_c} \tag{3-7}$$

即炸药的爆速可按下式计算:

$$v_d=\frac{L_{AB}}{2L}v_c \tag{3-8}$$

式中:v_d 为被测炸药爆速,m/s;L_{AB} 为炸药样品上 AB 段的长度,mm;v_c 为导爆索的爆速,m/s;L 为导爆索中点 M 到爆轰波相遇点 N 之间的距离,mm。

当导爆索的爆速已知时,通过实验测出 L 和 L_{AB},即可测出被测炸药的爆速。

此方法所用的炸药量较大,测试精度较低,相对误差为 3%～6%。

3.1.3.3 其他测定方法

1. 连续示波法

连续示波法的原理是:在药柱中心沿轴向安装两根直径相同的电阻丝(若药柱有金属外壳,也可只安装一根电阻丝),爆轰波通过时就将电阻丝接通,随着爆轰波的移动,电阻随之发生变化,测定电阻随时间的变化就可求出炸药的爆速。

连续示波法测爆速装置示意图如图 3-6 所示。

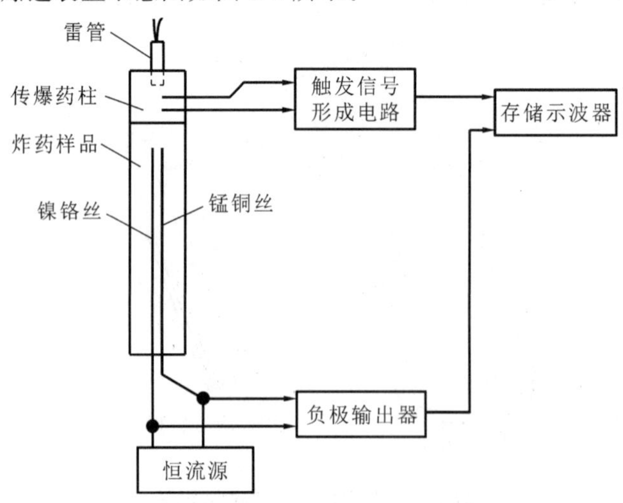

图 3-6 连续示波法测爆速装置示意图

炸药样品分为松装样品和压装样品两种。对于松装样品，可采用一根内径为 20 mm 左右的玻璃管，从底部中心穿入一根镍铬丝和一根锰铜丝（或其他电阻丝），电阻丝的直径为 0.05～0.10 mm，一端短接，拉直引出，然后向管中装入炸药样品。对于压装样品，可将若干半圆形短药块粘成一长条，在药块中心放置一端短路的两根电阻丝，拉直后再合上另一长条半圆形药块，然后粘牢。将电阻丝与恒流源及信号网络连接。引爆样品，用存储示波器记录电阻值随时间的变化过程。该方法适合测量迅速变化的各点速度，并主要用于研究不稳定爆轰。

2. 埋入式压力探针法

某些工业炸药爆炸时其爆轰区的导电性差，不易使电离探针接通，它们的爆速也不适合用连续示波法测定。采用埋入式压力探针法可以连续测定爆速。

压力探针为一根直径约为 1 mm 的铝管或铜管，管中装有一根极细的电阻丝，将其沿轴向插入炸药中，炸药爆轰时，在压力作用下电阻丝与管壁接触，通过测量电阻值随时间的变化，就可测定炸药的爆速。

这种方法还广泛应用于不稳定爆轰及殉爆过程的研究。

3. 高速摄影法

高速摄影法借助于爆轰波波阵面的发光现象，利用高速摄像机将爆轰波沿装药传播的轨迹连续地拍摄下来，从而得到爆轰波通过装药任意一个断面的瞬时速度。

高速摄影法分为转鼓法和转镜法两种。转鼓法主要用于测量低速燃烧过程，转镜法则适于测定高速爆轰过程。转鼓式高速摄像机测爆速示意图和转镜式高速摄像机测爆速示意图分别如图 3-7 和图 3-8 所示。

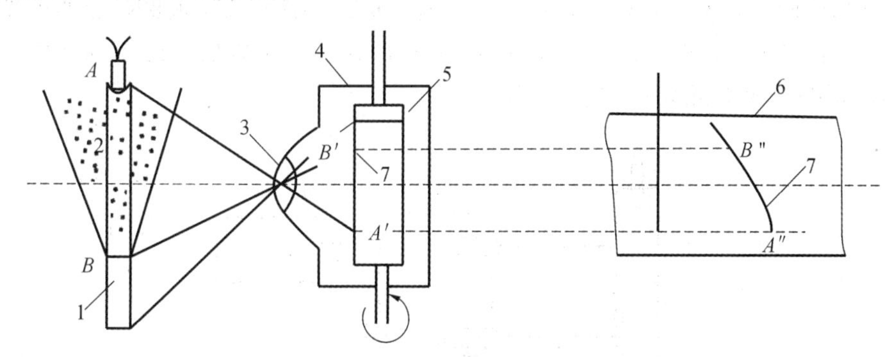

图 3-7　转鼓式高速摄像机测爆速示意图

1—炸药样品；2—爆轰产物；3—镜头；4—相机暗箱；5—转鼓；6—胶片；7—拍摄爆轰过程的时间-距离扫描线

转镜式的测量过程是：引爆药柱后，爆轰波由 A 点经 B 点传至 C 点，爆轰波波阵面所反射出的光经过物镜到达转镜，再经转镜反射到固定的胶片。由于转镜以一定的角速度旋转，因此当爆轰波由 A 点传至 B 点时，反射到胶片上的光点就由 A' 点移动到 B' 点，这样在胶片上就得到一条与爆轰波沿炸药的传播相对应的扫描曲线。

若摄像机的放大系数为 β（一般 $\beta<1$），反射光点在底片上的水平扫描的线速度为 v，光点垂直向下移动的速度应为爆速 v_d 的 β 倍，故得：

$$v_d = \frac{v}{\beta}\tan\varphi \tag{3-9}$$

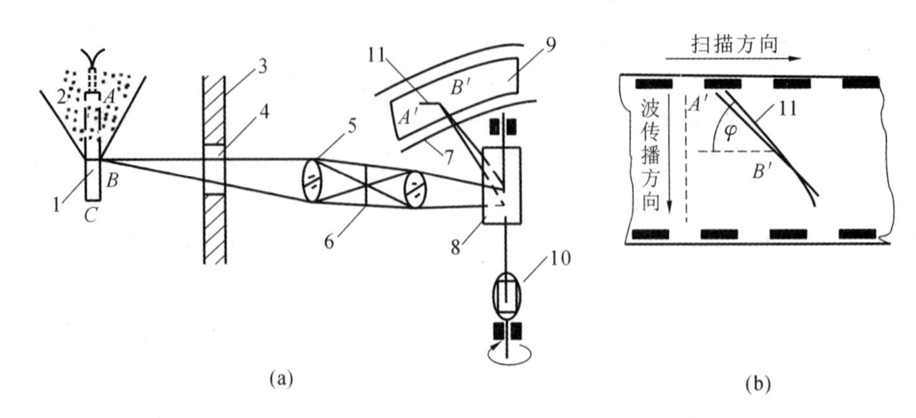

图 3-8 转镜式高速摄像机测爆速示意图

1—炸药样品;2—爆轰产物;3—防护墙;4—透光玻璃窗口;5—物镜;6—狭缝;
7—相机框;8—转镜;9—胶片;10—高速电动机;11—反射光线在胶片上的扫描线

式中:v、β 和 φ 是已知的或可从曲线上测量得到。

该方法的优点是可以求得爆轰波的瞬时速度,从而有利于更深入地研究爆轰的本质。其缺点是仪器昂贵,操作比较复杂,比数字式测时仪法的测量精度差一些。

4. 光导纤维法

光导纤维法测爆速装置示意图如图 3-9 所示。其工作原理是:炸药在爆轰过程中,伴随有强烈的光效应,测量样品中定长的两点间发光的时差,就可测得炸药的爆速。

测试时,将两根光导纤维插入炸药样品中,通过光纤端部将爆轰波波阵面的闪光信息向外传导,然后由光电二极管将其转换为电信号,再由存储示波器进行记录,从而获得爆速。光纤的端面用涂料或铅箔处理,亦可不做处理。

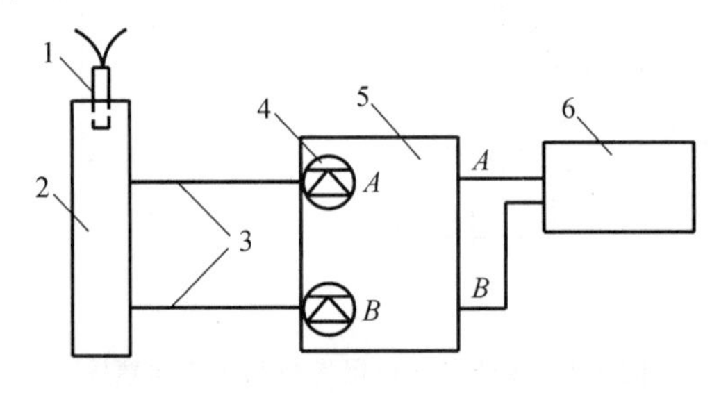

图 3-9 光导纤维法测爆速装置示意图

1—雷管;2—炸药样品;3—光导纤维;4—光电二极管;5—光检测装置;6—存储示波器

5. 孔内炸药爆速连续测试法

随着爆轰波波阵面的推进,探头线逐渐缩短,测试线路电压随之发生变化,利用爆速/数据记录仪采集电压随时间的变化曲线,经过数据处理软件的处理,将电压-时间曲线转化为探头线长度随时间的变化曲线(L-t 曲线),L-t 曲线的斜率即炮孔对应位置的瞬时爆速,而曲线斜率的变化即炮孔内炸药爆速的变化。孔内连续爆速测试系统示意图如图 3-10 所示。

测试仪器及材料如下。

(1) 爆速/数据记录仪:配备数据处理软件。

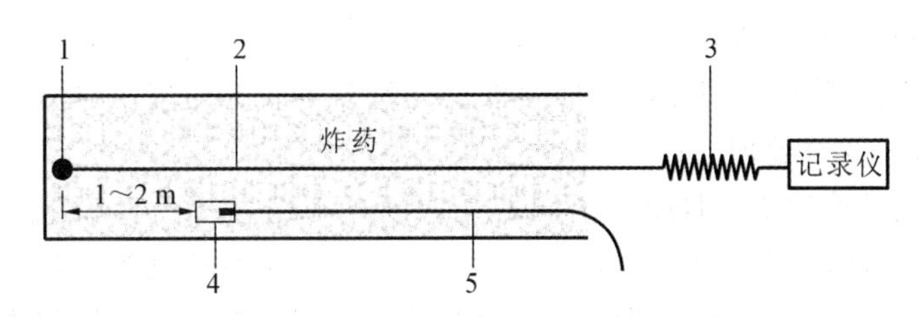

图3-10　孔内连续爆速测试系统示意图

1—配重；2—探头线；3—同轴电缆线；4—起爆具/起爆药包；5—导爆管雷管/工业电子雷管

(2) 探头线：电阻均一。

(3) 同轴电缆线：符合 GB/T 14864 的规定。

(4) 工业炸药：符合 GB 28286 的规定。

(5) 导爆管雷管：符合 GB 19417 的规定。

(6) 工业数码电子雷管：符合 WJ 9085 的规定。

(7) 起爆具：符合 WJ 9045 的规定。

(8) 起爆药包：符合 GB 28286 的规定。

(9) 计算机。

(10) 绝缘胶带、剪刀和其他辅助用品。

测试步骤如下。

(1) 进入炮区工作面，选取测试炮孔，复测炮孔深度，截取一段探头线，长度在测试炮孔深度的基础上至少延长 3 m，除去探头线一端末端绝缘部分，连接屏蔽线和中心导线，并用绝缘胶带包裹连接处，使探头线短路，连接探头线与爆速/数据记录仪，检测测试线路处于连通状态，断开探头线与爆速/数据记录仪的连接。

(2) 将探头线末端的短路部分系在重 300～500 g、最大卡规直径不大于测试炮孔直径三分之一的配重上，将探头线连同配重沿测试炮孔中轴线下放到孔底，保持探头线垂直并位于炮孔中轴线附近，严禁探头线松弛、靠近炮孔壁。

(3) 下放起爆具或起爆药包，起爆具或起爆药包距离探头线配重上边缘 1～2 m。

(4) 按照 GB 6722 的规定进行装药、填塞，在装药、填塞过程中手提探头线，保持探头线垂直并位于炮孔中轴线附近。采用耦合装药结构，装药长度不小于 3 m，选用松散密度较大的填塞材料密实填塞，装药、填塞完成后将探头线缠绕在重物上进行固定。

(5) 连接探头线与同轴电缆线，连接方式为"屏蔽线对屏蔽线""中心线对中心线"，并将同轴电缆线沿平行于自由面方向牵出至 100 m 外远离飞石影响的安全位置，地表探头线以及探头线与同轴电缆线连接处应采用岩屑掩埋。

(6) 连接同轴电缆线与爆速/数据记录仪。

(7) 开启爆速/数据记录仪，检测测试线路处于连通状态，设置爆速/数据记录仪处于等待触发状态，设置完毕后人员撤离至警戒线外。

(8) 按照 GB 6722 的规定连网、起爆，如果在同一个矿山存在多个炮区，应先起爆测试炮孔所在的炮区。警戒解除后进入炮区工作面，检查爆速/数据记录仪是否收集到测试数据。如果收集到测试数据，则测试完成；如果未收集到测试数据，则重新选取测试炮孔进行测试，直至收集到测试数据为止。

(9) 测试完成后，采用专用数据处理软件进行数据下载并处理，并检查同轴电缆线是否破损。如果破损，应及时处理。

用数据处理软件读取 $L\text{-}t$ 曲线中不同炮孔深度处平稳直线的斜率，并将其作为该孔深处的孔内爆速值 D_i，单位为米每秒(m/s)。平稳直线段的选取原则为：当平稳直线段对应的炮孔深度大于或等于 0.5 m 时，应作为独立平稳直线段进行数据读取并报出，当平稳直线段对应的炮孔深度小于 0.5 m 时，可不作为独立平稳直线段，不进行数据读取、报出。

炮孔内爆速测试报告包括：不同炮孔深度的爆速值，炸药装药密度，岩石性质，炮孔直径，起爆器材种类、型号等，测试仪器型号，对测试结果有显著影响的其他内容，如裂隙孔等。

3.2 炸药爆轰压力测试

炸药在爆炸过程中，产物内的压力分布是不均匀的，并随时间而变化。当炸药爆炸结束，爆炸产物在炸药初始体积内达到热平衡后的流体静压值称为爆炸压力，简称爆压。也有人将其定义为炮孔中装药爆炸瞬间炮孔壁上的压力，即炮孔压力。

3.2.1 爆压的理论计算

炸药在密闭容器中爆炸时，其爆炸产物对器壁所施加的压力称为爆压。炸药在密闭容器中爆炸时所产生的压力可以利用理想气体的状态方程(因为爆炸气体近似于理想气体)来计算：

$$pV = nRT \tag{3-10}$$

式中：R 为理想气体常数；n 为气体爆炸产物的物质的量，mol；V 为密闭容器的体积，L；T 为爆温，K。

但是，固态或液态炸药爆炸时，其生成的气体密度很大，因此不能再利用理想气体的状态方程，而一般用下式进行计算：

$$p = \frac{F \cdot \Delta}{1 - \alpha \cdot \Delta} \tag{3-11}$$

式中：Δ 为炸药装填密度，即炸药装药质量与药室体积之比，kg/L；F 为炸药力，即表示乘积 nRT；α 为爆炸产物的范德瓦尔斯不可压缩体积，或 1 kg 炸药的余容。

式(3-11) 通常称为阿贝尔方程，可由范德瓦尔斯方程推导得到。严格地讲，阿贝尔方程只能用来计算装填密度不太大的炸药在密闭容积中爆炸的压力，如火药装药从火炮中射出所产生的压力。猛炸药在装填密度比较大时，则不用此式计算。因为给出的结果常常是没有物理意义的。分析一下公式本身就不难发现这样的问题：

(1) 当装填密度接近 $1/\alpha$ 时，$\alpha \cdot \Delta \approx 1$，计算的 p 趋于无限大；

(2) 当 $\Delta > 1/\alpha$ 时，计算的 p 则为负值。

无疑，这两种情况给出的结果都是没有物理意义的。

在炸药的爆炸产物中，除了气体以外，有时还存在固态或液态的残渣，因此阿贝尔方程

变换为

$$p = \frac{F \cdot \Delta}{(1 - \alpha' + \alpha'')\Delta} \tag{3-12}$$

式中：α'为气态爆炸产物的范德瓦尔斯不可压缩体积；α''为凝缩爆炸产物的体积，等于其质量除以密度。

长期以来，由于各国爆轰物理研究工作者的努力，一系列测定炸药爆压的方法被提出，如黑度法、自由表面速度法、空气冲击波法、水箱法、阻抗匹配法、电磁法及猛铜压阻计法等。

3.2.2　水箱法

测定药柱端面与水相接触的分界面处水中冲击波速度，由水的于戈尼奥方程求出水的质点速度，就可以推算出炸药的爆压。

根据爆轰流体力学原理，利用界面上压力和质点速度连续的条件及声学近似理论，可以得到炸药爆轰波与水相互作用的界面上的冲击阻抗方程：

$$p = \frac{1}{2} u_w (\rho_{0w} v_w + \rho_0 v) \tag{3-13}$$

式中：p 为炸药的 C-J 爆压，GPa；u_w 为水的质点速度，km/s；ρ_0 为炸药的密度，g/cm^3；ρ_{0w}为水的初始密度，g/cm^3；v 为炸药的爆速，km/s；v_w 为水中的冲击波速度，km/s。

当水中冲击波的压力 $p_w \leqslant 45$ GPa 时，水的于戈尼奥方程为

$$v_w = 1.483 + 25.306 \ln(1 + u_w/5.19) \tag{3-14}$$

所以只要测定炸药在水中爆轰后所形成的冲击波速度 v_w，就可以求出水的质点速度 u_w，然后代入式(3-13)即可求得被测炸药的 C-J 爆压 p。

水箱法测爆压装置示意图如图 3-11 所示。水箱可用木板或有机玻璃板制成，形状为长方体或正方体，尺寸可以根据试验药量来确定。常用水箱的宽度、高度均为 100 mm，长度约为150 mm。在水箱的左、右两个面上各开一个长方形窗口。在右边窗口上装一块光学玻璃或优质平板玻璃，厚度一般为 1～1.5 mm；在左边窗口上装一个玻璃透镜，直径约为 85 mm。爆炸背景光源由两段 ϕ25 mm×25 mm 的药柱及套在药柱一端的厚白纸筒组成。药柱可用梯恩梯或钝感黑索今炸药压制。厚白纸筒用来防止光散射，提高光源的亮度。纸筒出口端的木拦板上有一个 ϕ4 mm 的小孔，从小孔出来的光经过透镜后变成平行光，照亮水箱中的水。高速扫描摄像机的狭缝对准药柱的轴线。摄像机的镜头距离试验装药约 5 m，狭缝宽 0.4 mm，镜头光圈设置为 F16 或更小。

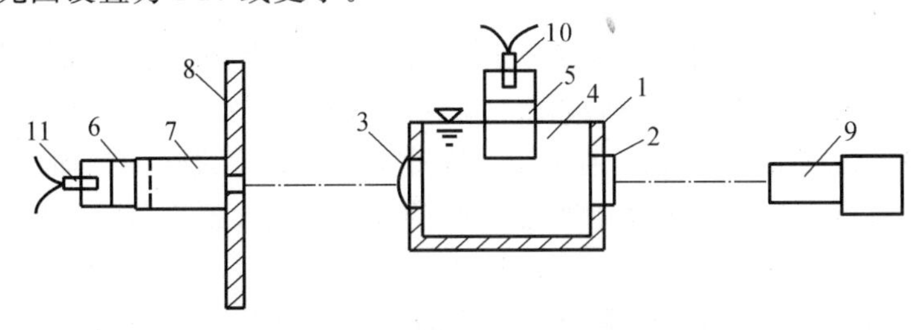

图 3-11　水箱法测爆压装置示意图

1—水箱；2—光学玻璃；3—玻璃透镜；4—蒸馏水；5—试验药柱；
6—光源药柱；7—白纸筒；8—木拦板；9—高速扫描摄像机；10，11—电雷管

试验药柱的下端浸入水中位于摄像光路上方一定距离处。炸药起爆后，爆轰波沿药柱从上向下传播，到达药柱端面时，向水中传入一个冲击波。受到冲击波压缩的水层密度立即增大，使左边来的光不能透过，因而形成一个暗层自上向下传播，高速摄像机将此暗层的运动扫描在底片上，于是就得到了水中冲击波的运动轨迹，由此轨迹可以求出水中冲击波的初始速度。典型扫描轨迹如图 3-12 所示。

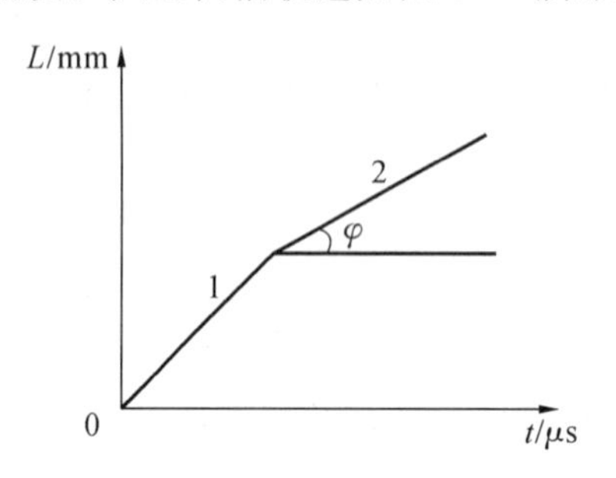

图 3-12　水箱法爆压测试的扫描轨迹

1—爆轰波扫描轨迹；2—水中冲击波扫描轨迹

从图 3-12 中可以看出，水中冲击波扫描轨迹开始部分斜率较大，对应于爆轰波高速运动的区域，由于受炸药端面爆轰产物的影响，这部分扫描轨迹不是很清楚，无法精确测量，可以略去不测。

在爆轰波扫描轨迹之后，有一段斜率变小的扫描线，边缘清楚。这段扫描线对应于逐渐衰减的水中冲击波的运动，其中开始的一小段近似为直线，对应于水中冲击波的初始运动，这是要仔细测量的一段。为了提高测量精度，采用“坐标斜率法”读数。将底片放在读数工具显微镜上，以 0.1 mm 的步长测定扫描线上各点的 x 坐标和 y 坐标，然后在方格坐标纸上放大，画出扫描线，确定扫描线上直线部分的长度。试验结果表明，这个长度随试验药柱的直径不同而变化。例如：药柱直径在 40 mm 以上时，扫描线上直线部分的长度约为 3.0 mm；药柱直径为 25 mm 时，直线部分的长度约为 2.5 mm；药柱直径为 10 mm 时，直线部分的长度约为 2.0 mm。将扫描线上的这段直线各个点读数，用最小二乘法拟合成最佳直线，求出其斜率，由此即可求得水中冲击波的初始速度。这种方法虽然烦琐，但得到的结果比较可靠。“限长角度法”比较简单，在确定了扫描线上直线部分的长度以后，用读数工具显微镜测量出该直线部分与水平线之间的夹角，即可求得其斜率，由此可以求得水中冲击波的初始速度。计算公式为

$$v_{\mathrm{w}} = \frac{v_0}{\beta}\tan\varphi \tag{3-15}$$

式中：v_{w} 为水中冲击波的初始速度；v_0 为高速摄像机的扫描速度；β 为摄像放大比，即像与水平线的尺寸比；φ 为扫描线直线部分与水平线之间的夹角。

将 v_{w} 代入式(3-14)可求出水的质点速度 u_{w}。应当指出，水的动力阻抗较小，阻抗失配比较大，因而反射回爆轰产物的稀疏波较强，在这种情况下利用声学近似原理推导出的阻抗公式来计算炸药的爆压，存在一定误差。

水箱法是一种比较简单易行的爆压测试方法。它的优点在于实验装置简单，试验结果可靠，重复性较好，精度约为 2%，试验药量小。这对新的炸药及其配方研究很有利。它可以连续地记录水中冲击波的运动轨迹，有利于研究冲击波的衰变过程和运动规律。近年来，由于通过采用透镜获得了平行光光源，使扫描底片的清晰度大大提高，从而提高了水箱法的测量精度。

水箱法的主要问题是水的动力阻抗与炸药的动力阻抗差别大，因而阻抗失配现象较严重。要解决这个问题，必须用其他透明液体来代替水，使阻抗匹配。研究表明，用二碘甲烷(CH_2I_2)溶液代替水，就可以满足阻抗匹配的条件。

3.2.3 电磁法

电磁法是将一个或多个金属箔框形传感器直接嵌入炸药柱内，以测试爆轰波 C-J 面上的产物质点速度，然后利用动量守恒定律计算被测炸药的爆压。

由动量守恒定律可以得出：

$$p = \rho_0 v_d u \tag{3-16}$$

只要能直接测出爆轰波 C-J 面上的产物质点速度 u，炸药的 C-J 爆压就可由式(3-16)直接得到，因为爆速 D 是容易准确测出的。由法拉第电磁感应定律得知，当金属导体在磁场中运动切割磁力线时，与导体两端相接的电路中将会产生感应电动势，电动势的大小由下式确定：

$$E = HLv \tag{3-17}$$

式中：E 为感应电动势，V；H 为磁感应强度，T；L 为切割磁力线部分导体的长度，mm；v 为导体的运动速度，km/s。

如果将厚度为 0.01～0.03 mm 的金属箔做成矩形框Ⅱ传感器并嵌入炸药样品内，再将炸药样品放在均匀的磁场中，则当爆轰波传播到传感器处时，Ⅱ框形传感器就和产物质点一起运动。由于传感器的质量很小，因此它的惯性也小，可以假定传感器的运动速度 v 和 C-J 面上的产物质点速度 u 相等，代入式(3-17)，便得到：

$$u = \frac{E}{HL} \tag{3-18}$$

再代入式(3-16)，就得到被测炸药的 C-J 爆压：

$$p = \rho_0 v_d u = \rho_0 v_d \frac{E}{HL} \tag{3-19}$$

由此可知，电磁法测爆压就是测定感应电动势 E，再由式(3-19)计算出被测炸药的爆压 p。

1. 测试装置

图 3-13 是电磁法测爆轰产物质点速度的实验装置示意图。在实验装置中，Ⅱ框形传感器是关键元件。通常用厚度为 0.01～0.03 mm 的铝箔剪成 1～5 mm 宽的条，然后折成框底边宽 5～10 mm 的传感器，嵌在炸药中，使框底边与炸药端面平行。起爆后，平面爆轰波沿炸药轴向传播，当爆轰波传至Ⅱ框形传感器的底边时，底边立即随产物质点一起运动，切割匀强磁场的磁力线，同时Ⅱ框形传感器与传感器连接的外部电回路中产生感应电动势 E 并输入数字存储示波器上，就得到了图 3-14 所示的感应电动势随时间变化的曲线。

2. 数据处理

判读示波器记录的图形，测量出曲线上最大的感应电动势值，或将电动势曲线外推到零时刻，取这一点的电动势值，代入式(3-18)，即可求出 C-J 面的产物质点速度。再利用试验测定的爆速就得到被测炸药的爆压，该方法的精度为 2%～5%。表 3-1 列出了电磁法测得的几种炸药的质点速度和爆压。为了便于比较，表 3-1 中同时列出了自由表面速度法的测量结果。

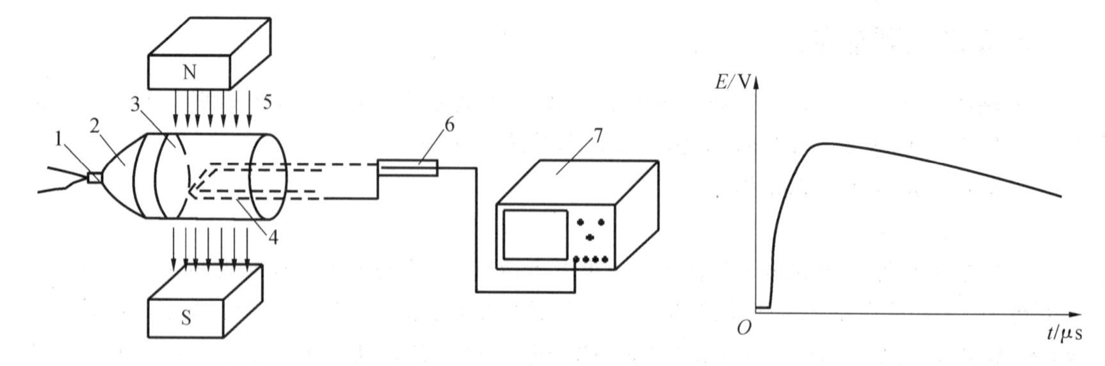

图 3-13 电磁法实验装置示意图

1—雷管；2—平面波发生器；3—试验药柱；4—箱式传感器；5—匀强磁场；6—传输电缆；7—存储示波器

图 3-14 感应电动势随时间变化的曲线

表 3-1 电磁法测得的几种炸药质点速度和爆压

炸药	ρ_0/(g/cm³)	u/(km/s)	p/GPa	自由表面 u/(km/s)
梯恩梯	1.60	1.81	20.77	1.84
	1.55	1.77	18.573	1.80
	1.47	1.71	16.389	1.73
	1.31	1.58	12.522	1.59
	1.00	1.32	6.732	1.30
梯恩梯/黑索今(50∶50)	1.68	2.03	26.090	2.07
黑索今/钝感剂(95∶5)	1.67	1.97	27.700	—

从表中数据可以看出，电磁法测得的质点速度与自由表面速度法的结果基本是一致的，但电磁法的结果比自由表面速度法的结果偏低约 1.7%。

3. 测试方法与结果讨论

电磁法即电磁速度传感技术是一种直接测量爆轰波和冲击波后质点速度随时间变化的重要方法。从原理上看，它只运用了法拉第电磁感应定律。因此，电磁法的试验结果的真实性比自由表面速度法、水箱法的高。但是电磁法假定Ⅱ框形传感器有效部分的运动速度等于爆轰产物的质点速度，还假定嵌入药柱中的传感器对爆轰波剖面没有影响，这两个假定是合理的。因为电磁法测得的质点速度和自由表面法测得的质点速度基本是一致的，电磁法的测量精度比较高，约为 5%。此外，从波与导体的相互作用规律来看，只要经过 10^{-8} 秒数量级的时间，金属导体就可以与其所在的介质达到平衡状态，即它的压力和质点速度与其所在介质的压力和质点速度相等。由此可知，假定传感器的运动速度与产物质点速度相等，引入的测量误差相对于测量系统的其他误差来说可以忽略不计。研究表明，嵌在药柱中的传感器对爆轰波剖面没有明显的影响。

影响电磁法测量精度的因素是传感器的尺寸、传感器的安装位置、磁场强度及其均匀性、爆轰波的平面性及数字存储示波器的采样率等。传感器可以用铝箔、铜箔或银箔制作，这些材料都有良好的导电性。在研究炸药的爆轰特性时，铜和银比铝更好，因为在高温高压的爆轰产物作用下，铝可能发生反应。为了防止爆轰波对传感器的绕流，传感器的框底的尺寸不能太小，一般底边长 5～10 mm，箔条宽 1～5 mm，箔条厚度为 0.01～0.08 mm。底边是切割磁力线的有效部分，应安装在磁场恒定且均匀的范围内，并与爆轰波波阵面平行。

为了能准确地测得波后的质点速度，应采用平面波发生器起爆试验药柱，以使爆轰波波阵面与传感器的底面平行。任何弯曲的爆轰波波阵面都会使传感器产生扭曲运动，影响电动势的测量，因而影响爆压测量结果。此外，传感器的引线要短，对传输电缆的衰减应进行补偿，提高信噪比，这些技术对于准确测量传感器的电动势也是非常重要的。总之，电磁法是一种很好的测量方法，但是影响电磁法测量的因素较多，需要仔细地考虑，设法消除或者降低这些因素的影响。

电磁法不仅可以用来测定波后的质点速度及其变化，而且还可以用来测定反应区的宽度、研究理想炸药和非理想炸药的冲击起爆过程及爆轰波的形状等。采用一次性使用的亥姆霍兹线圈代替电磁铁，可以进行大尺寸药柱的试验。例如，在一个直径为200 mm的药柱内，像图 3-15 所示的那样安装 10 个传感器，以研究炸药的平面波冲击起爆过程和平面定常态爆轰过程。

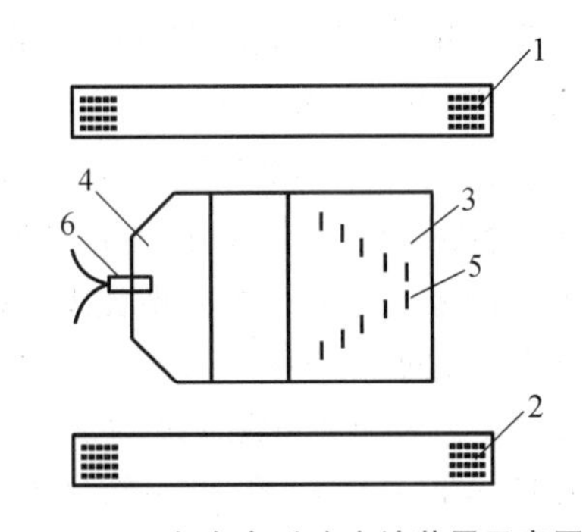

图 3-15　多个电磁速度计装置示意图

1,2—亥姆霍兹线圈；3—试验药柱；4—平面波发生器；5—10 个电磁速度计安装位置示意；6—雷管

3.3　炸药爆热测试

单位质量的炸药在爆炸时释放出的热量称为该炸药的爆热。爆热是炸药产生巨大做功能力的能源，爆热与炸药的爆温、爆压、爆速、爆容等参数密切相关，是炸药的重要性能参数。

由于炸药的爆炸变化极为迅速，可视为在定容下进行，而且定容热效应更能直接地表示炸药的能量性质，一般用 Q_V 来表示炸药的爆热。

3.3.1　爆热的计算

1. 爆热的理论计算

计算爆热的理论依据是盖斯定律，下面介绍利用盖斯定律来计算炸药的爆热的方法。

如图 3-16 所示，状态 1 对应组成炸药的元素的稳定单质，即初态；状态 2 对应炸药，即中间态；状态 3 对应爆炸产物，即终态。

从状态 1 到状态 3 有两条途径：一是由元素的稳定单质直接生成爆炸产物，同时放出热量 $Q_{1,3}$（即爆炸产物的生成热之和）；二是从元素的稳定单质先生成炸药，同时放出或吸收热量 $Q_{1,2}$（炸药的生成热），然后由炸药发生爆炸反应，放出热量 $Q_{2,3}$（爆热），生成爆炸产物。

根据盖斯定律，系统沿途径一转变时，反应热的代数和应该等于它沿途径二转变时的反

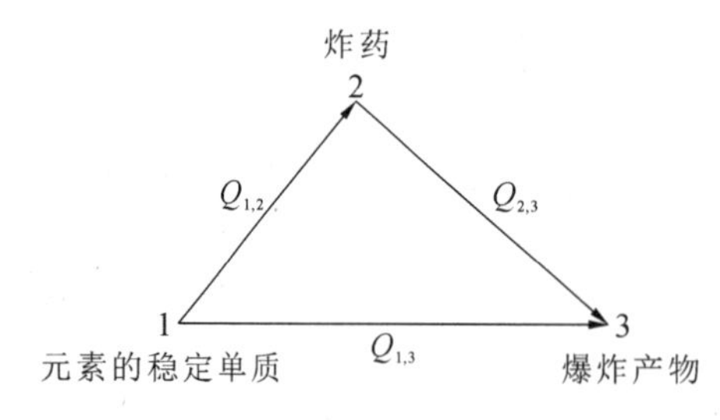

图 3-16　计算炸药爆热的盖斯定律表示图

应热的代数和，则炸药的爆热为

$$Q_{2,3} = Q_{1,3} - Q_{1,2} \tag{3-20}$$

即炸药的爆热等于其爆炸产物的生成热之和减去炸药的生成热。

因此，只要知道炸药的爆炸反应方程式以及炸药和爆炸产物的生成热数据，利用式(3-20)就可计算出炸药的爆热。关于爆炸反应方程式的确定将在后面专门介绍。炸药和爆炸产物的生成热数据可由文献查得，也可以通过燃烧热实验或有关的计算方法求得。

2. 爆热的经验计算

利用盖斯定律计算爆热时，需要知道炸药在接近于真实情况下的爆炸反应方程式和有关的生成热数据。这不仅麻烦，有时还很困难。有学者提出了一种计算爆热的经验方法，只要知道炸药的分子式和生成热数据就可算出其爆热。当氧系数 $A=12\%\sim115\%$时，其爆热的计算误差不超过 0.5%～3.5%。

此法将炸药爆炸产物总定容生成热 $Q_{1,3}$ 视为该炸药氧系数 A 的单值函数，并且，对任意一个确定的 A 值，$Q_{1,3}$ 总有一个确定的最大值 $Q_{1,3\max}$与之对应。如果 A 在 12%～115%范围内，$Q_{1,3}$ 与 $Q_{1,3\max}$的关系为

$$Q_{1,3} = KQ_{1,3\max} \tag{3-21}$$

式中：K 为炸药爆炸产物的“真实性系数”，$K=0.32(100A)^{0.24}$；$Q_{1,3\max}$按最大放热原则确定，即将炸药分子中的 H 全部氧化为 H_2O，并用剩余的氧使 C 氧化为 CO_2 这一过程产生的热效应。

因此，只要知道炸药的分子式，就能算出其氧系数 A 及产物的最大定容生成热 $Q_{1,3\max}$，由式(3-21)可得到爆炸产物的定容生成热 $Q_{1,3}$，如果知道炸药的定容生成热 $Q_{1,2}$，就可以求出炸药的爆热 Q_V。

对于分子式为 $C_aH_bO_cN_d$ 的炸药，其爆热计算公式如下。

当 $A\geqslant100\%$时，有

$$Q_V = 0.32(100A)^{0.24}(393.3a + 120.3b) - Q_{Vfe} \tag{3-22}$$

当 $A<100\%$时，有

$$Q_V = 0.32(100A)^{0.24}(196.6c + 22.0b) - Q_{Vfe} \tag{3-23}$$

式中：Q_{Vfe}为炸药的定容生成热，kJ/mol。

3. 混合炸药爆热的计算

一般采取质量加权法来计算混合炸药的爆热。假定混合炸药中每一组分对爆热的贡献与它在炸药中的含量成正比，则混合炸药爆热的计算公式为

$$Q_V = \sum \omega_i Q_{Vi} \tag{3-24}$$

式中：ω_i 为炸药中第 i 种组分的质量分数；Q_{Vi}为混合炸药中第 i 种组分的爆热，kJ/kg。

3.3.2　影响炸药爆热的因素

爆热不仅取决于炸药的组成和配方，而且装药条件不同时，同一种炸药也会产生不同的

爆热。以下是影响炸药爆热的一些主要因素。

(1) 炸药的氧平衡。零氧平衡时,炸药内的可燃元素能够被充分氧化并放出最大的热量。但炸药多是负氧平衡的物质,反应时由于氧不足,不可能按照最大放热原则生成放热最多的 H_2O 和 CO_2。对于零氧平衡炸药,含氢量较大的炸药单位质量放出的热量也较多;同是零氧平衡炸药,生成热越小的炸药,单位质量放出的热量越多。此外,零氧平衡炸药放出热量还与炸药化学反应的完成程度有关,而后者又取决于炸药粒度、装药质量、装药条件和爆炸条件等许多因素。

(2) 装药密度。对于缺氧较多的负氧平衡炸药,增大装药密度可以增大爆热;对于缺氧不多的负氧平衡或零氧和正氧平衡炸药,装药密度对爆热的影响不大。

(3) 附加物的影响。在负氧平衡炸药内加入适量水或氧化剂水溶液,可使爆热增大,但水是钝感剂。在炸药中可加入能生成氧化物的细金属粉末,如铝粉、镁粉等,这些金属粉末不仅能与氧反应生成金属氧化物,而且能与氮反应生成金属氮化物。这些反应都是剧烈的放热反应,从而能使炸药的爆热增大。

(4) 装药外壳的影响。试验表明,负氧平衡炸药在高密度和坚固的外壳中爆炸时,爆热增大很多。密实地压装在黄铜外壳中的 TNT 爆炸时,释放能量为相同样品量在薄玻璃外壳中爆轰时释放能量的 1.29 倍。而对于低度负氧平衡和正氧、零氧平衡炸药,外壳对爆热的影响不是很显著。在一定的装药密度下,外壳厚度增大,爆热也增大。但外壳厚度增大到一定程度时,爆热将达到极限值。外壳之所以影响爆热是因为炸药爆炸时,有一部分能量是在爆轰产物膨胀时的二次反应中释放出来的。因为在无外壳或外壳较薄时,爆炸产物膨胀得较快,爆轰压力下降也较快,所以前述二次反应的平衡则有向左移动的趋势,反应吸收热量致使爆热减小。另外,随着爆轰气体产物的迅速膨胀,一部分未反应的物质也随之抛散而造成能量的散失。有外壳时,外壳将阻碍气体产物的膨胀,延长了爆炸产物二次反应的时间,使前述二次反应的平衡向右移动,从而使爆热增大。

在最大装药密度下,爆热不再受外壳的影响,在一定条件下可视为定值。

增大炸药的爆热,对于提高炸药的做功能力具有很重要的实际意义。根据影响炸药爆热的因素,改善炸药的氧平衡、加入一些能生成高生成热产物的细金属粉以及提高负氧平衡炸药的装药密度等,对增大爆热有很重要的作用。

3.3.3 爆热的试验测定

对于一些在真空条件下容易被灼热的金属丝点燃的炸药,例如硝化棉、火药及一般的起爆药,其爆热可用普通的氧弹式量热计测定,而对于一般的猛炸药,其爆热的测定必须在特制的爆热弹中进行。目前已有多种形式和结构的爆热弹,其测量原理和普通的氧弹式量热计的测量原理相同。常用的弹体规格是:质量为 137.5 kg,直径为 270 mm,高度为 400 mm,内部体积为 5.8 L,可测定 100 g 炸药样品。爆热的测定方法分为绝热量热法和恒温量热法两种。

图 3-17 所示为绝热量热法测定爆热装置的示意图。装置的核心——爆热弹置于一个不锈钢制的量热桶中,桶内盛恒温的定量蒸馏水,其内外表面均应抛光。量热桶外是钢制的保温桶,桶的内壁抛光镀铬,最外层是木桶。在木桶和保温桶之间填充泡沫塑料,以隔绝与外部的热交换。

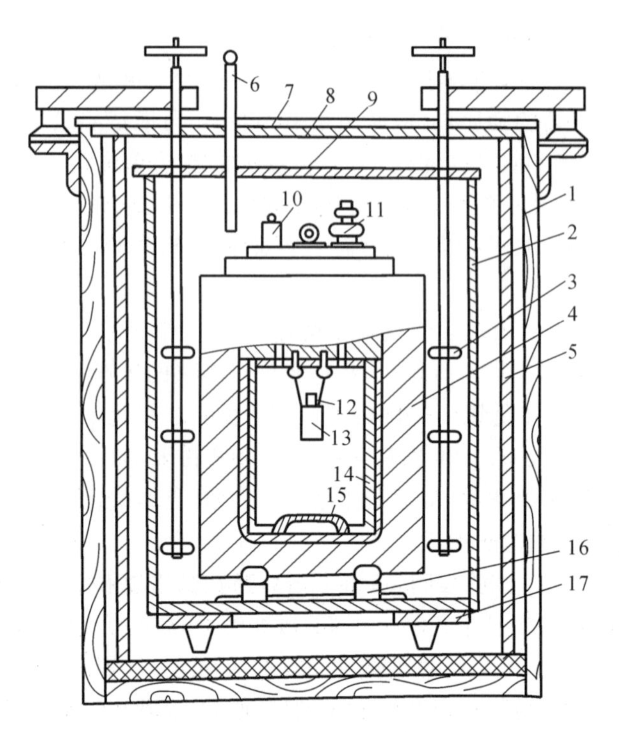

图 3-17　爆热测量装置

1—木桶；2—量热桶；3—搅拌桨；4—量热弹体；5—保温桶；6—温度计；7,8,9—盖；
10—电线接线柱；11—抽气口；12—雷管；13—药柱；14—内衬桶；15—热块；16—支撑螺栓；17—底托

试验时，取待测炸药样品 25～30 g，压制成直径为 25～30 mm、留有深 10 mm 雷管孔的药柱，精确称量至 0.0001 g，并计算其密度。根据试验要求，药柱可以是裸露的，也可以是有外壳包装的。

将装有雷管的炸药样品悬挂在弹盖上，盖好弹盖。由抽气口抽出弹内的空气，再用氮气置换弹内剩余的气体，并再次抽空。然后，用吊车将弹体放入量热桶中，注入温度为室温的蒸馏水，直至弹体全部被淹没为止。注入的蒸馏水要准确称量。在恒温 1 h 左右时，记录桶内的水温 T_0，而后引爆炸药，反应放热使水温不断升高，记录水所达到的最高温度 T，即可用下式计算出炸药的爆热值 Q_V：

$$Q_V = \frac{c(M_W + M_I)(T - T_0) - q}{M_E} \tag{3-25}$$

式中：c 为水的比热容；M_W 为注入的蒸馏水质量；M_I 为仪器的水当量，可用苯甲酸进行标定求得；q 为雷管空白试验的热量；M_E 为炸药样品的质量；T_0 为爆炸前测量的桶中水温；T 为爆炸后测量的桶中最高水温。

必须指出，按式(3-25)得到的爆热是爆炸产物水为液态时的热效应。而在实际爆炸中，产物水呈气态。应从测出的热量值中减去水冷凝时所放出的热量值，才是真正的爆热值。此法也可和气相色谱等仪器联用，同时测定爆炸产物的体积和气体产物冷却后的组分。

如果将量热计的绝热外套换成恒温外套，将实验室温度控制在(25±1) ℃，则量热计就称为恒温量热计。

对于同一种炸药，如果测定的方法或装药条件不同，则测定的结果也有差异，爆热受测试条件的影响。表3-2中列出了部分炸药的爆热实测值。从表中可以看出，最常用炸药的爆热实测值介于4000 kJ/kg至6000 kJ/kg之间。

表3-2 部分炸药的爆热实测值

炸药	ρ/(g/cm³)	Q_{Vg}/(kJ/kg)
梯恩梯	1.5	4226
	0.85	3389
黑索今	1.5	5397
	0.95	5314
梯恩梯、黑索今(1∶1)	1.68	4770
	0.9	4310
苦味酸	1.5	4100
	1.0	3807
特屈儿	1.55	4560
	1.0	3849
太安	1.65	5690
	0.85	5690
硝化甘油	1.6	6192
液态炸药	1.0	7290
阿马托	1.55	4184
雷汞	3.77	1715
硝酸铵	0.85	1439

3.4 炸药爆温测试

炸药爆炸时所释放出的热量将爆炸产物加热到的最高温度称为爆温，用T_B表示。爆温是炸药重要的示性数之一，对它进行研究不仅具有理论意义，而且具有实际意义。在某些场合，例如作为弹药，特别是水雷、鱼雷的主装药往往希望炸药爆温高，以力求获得较大的威力；而枪炮用的发射药，爆温就不能过高，否则枪炮身管烧蚀严重；尤其是煤矿用炸药，爆温必须控制在较低范围内，以防止瓦斯或煤尘爆炸。

由于炸药爆炸过程迅速，爆温高而且随时间变化极快，加之爆炸具有破坏性，因此对爆温进行测定很困难。目前，对于火药和烟火剂，可用光测高温计测定其爆温，而对于起爆药和猛炸药，可应用光谱法测定其爆温。近年来，用瞬时多光谱爆温测量系统研究液态炸药的爆温有了不少进展。光谱法测爆温实际上测量的是瞬间爆炸产物的色温。由于爆炸产物不是理想黑体，借助爆炸产物的光谱与绝对黑体的光谱，比较其能量分配的关系而得到的数据，显然要比真实温度稍高一些。

3.4.1 爆温的理论计算

鉴于爆温测定困难，目前主要从理论上估算炸药的爆温。为了简化，假定：爆炸过程定容、绝热，其反应热全部用来加热爆炸产物；爆炸产物处于化学平衡和热力学平衡状态，其热容只是温度的函数，与爆炸时产物所处的压力状态（或密度）无关。此假定对于高密度炸药爆温的计算将带来一定的误差。

下面介绍用爆炸产物的平均热容计算爆温的方法。用爆炸产物的内能计算爆温，则是热化学通用的方法，不再赘述。根据上述假定，令：

$$Q_V = \overline{C_V}(T_B - T_0) = t\overline{C_V} \tag{3-26}$$

式中：T_B 为炸药的爆温，K；T_0 为炸药的初温，取 298 K；t 为爆炸产物从 T_0 到 T_B 的温度间隔，即净增温度；$\overline{C_V}$为炸药全部爆炸产物在温度间隔 t 内的平均热容。

$$\overline{C_V} = \sum n_i \overline{C_{Vi}} \tag{3-27}$$

式中：n_i 为第 i 种爆炸产物的物质的量；$\overline{C_{Vi}}$为第 i 种爆炸产物的平均摩尔定容热容。

爆炸产物的平均摩尔定容热容与温度的关系一般为

$$\overline{C_{Vi}} = a_i + b_i t + c_i t^2 + d_i t^3 + \cdots \tag{3-28}$$

式中：$a_i, b_i, c_i, d_i, \cdots$是与产物组分有关的常数。对于一般工程计算，仅取前两项，即认为平均摩尔定容热容与温度间隔 t 成直线关系。

$$\overline{C_{Vi}} = a_i + b_i t \tag{3-29}$$

$$\overline{C_V} = A + Bt \tag{3-30}$$

$$A = \sum n_i a_i, \quad B = \sum n_i b_i \tag{3-31}$$

将式(3-30)代入式(3-26)，得

$$Q_V = At + Bt^2 \tag{3-32}$$

即

$$Bt^2 + At - Q_V = 0 \tag{3-33}$$

于是，有

$$\begin{cases} t = \dfrac{-A + \sqrt{A^2 + 4BQ_V}}{2B} \\ T_B = t + T_0 = \dfrac{-A + \sqrt{A^2 + 4BQ_V}}{2B} + 298 \end{cases} \tag{3-34}$$

由此可见，只要知道炸药的爆炸反应方程式或爆炸产物的组分，以及每种产物的爆热，就可以根据式(3-30)和式(3-34)求出该炸药的爆温。

3.4.2 爆温的试验测定

炸药爆温的试验测定是一项十分困难的工作，因为爆轰时的温度很高，温度达到最大值后，在极短的时间内迅速下降，而且爆轰具有破坏效应，所以不能用一般的方法测定爆温，直到 18 世纪中叶才首次测出炸药的爆温。

苏联科学家用色光法测定了一系列炸药的爆温。将炸药的爆轰产物看作吸收能力一定的灰体，它辐射出连续光谱，通过测定出光谱的能量分布或两个波长的光谱亮度的比值计算炸药的爆温。

波长为 λ 的绝对黑体的相对光谱亮度，可以用普朗克公式表示：

$$b_{\lambda,T}=c_1\lambda^{-5}\left(e^{\frac{c_2}{\lambda T}}-1\right)^{-1} \tag{3-35}$$

式中：$c_1=3.7\times10^{-12}$ J · cm²/s；$c_2=1.433$ cm · K。当 $T<6000$ K 时，光谱的可见光部分有 $e^{\frac{c_2}{\lambda T}}\gg1$，因而有

$$b_{\lambda,T}=c_1\lambda^{-5}e^{-\frac{c_2}{\lambda T}} \tag{3-36}$$

爆轰产物可看作吸收能力为 a 的灰体，因而有

$$b_{\lambda,T}=ac_1\lambda^{-5}e^{-\frac{c_2}{\lambda T}} \tag{3-37}$$

温度为 T 时两个波长的光谱亮度之比可以表示为

$$\ln\frac{b_{\lambda_1 T}}{b_{\lambda_2 T}}=5\ln\frac{\lambda_2}{\lambda_1}+\frac{c_2}{T}\cdot\frac{\lambda_1-\lambda_2}{\lambda_1\lambda_2} \tag{3-38}$$

故有

$$T=\frac{c_2\dfrac{\lambda_1-\lambda_2}{\lambda_1\lambda_2}}{\ln\dfrac{b_{\lambda_1 T}}{b_{\lambda_2 T}}}-5\ln\frac{\lambda_2}{\lambda_1} \tag{3-39}$$

色光法爆温测量系统如图 3-18 所示。试验时，为了消除空气冲击波的发光，要压至固态炸药密度接近理论密度，然后放入水中；液态炸药则放置在有透明底的有机玻璃容器中，爆轰时发出的光经过狭缝后，被半透明玻璃分光，光经过滤光片变成一定波长的光束，经过光电倍增管后转换成电信号，此电信号由存储示波器记录。

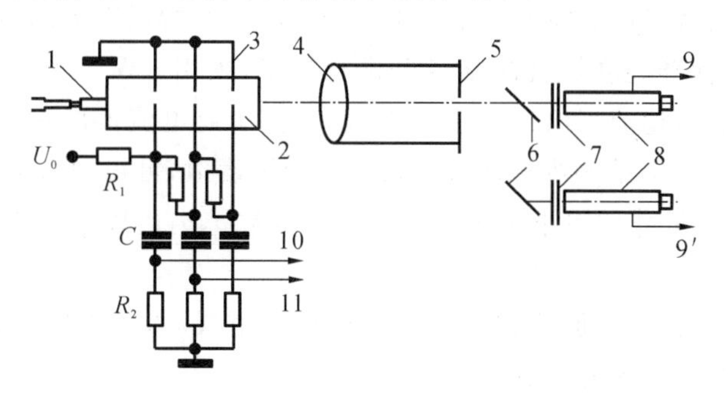

图 3-18　色光法爆温测量系统

1—雷管；2—炸药样品；3—爆速测量探针；4—目镜；5—狭缝；6—半透明玻璃；7—滤光片；8—光电倍增管；9，9′，11—示波器输入；10—示波器触发输入

测量结果的误差为：液态炸药±150 K，固态炸药±300 K。试验结果如表 3-3 所示。

表 3-3　常用炸药的爆温

炸药名称	黑索今	太安	硝基甲烷	硝化甘油
密度/(g/cm^3)	1.80	1.77	1.14	1.60
爆温/K	3700	4200	3700	4000

有研究人员采用光导纤维传输爆轰中形成的光辐射，用瞬时光电比色法测定液态炸药的爆温，所用测量系统如图 3-19 所示。

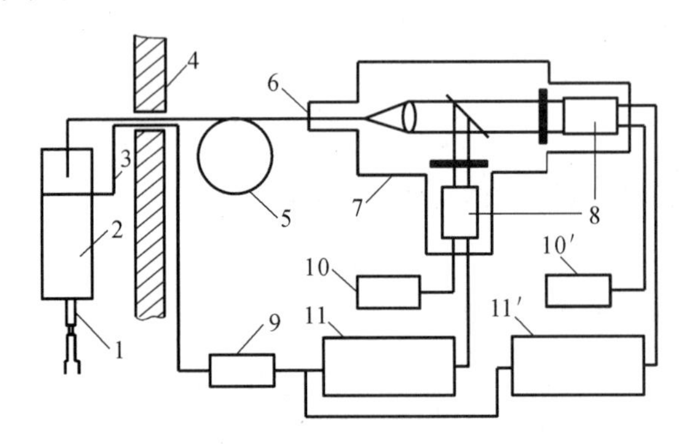

图 3-19　瞬时光电比色法爆温测量系统

1—雷管；2—炸药样品；3—电离探针；4—防爆墙；5—光导纤维；6—光导纤维夹持器；7—分光器；8—光电倍增管；9—脉冲形成器；10，10′—高压电源；11，11′—存储示波器

光导纤维的一端插入炸药样品中，接收和传输爆轰中形成的光辐射，传出的光被分光器分成两束狭光谱带的光束，经光电倍增管进行光电变换后得到的信号用存储示波器记录，根据两个光谱带输出电压之比，按下式计算爆温：

$$\ln\frac{u_i}{u_l}=a+b\left(\frac{1}{T}\right) \tag{3-40}$$

式中：u_i、u_l 为两个光谱带辐射亮度产生的电压，V；a、b 为常数；T 为爆温，K。

每次试验前，用标准温度灯对测温装置进行标定，采用 BW-2500 型二级标准温度灯作标准光源，调节稳流器，稳流器给出一定的电流，对应于此电流值的标准温度灯有一确定的温度值，在 2000～2500 ℃范围内标准温度灯有六个分度值，可得到六组 T、u_i、u_l 数据。

用 $\ln(u_i/u_l)$ 和 $1/T$ 作图可求出式(3-40)中的常数 a、b，由爆轰时测得的 u_i、u_l 可求出爆温。

应对固态炸药进行预处理，除去夹杂在药柱中的空气后，才可以测定固态炸药的爆温，表 3-4 给出了用这种方法测定的结果。

表 3-4　固态炸药的爆温

炸药名称	梯恩梯			特屈儿			奥克托今	太安
密度/(g/cm^3)	1.489	1.560	1.607	1.559	1.631	1.700	1.763	1.700
爆温/K	2514	2587	2589	2933	3054	3248	3038	3816

3.4.3　影响爆温的因素

在使用炸药时，往往要求提高或者降低炸药的爆温。根据炸药爆温的计算公式，可以改变爆温的方法有：

(1) 提高爆炸产物的生成热，降低炸药的生成热；

(2) 降低爆炸产物的热容。

提高炸药爆热的方法，如调整炸药的氧平衡，更多地产生生成热较大的产物如 CO、H_2O 等；在炸药中加入某些高热值的金属粉末等都可以提高爆温。但是，在选用具体方法时要考虑爆炸产物热容的影响，如果采用的方法使炸药 Q_V 提高的幅度不如 C_V 的大，那么这种提高爆热的方法就达不到预期的目的。因此，必须针对具体情况考虑其综合效果。

提高炸药组分中的 H 和 C 的含量比，有利于提高爆热，却不利于提高爆温，要提高爆温，就应提高炸药组分中的 C 和 H 的含量比。

在炸药中加入能生成高热值的金属粉末，如铝粉、镁粉等，既有利于提高爆热，又有利于提高爆温。

因此，含铝炸药不仅可用于常规的弹药，还可用于装填水雷、鱼雷及导弹，也可用于控制爆破使用的蓄能燃烧剂。

降低爆温的途径和提高爆温的途径相反，即减小爆炸产物的生成热、增大炸药的生成热或增大爆炸产物的热容。为此，一般在炸药中加入某些附加物。这些附加物的作用是改变氧与可燃元素间的比例，使之产生不完全氧化的产物，从而减小爆炸产物的生成热。有的附加物不参与爆炸反应，只是增大爆炸产物的总热容。例如，在火药中为了消除炮口焰、降低烧蚀，通常加入碳氢化合物、树脂、脂肪酸和芳香族的低硝化程度的硝基衍生物等。在工业安全炸药中加入硫酸盐、氮化物、硝酸盐、重碳酸盐、草酸盐等，有时这些盐类还带有结晶水，用作消焰剂。

3.5　炸药猛度的测定

猛度是炸药爆炸时对与其接触的介质的破碎能力。它表示炸药对介质局部破坏的猛烈程度，是衡量炸药局部破坏能力的指标。炸药的猛度愈大，介质被破碎得愈细。炸药的爆速和爆压愈大，其猛度也愈大。

炸药的猛度和做功能力笼统来讲都是表示炸药威力大小的爆炸性能参数。在工程上，猛度表示的是炸药破碎岩石的能力。做功能力表示的是炸药对介质的破碎与抛掷的能力。炸药的做功能力包含了猛度因素，即对于猛度大的炸药，其做功能力也大，但是，对于做功能力大的炸药，其猛度不一定大。

炸药猛度的大小取决于炸药释放气体产物的猛烈程度，而爆速是决定猛度的主要因素。炸药猛度的测量方法有：铅柱压缩法、铜柱压缩法、平板炸孔试验和猛度弹道摆试验。

3.5.1　猛度的理论计算

炸药的猛度是一个重要参数，同时也是一个复杂概念，研究者多年来一直试图从理论上阐明猛度的物理概念，例如，有人认为可以用爆轰产物的动能表示猛度，有人提出用炸药的爆压表示猛度，还有人提出用炸药的功率表示猛度。这些方法虽然也得出了一些与实际情况比较符合的概念，但都不够严格和全面，只能在一定范围内应用。

目前认为比较合适的方法是用爆轰产物作用在与传播方向垂直的单位面积上的冲量/比冲量代表炸药的猛度。

爆轰产物对目标的破坏能力与作用时间有关。当作用时间较长(和目标本身的固有振动周期比较)时，对目标的破坏能力主要取决于爆轰产物的压力；而当爆轰产物对目标的作用时间较短时，对目标的破坏能力不仅取决于爆轰产物的压力，而且取决于压力对目标的作用时间。

假设一维平面爆轰波从左向右传播，在垂直于爆轰波传播方向的右方有一刚性壁面，如图 3-20 所示。

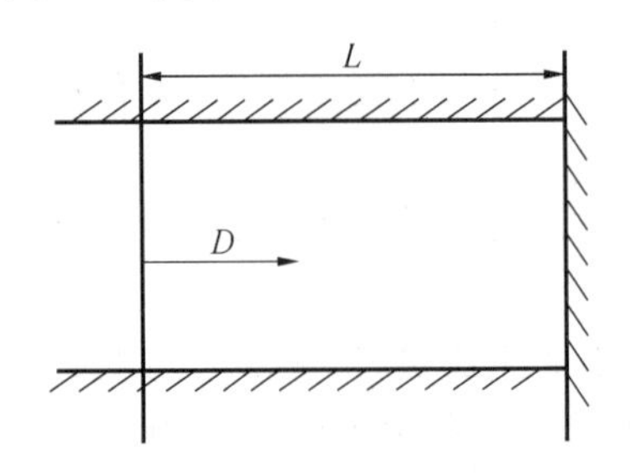

图 3-20　爆轰波对刚性壁面的作用

理论计算表明，爆轰产物作用在壁面(目标)上的压力 P 为

$$P=\frac{8}{27}P_{cj}\left(\frac{l}{D\tau}\right)^3 \tag{3-41}$$

式中：P_{cj} 为爆轰压，MPa；l 为爆轰波的传播距离，m；D 为炸药的爆速，m/s；τ 为作用时间，s。

当爆轰波在壁面反射时，作用在壁面上的总冲量 I 为

$$I=\int_{\frac{l}{D}}^{\infty}SP\,\mathrm{d}\tau=\frac{64}{27}SP_{cj}\left(\frac{l}{D}\right)^3\int_{\frac{l}{D}}^{\infty}\frac{\mathrm{d}\tau}{\tau^3}=\frac{32}{27}SP_{cj}\frac{l}{D} \tag{3-42}$$

式中：S 为炸药装药横截面的面积，cm^2。

将 $P_{cj}=0.25\rho_0 D^2$ 代入式(3-42)得：

$$I=\frac{8}{27}Sl\rho_0 D=\frac{8}{27}MD \tag{3-43}$$

式中：M 为炸药的质量，kg。

作用在壁面(目标)上的比冲量为

$$i=\frac{I}{S}=\frac{8}{27}mD \tag{3-44}$$

式中：i 作用在壁面(目标)上的比冲量，(kg · m)/s；m 为单位横截面上的炸药质量，kg。

需要指出的是，炸药爆轰时的爆轰产物存在侧向飞散，并不是全部作用在目标上，所以式(3-44)中的炸药质量不应是整个炸药装药的质量，而是爆轰产物朝着给定方向飞散的那一部分装药的质量，称为有效质量，而远离目标的装药爆轰产物对目标没有作用。

3.5.2　铅柱压缩法

猛度试验

铅柱压缩法又称为赫斯猛度试验法。该方法要求在规定参量(质量、密度和几何尺寸)条件下，炸药装药爆炸对铅柱进行压缩，以压缩值来衡量炸药的猛度。国内也有专门的测量炸药猛度的标准《炸药猛度试验 铅柱压缩法》(GB 12440—1990)。

1. 所需仪器、设备和材料

(1) 天平:感量 0.1 g。

(2) 游标卡尺:分度值 0.02 mm。

(3) 钢片:优质碳素结构钢,硬度 HB 150～200,尺寸及粗糙度如图 3-21 所示。

(4) 钢管:焊接钢管。

(5) 压模:黄铜。允许冲子使用硬木,允许采用其他形式的压模,但应保证装药的几何尺寸和装药密度的精度范围。

(6) 铅柱:按有关规定执行。

(7) 钢底座:中碳钢板,厚度不小于 20 mm、最短边长度(或直径)不小于 200 mm、粗糙度 Ra 为 6.3 μm、硬度 HB 150～200。

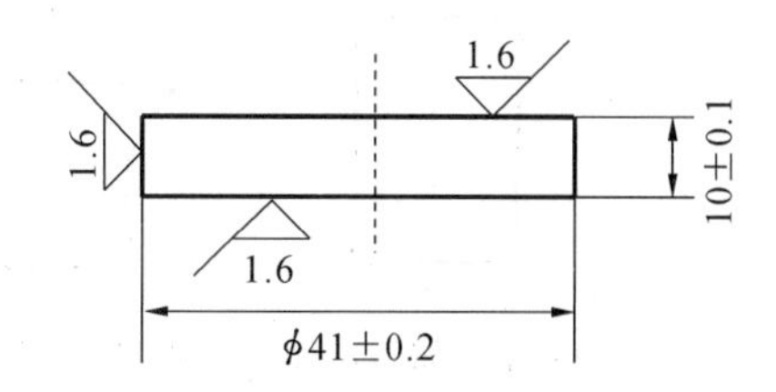

图 3-21　钢片尺寸及粗糙度(单位:mm)

(8) 带孔圆纸板:所用标准纸板,参照有关标准。厚度为 1.5～2.0 mm 、外径为(39.5±0.2)mm 、孔径为(7.5±0.1)mm。

(9) 纸筒:所用牛皮纸,参照有关标准(定量 120 g/m^2)。将纸裁成长 150 mm、宽 65 mm 的长方形,粘成内径为 40 mm 的圆筒。用同样的纸剪成直径为 60 mm 的圆纸片,并沿圆周边剪开,剪到直径为 40 mm 的圆周处(形似锯齿状),再将剪开的边向上折,粘到圆筒的外面。根据样品的特殊要求,纸筒可浸石蜡。

(10) 雷管:8 号瞬发电雷管或 8 号火雷管。

(11) 8 号平底金属雷管壳。

(12) 起爆器。

(13) 导通表。

(14) 梯恩梯:晶粒尺寸为 0.3～1.0 mm,或按有关规定进行精制。

2. 测试程序

(1) 试样准备。称取(50±0.1) g 炸药,倒入纸筒中,放上带孔的圆纸板,然后再将纸筒放在专用铜模中,进行压药,控制密度为(1.00±0.03)g/cm^3。拔去冲子,在炸药装药中心孔内插入雷管壳,插入深度为 15 mm,然后退模,再将纸筒上边缘摺边。

(2) 测量铅柱高度。先在铅柱一横端面处,用铅笔经过圆心轻轻画十字线,并注明序号,如图 3-22 所示。在十字线上距交点 10 mm 处,再轻轻画上交叉短线,用游标卡尺沿十字线依次测量(精确到 0.02 mm),测量时游标卡尺应伸到交叉短线处。取四个测量值的算术平均值作为试验前铅柱高度的平均值,用 h_0 表示(精确到 0.01 mm)。

(3) 按图 3-23 安放试验装置,钢底座放在硬的基础(混凝土的厚度不小于 100 mm)上,依次放置铅柱(画线端面朝下)、钢片、炸药装药,使系统在同一轴线上(目测),用绳将装置系统固定在钢底座上,取出炸药装药中心孔内的雷管壳,换成 8 号雷管,然后进行起爆。

(4) 擦拭试验后铅柱上的脏物,用游标卡尺测量高度,依次测量四个高度(精确到 0.02 mm),取其算术平均值作为试验后铅柱高度的平均值,用 h_1 表示(精确到 0.01 mm)。

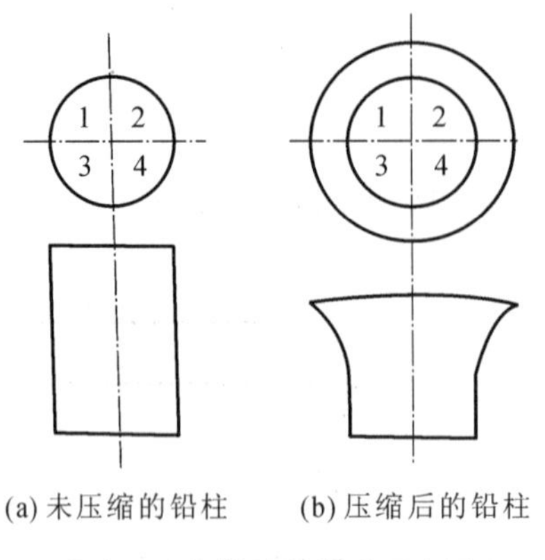

图 3-22　铅柱压缩前后示意图

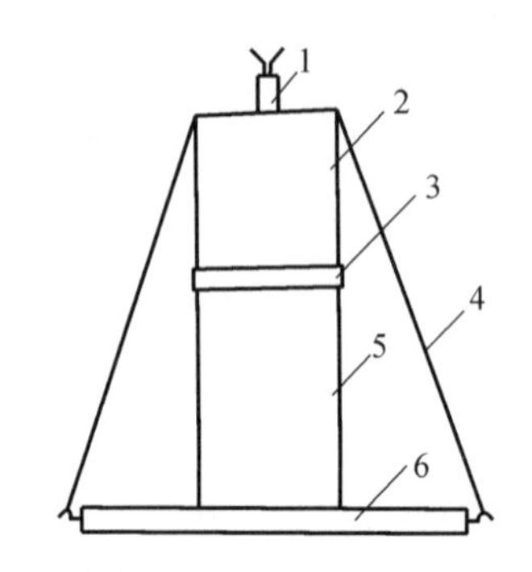

图 3-23　铅柱压缩前后示意图

1—雷管；2—被测炸药；3—钢片；4—固定绳；5—铅柱；6—钢底座

(5) 进行试验。铅柱压缩值大于 25 mm，应采用减半装药量试验，即(25.0±0.1)g，雷管插入深度为 5 mm 或者装药量仍为(50.0±0.1)g 时，采用双钢片试验。

3. 测试数据的计算和评定

铅柱压缩值按下式计算：

$$\Delta h = h_0 - h_1 \tag{3-45}$$

式中：Δh 为铅柱压缩值，mm；h_0 为试验前铅柱平均高度值，mm；h_1 为试验后铅柱平均高度值，mm。

每个试验样品做两个平行试验。对于粉状混合炸药，其平行试验的压缩值相差不得大于1.0 mm，对于其他物理状态的混合炸药，其平行试验的压缩值相差不得大于 2.0 mm。然后取平行试验的算术平均值，精确至 0.1 mm，该值即试验样品的铅柱压缩值。

若平行试验超差，允许重新取样，再做 2 个平行试验，进行复试。若仍超差，则为不合格，应查找原因。

3.5.3　测试方法与结果讨论

(1) h_0、h_1 和 Δh 的值精确到 0.01 mm。

(2)颗粒状炸药装药：称量(50.0±0.1)g 炸药，倒入纸筒中，自然堆积，炸药上面放一带孔圆纸板，在孔中插入雷管壳，插入深度为 15 mm，测量装药高度，计算装药密度。

(3) 乳化炸药等含水膏状炸药的装药：先称量纸筒，再在纸筒中称量(50.0±0.1)g 炸药，然后在炸药上面放一个带孔圆纸板，用手轻压，使装药直径达到 40 mm，测量装药高度，计算密度。对于化学敏化的乳化炸药，装药时要注意，装入纸筒的乳化炸药最好采取连续药柱，以减小密度的误差。

(4) 对于无雷管感度的 2 号铵油炸药、3 号铵油炸药及多孔粒状铵油炸药，除加强约束条件外，还需加入 10%的起爆药(起爆药为 2 号岩石铵梯炸药、1 号铵油炸药等)，即 5 g 起爆药、45 g被测药。

约束条件为：2 号、3 号铵油炸药采用内径为 40 mm、壁厚 3～3.5 mm、高 60 mm 的水煤气管装药，多孔粒状铵油炸药采用外径为 50 mm、壁厚 5 mm、高 60 mm 的无缝钢管装药。此条件下，钢片直径为(44.0±0.2)mm，钢片其他尺寸及粗糙度同前。

(5) 表 3-5 列出了几种常用炸药的铅柱压缩值。

表 3-5　几种常用炸药的铅柱压缩值

炸药名称	密度/(g/cm^3)	猛度/mm	炸药名称	密度/(g/cm^3)	猛度/mm
梯恩梯	1.0	16.5	2号露天炸药	0.9～1.0	8～11
梯恩梯	1.2	18.8	2号岩石炸药	0.9～1.0	12～14
特屈儿	1.0	20～22	铵沥蜡炸药	0.9～1.0	8～9
苦味酸	1.2	19.2	EL系列乳化炸药	1.1～1.2	16～19
2号煤矿炸药	0.9～1.0	10～12	RJ系列乳化炸药	1.1～1.25	15～19

国际炸药测试方法标准化委员会规定采用铜柱压缩法作为工业炸药的标准测试方法。试验样品装在内径为 21.0 mm、高 80 mm 、壁厚 0.3 mm 的锌管中，装药密度为正常使用时的密度，用10 g片状苦味酸作传爆药柱(直径为 21 mm、高 20 mm，密度为 1.50 g/cm^3)放在锌管上面，用装有 0.6 g 太安的雷管引爆。

用细结晶的苦味酸作参比炸药，其密度为 1.0 g/cm^3。为了保证密度均匀，称取 27.7 g 苦味酸，均匀地分为四等份，分四次装入锌管中，每装一次药后，用木棒压实，控制木棒的插入深度，使每份试验样品占据的高度为 20 mm。

猛度计安放在 500 mm×500 mm×20 mm 的厚钢板上，每一试验样品进行六次试验，测出压缩值后取平均值，并按换算表求出相应的猛度单位，将试验样品的猛度单位与参比炸药的猛度单位的比值作为测定结果。

思　考　题

1. 炸药的爆炸性能包括哪些？相互之间有哪些联系？
2. 如何提高炸药爆速测定的精确度？
3. 炸药爆压测试采取的方法有哪些？有何异同点？
4. 炸药的爆温与爆热有哪些联系？
5. 测量炸药猛度时，如何确保装药精准？

参考文献

[1] 张立. 爆破器材性能与爆炸效应测试[M]. 合肥：中国科学技术大学出版社，2006.
[2] 汪旭光. 爆破设计与施工[M]. 北京：冶金工业出版社，2011.
[3] 王玉杰. 爆破工程[M]. 武汉：武汉理工大学出版社，2007.
[4] 金韶华，松全才. 炸药理论[M]. 西安：西北工业大学出版社，2010.

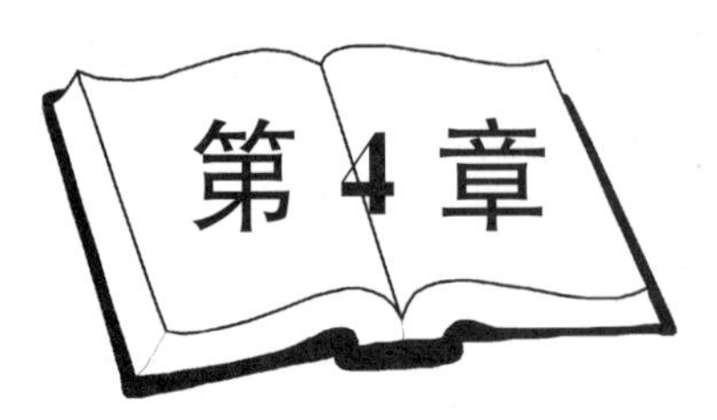

起爆器材特性参数与感度测试

4.1 电雷管电学特性参数测试

4.1.1 桥丝式电雷管的发火过程

桥丝式电雷管的核心部分是一个微小的导电桥丝，通常由高电阻合金制成。桥丝是引发爆炸物的“初爆元件”，其状态的改变直接影响整个电雷管的引爆过程。桥丝式电雷管的发火过程根据桥丝状态的不同主要分为三个阶段。

(1) 桥丝加热。

在正常情况下，桥丝处于断开状态，即不导电状态，一旦电流通过桥丝，其电阻会升高，导致桥丝加热。

(2) 热失稳。

当电流通过桥丝时，电阻引起的电能损耗会导致桥丝逐渐加热。随着温度的升高，桥丝的电阻也会逐渐增大，从而导致更多的电能转化为热能。这种加热会持续进行，直至桥丝的温度达到一定阈值，桥丝进入热失稳状态。

(3) 爆炸物引爆。

当桥丝达到热失稳状态时，桥丝的某个局部区域通常会形成高温点。这个高温点的存在可能引发附近爆炸物内部的化学反应，进而导致爆炸。在这个过程中，桥丝的加热作用类似于一个触发器，将电雷管的能量传递给爆炸物。由于这个引爆过程极其迅速，在微秒级的时间内完成，桥丝式电雷管能够实现非常精确的时间控制。

需要指出的是，桥丝式电雷管的发火过程是一个连续的变化过程，三个阶段之间没有明显的界限。比如，在桥丝通电加热的同时，周围爆炸物也会随之升温。特别是在输入电流较小，桥丝加热到阈值温度的时间就会延长，发火过程的三个阶段将会有较大可能性同时进行。如果输入的电流较大，桥丝加热到阈值温度的时间很短，爆炸随即发生，这时候发热的桥丝向周围爆炸物的能量传递范围有限，仅限于周围一薄层爆炸物，这时候爆炸物之间的热传递过程就不明显，并且电雷管的延期时间也会随之缩短。

1. 桥丝通电加热

电流通过桥丝，根据焦耳-楞次定律，电能转换为热能。

$$Q = 0.24I^2Rt \tag{4-1}$$

式中：Q 为桥丝发的热量，J；I 为通过桥丝的电流，A；R 为桥丝的电阻，Ω；t 为桥丝通电的时间，s。

桥丝发的热量除了使自身的温度升高以外，还向外进行热传递，使得与桥丝直接接触的起爆药温度升高。桥丝的电阻根据下式进行计算：

$$R = \rho \cdot \frac{l}{s} \tag{4-2}$$

式中：ρ 为桥丝的比电阻，$\Omega \cdot mm/m^2$；l 为桥丝的长度，m；s 为桥丝的横截面积，mm^2。

桥丝在生产过程中一般为圆形截面，因此，桥丝的横截面积可由直径表示：

$$s = \frac{\pi D^2}{4} \tag{4-3}$$

式中：D 为桥丝的直径，mm。将式(4-3)代入式(4-2)可得：

$$R = \frac{4l\rho}{\pi D^2} \tag{4-4}$$

进一步，将式(4-4)代入式(4-1)可得：

$$Q = 0.96\,\frac{l\rho}{\pi D^2} I^2 t \tag{4-5}$$

不考虑桥丝热量的散失，即电能转化的热能全部用于桥丝温度的提高，那么桥丝的温度与热量之间的关系可以用下式表示：

$$Q = CV\gamma(T - T_0) \tag{4-6}$$

式中：C 为桥丝的比热，J/(g · ℃)；V 为桥丝的体积，cm^3；γ 为桥丝的密度，g/cm^3；T 为桥丝加热后的最终温度，℃；T_0 为桥丝的初始温度，℃。

桥丝的体积 V 可由长度 l 和横截面积 s 表示：

$$V = l \cdot s \tag{4-7}$$

将式(4-3)代入式(4-7)可得：

$$V = \frac{\pi D^2 l}{4} \tag{4-8}$$

进一步，将式(4-8)代入式(4-6)，有：

$$Q = \frac{\pi C\gamma D^2 l}{4}(T - T_0) \tag{4-9}$$

式(4-5)表示电能转化为热能，式(4-9)表示桥丝始末状态热量的变化，由于不考虑热量的散失，即电能转化的热能全部用于增大桥丝的热量，有：

$$0.96\,\frac{l\rho}{\pi D^2} I^2 t = \frac{\pi C\gamma D^2 l}{4}(T - T_0) \tag{4-10}$$

考虑桥丝初始状态的温度 T_0 一般为常温，20 ℃左右，而桥丝在加热以后，达到引爆起爆药的温度 T 一般为几百摄氏度，此时，T_0 相较于 T 可以忽略不计，将式(4-10)进一步化简，即：

$$T = 0.39\,\frac{\rho}{C\gamma D^4} I^2 t \tag{4-11}$$

式(4-11)可变形为

$$I^2 t = 2.56\frac{C\gamma}{\rho}D^4 T \tag{4-12}$$

根据式(4-11),桥丝通电后热量的增大与桥丝的固有属性有关,包括比电阻、比热、密度、直径;还与桥丝通过的电流以及通电时间存在直接关系。在桥丝通电时间和电流强度一定时,对于选定直径的桥丝,桥丝的温度 T 与 $\rho/(C\gamma)$ 是由桥丝材料的固有性质所决定的,因此将 $C\gamma/\rho$ 称为材料的特性值。显然,桥丝材料的特性值越小,桥丝温度越高,即桥丝材料的比电阻 ρ 越大,比热和密度就越小。

部分金属和金属合金的物理特性如表 4-1 所示。

表 4-1　部分金属和金属合金的物理特性

金属或金属合金名称	ρ(300 ℃) /(g/cm³)	C /(J/(g·℃))	γ/(g/cm³)	$C\gamma/\rho$
铂(Pt)	0.144	0.033	21.2	4.86
铂铱合金(85%Pt+15%Ir)	0.355	0.032	21.4	1.93
铜镍合金(60%Cu+40%Ni)	0.485	0.098	8.9	1.79
钨(W)	0.114	0.039	19.3	6.6
镍铬合金(65%Ni+15%Cr+20%Fe)	1.20	0.12	8.2	0.82
因瓦合金(36%Ni+64%Fe)	1.20	0.126	8.1	0.85
铁(Fe)	0.255	0.12	7.9	3.72
铜(Cu)	0.034	0.09	8.9	23.5

由表 4-1 可以看出,使用铬合金做桥丝最好,铁合金(因瓦合金)、铜合金(康)、铂铱合金其次,铜的效果最差。正是因为铜的特性值最大,所以通电需要较大的电流强度才能使桥丝达到足够高的温度(即达到引火头的爆发点),才能发火,因而制造抗杂散电流电雷管的桥丝所用材料就是铜丝。

从式(4-11)中还可看出,桥丝直径 D 将会非常明显地影响桥丝的温度。桥丝温度和其直径的四次方成反比,桥丝直径的微小变化都会大大改变电引火在电流作用下的敏感度。桥丝直径越小,桥丝温度越高。所以桥丝都是很细的合金丝,直径一般为 0.03～0.05 mm。如果桥丝过细,就会因为强度不足给操作带来困难,同时,也会因易于过早熔断而不能引燃引火头。而抗杂散电流电雷管的桥丝要求粗一些,直径一般为 0.06～0.07 mm。

式(4-12)中的 $I^2 t$,叫作电流冲量,它是衡量桥丝加热到温度 T 时,桥丝单位电阻所消耗电能的尺度。电流冲量通常用于描述电流在作用时间内的积累效应。它是电流的时间积分,可以用来衡量电流在电路中的累积效果或电荷的传递。电流 I 是电荷在单位时间内通过导体的数量。电流冲量则是电流乘时间的积分,表示为

$$Q = \int I(t)\mathrm{d}t \tag{4-13}$$

这个积分可以用来计算在某段时间内流过导体的总电荷量。

电流冲量在电路分析中很有用,特别是在处理变化的电流时,它可以帮助计算在一段时间

内电荷的传递量。电流冲量还与电流的平均值有关，可以用来确定某段时间内的平均电流。

从式(4-12)中可看出，桥丝加热到规定温度 T 时，桥丝单位电阻所需电能(电流冲量)随 $C\gamma/\rho$ 的减小而减小，也随直径的减小而减小。细的镍铬桥丝加热到温度 T 时所需的电流冲量相对较小。

2. 药剂的加热和燃烧

发火过程始于电流的传递，当一个电脉冲通过桥丝(通常是细丝或导线)传递时，电桥的电阻会导致丝线加热。这是因为导体具有电阻，电流通过时一部分电能转化为热能。

在桥丝的附近，通常存在着一层或多层药剂。这些药剂是易燃或具有爆炸性的化学物质，如火药或炸药，这些药剂的主要作用是在加热时燃烧或爆炸，产生高温和高压气体。

当电流通过桥丝传递时，桥丝会迅速加热。这个高温的桥丝通过传导和辐射的方式将热能传递给附近的药剂。药剂的温度开始升高，导致其分子运动加速。

当药剂的温度达到其点火温度时，化学反应发生，药剂开始燃烧。在这个阶段，药剂中的化学物质会与氧气反应，产生大量的热能和气体。这个燃烧过程通常非常快速，因为药剂中的化学反应具有爆炸性，产生的气体迅速膨胀并形成高压区域。

药剂燃烧产生的高温和高压气体迅速扩散，并引发周围的爆炸物发生爆炸。

4.1.2　电学特性参数

1. 电阻

电阻是电雷管一项重要的电学特性参数，它表示桥丝和脚线在常温下的电阻之和。理解电阻的概念对于正确计算电路电阻、电雷管发火所需的能量以及检测电引火是否存在问题非常关键。

在电雷管的爆破网络中，电雷管的电阻具有重要意义。电阻直接影响电流在电雷管中的流动情况，从而影响电雷管是否能够可靠地发火。测量桥丝和脚线的电阻，可以检测电引火头是否存在问题，如桥丝是否断裂、是否发生短路等。

要理解电阻的大小，首先需要考虑桥丝的材料，因为它与桥丝的长度和电阻率密切相关。电阻的大小直接影响电雷管的一些关键参数，包括最小发火电流和最大安全电流。这意味着桥丝的电阻越大，需要引发电雷管的电流就越大，而在安全范围内工作的电流也越大。

在实际生产中，控制桥丝的电阻是一项关键技术。这不仅涉及控制桥丝的长度，还需要处理其他因素，如桥丝粗细的不均匀性、焊锡过多导致双桥丝问题，以及桥丝尾巴过长等缺陷，这些因素都可能导致电阻的不均匀性。这些因素实际上会影响桥丝的直径，而桥丝的温度与其直径的四次方成反比。因此，即使是微小的桥丝直径变化也会对电引火感度产生巨大影响。

与桥丝不同，脚线的材料虽然可能对小电流情况下的散热条件产生一定影响，但在实际使用中，通常可以忽略脚线对电引火头主要参数的影响。因此，在分析电雷管的电学特性时，一般可以将脚线的影响视为次要因素。脚线材料或长度不同的电引火头，总电阻是不一样的。总电阻越大，对于总功率一定的起爆器来说，能同时起爆的电雷管数将减少。这是因为脚线和桥丝串联在一起，脚线和桥丝每单位电阻所消耗的能量相同。各自消耗的总能量与它们的电阻成正比。

例如，一种电雷管的规格为 2 m 长铜脚线、康铜桥丝电引火头，桥丝电阻为 0.8 Ω，铜脚线直径为 0.45 mm、电阻为 0.4 Ω。起爆器释放出的总能量有 2/3 消耗在桥丝上，有 1/3 消耗在脚线上。如果脚线为 0.5 mm 直径的铁线，电阻约为 240 Ω，这时能量有 1/4 消耗在桥丝上，有 3/4 消耗在脚线上。所以，同种结构的电引火头采用 2 m 长的不同直径的铜脚线和铁脚线时，对同一能力的起爆器，能同时引爆的电雷管数之比为

$$\frac{2/3}{1/4}=\frac{8}{3}=2.6 \tag{4-14}$$

试验结果与计算结果基本一致。测定电阻是制造厂和使用者在使用前逐个检验电雷管质量的有效方法，可以用各种类型的电雷管电阻测定仪来测定电阻。用电阻测定仪测定电阻时，流入电雷管的电流均应小于 30 mA，以防止电引火头意外发火。电雷管的电阻不可能完全一样，因此，规定了一个电阻值范围，超出范围即视为不合格产品，如断路，电阻值表现为无限大；双桥丝则表现为电阻值小于规定范围。

2. 最小发火电流

电雷管的最小发火电流是电雷管在正常工作条件下所需的最小电流，以确保它可靠地引爆炸药或炸药品。最小发火电流是电雷管的关键性能参数之一，对于雷管的成功起爆和起爆安全至关重要。

1）电雷管的最小发火电流定义

电雷管是一种用于引爆炸药或炸药品的电子起爆装置，其工作原理是基于电流通过桥丝和其他电子元件来产生热量，从而引爆炸药或炸药品。

最小发火电流是根据特定设计要求和应用场景来确定的。在设计和制造电雷管的过程中会对最小发火电流进行精确的测试和校准，以确保电雷管激发的可靠性和一致性。一旦确定了最小发火电流，电雷管的性能就可以根据该值来设计和验证。

2）影响最小发火电流的因素

电雷管的最小发火电流受到多个因素的影响，主要包括以下几个关键因素。

(1) 桥丝的材料和直径：电雷管中桥丝的材料和直径对最小发火电流有重要影响。通常情况下，桥丝需要具有足够的电阻，以在通过电流时产生足够的热量来引爆炸药。

(2) 温度：温度是一个关键因素，因为桥丝的电阻通常随温度变化而变化。在不同温度条件下对桥丝的电阻值进行测试是常见的，以确保电雷管在各种环境下都能够正常工作。

(3) 电雷管设计：电雷管的内部设计和构造对最小发火电流也有影响。不同设计的电雷管可能具有不同的最小发火电流要求。

(4) 炸药或炸药品的特性：最小发火电流还受到要引爆的炸药或炸药品的特性影响。不同类型的爆炸物可能需要不同的最小发火电流。

最小发火电流对电雷管的性能至关重要。最小发火电流确保电雷管在需要的时候能够可靠地引爆，从而实现爆炸或引爆任务。通过确保电雷管具有适当的最小发火电流，可以减小意外引爆的风险，从而提高安全性。不同的应用可能需要不同的最小发火电流。根据特定的应用需求来设计和制造电雷管是非常重要的。测量最小发火电流是质量控制的一部分，以确保电雷管的一致性和性能。

3. 最大安全电流

电雷管的最大安全电流是指在正常工作条件下，在不发生早爆等意外事故的情况下电雷管可以承受的最大电流。最大安全电流是电雷管设计和制造中的关键性能参数之一，对于确保电雷管的安全性和可靠性有着重要的作用。

4. 发火冲量

电雷管的发火冲量，也称为起爆能量或引爆能量，是指引爆电雷管所需的最小能量，通常以焦耳为单位。这个参数是电雷管的关键性能参数之一，对引爆炸药或炸药品、确保爆炸装置的可靠性和安全性至关重要。

发火冲量是电雷管能够引爆炸药或炸药品的最小能量。它代表了电雷管的敏感性和可靠性，即在何种程度上电雷管能够被成功触发以引爆炸药或炸药品。

发火冲量的计算通常涉及电雷管的电阻、电流以及引发装置的特性等因素。为了确保电雷管在各种环境条件下都能够可靠工作，电雷管的制造商会根据特定的应用需求和标准，确定电雷管的发火冲量。

5. 桥丝熔化冲量

电雷管的桥丝熔化冲量是指引发电雷管的桥丝所需的最小能量，通常以焦耳为单位。这个参数代表了桥丝的敏感性，即在何种程度上桥丝能够熔化并成功引发电雷管。

桥丝熔化冲量通常涉及电流通过桥丝时所产生的热量。桥丝熔化是因为有足够的热量产生，这使桥丝不能再传导电流，从而断开了电路，触发了电雷管。

6. 百毫秒发火电流

百毫秒发火电流是固定通电时间为 100 ms，能使电引火头发火的最小电流。此参数的意义主要是保证单个雷管在实际使用中能够可靠发火。对于前述大电流和小电流通过电桥丝的发火情况，电流的大和小是相对的，不能划一条明显的界限。如果希望有一条区分电流强度大小的界限，对电引火头来说，可以用百毫秒发火电流的 2 倍作为界限。对于桥丝来说，电流大于 $2\times I_{100}$，可以认为是大电流；电流小于 $2\times I_{100}$，可以认为是小电流。

7. 六毫秒发火电流

六毫秒发火电流是固定通电时间为 6 ms，能使电引火头发火的最小电流，是保证瞬发电雷管或毫秒延期电雷管在有可燃气危险的矿井下可使用的准爆电流，可供设计起爆器时使用。在有可燃气危险的矿井下使用电雷管都有通电时间的限制。考虑炸药爆炸后，矿层发生破裂或振动，内部的可燃气就会释放出来，如果这时爆破网路的电源尚未切断，则脚线端头可能产生电火花而引起可燃气爆炸。通电时间是根据试验测得矿层开始移动的时间而制定的。各国通电时间限制为 4～10 ms。我国规定通电时间不能超过 6 ms。目前各种起爆器内均设有限制通电时间的装置。这就要求在设计起爆器前必须熟知电引火头的六毫秒发火电流，才能保证起爆器在通电时间内释放出足够的电流来引爆电雷管。

4.1.3　电学特性参数测试原理

采用向电雷管输入一定时间或一定量的恒定直流电流，观察电雷管或电引火头是否爆炸，从而评价试验样品的电学安全性能。

采用“升降法”进行电雷管电学特性参数的测试。该方法是用于估计临界刺激量平均值及标准偏差的一种试验设计和统计方法，这种方法简单便捷，可以在样本较少的情况下得到正确性较高的结果，例如，对 50%发火电流的估计可以用 20～50 发试样测试即可得到较好的结果。

4.1.4 测试方法及步骤

1. 测试仪器与材料

1）测试仪器

（1）QJ-41 型电雷管测试仪（或其他数字式雷管电阻测试仪）。

QJ-41 型电雷管测试仪是测试电雷管电学特性参数的常用仪器设备，体积小，便于携带，用于矿区、野外场地、工厂检测电气爆炸网络和电气雷管的直流电阻测定。QJ-41 型电雷管测试仪各量程主要参数见表 4-2。

表 4-2 QJ-41 型电雷管测试仪各量程主要参数

测量范围		基本误差	中心刻度	误差计算方法
电雷管	0～3 Ω	±1.5%	1.25 Ω	满刻度
	3～9 Ω		5.5 Ω	
导线管	0～3 kΩ	±2.5%	100 Ω	刻度长度

（2）IT-Ⅲ型、Ⅳ型或Ⅴ型雷管电参数测量仪。

2）测试材料

电雷管或电引火头（为了安全，可以采用电引火头替代电雷管进行电学特性参数试验）。

2. 测试步骤

1）电阻测试

在测定其他参数之前，首先测定电雷管电阻。测定电阻的仪器检测时，通过电雷管的电流不得大于 30 mA，电阻的误差不大于 0.1 Ω，测量时雷管应置于防爆罩内。用 QJ-41 型电雷管测试仪测定电阻时，先测全电阻，再测其脚线电阻，根据公式 $R_{全}=R_{脚}+R_{桥}$ 计算出桥丝电阻。并将测得结果填入表 4-3 中。

表 4-3 电阻测定记录表

序号	全电阻	脚线电阻	桥丝电阻
1			
2			
3			
4			
5			
电阻范围			

如果使用IT系列雷管电参数测量仪(以下测量均使用该仪器),则按下“电阻-电流”转换按钮,此时数字表显示的数字即电雷管全电阻 $R_{全}$,在实际的测量过程中,根据公式 $R_{全}=R_{脚}+R_{桥}$,全电阻 $R_{全}$ 应减去脚线电阻 $R_{脚}$,即得实际的桥丝电阻 $R_{桥}$。

如果测得全电阻为5.87 Ω、6.12 Ω、5.22 Ω、5.91 Ω,则说明该电雷管的电阻是合格的。

2) 最小发火电流和最大安全电流测试

测量电雷管的最小发火电流和最大安全电流是控制电雷管质量的关键步骤,以确保每个电雷管都能够在需要的时候可靠地发火。

测量最小发火电流通常按以下条件进行。

(1) 电路设置:设计一个特定的电路来测试电雷管的最小发火电流。这个电路通常包括一个可调节的电流源和相应的测量仪器,以记录电流值。

(2) 测试条件:测量电雷管的最小发火电流通常在标准环境下进行,标准环境包括温度、湿度等因素。测试条件可以根据特定的应用环境来确定和调整。

(3) 逐渐增加电流:电流源逐渐增加电流,直到电雷管被触发和引爆。触发通常指的是电雷管内部的某种响应,例如桥丝热化并引发爆炸物。

(4) 记录电流值:在触发时,记录电流源所提供的电流值。这个电流值就是电雷管的最小发火电流。

在测试的过程中,电流表的误差应不大于5 mA,每发电雷管只准测定一次,不得重复使用。采用数理统计方法(例如升降法)进行试验和数据整理。计算出发火概率为0.9999的电流值,将其作为单发发火电流值。试验中电雷管通电时间为30 s。

经过数据整理计算出50%发火电流及标准离差,然后以发火概率为0.9999的电流值为最小发火电流,以发火概率为0.0001的电流值作为最大安全电流,测试按以下要求进行:使用雷管电参数测量仪,固定通电时间30 s,选择第一发试验电流水平 h 应尽量接近50%发火电流。确定两次试验的电流水平之间的间隔 d,d 必须选择适当,如果间隔太小,则试验点数过多,如果间隔太大,则影响结果的精度,一般试验的水平数以4~6个为宜。d 值可确定为25 mA,调整测量仪的电流接入电引火头进行测试,如果第一发发火,第二发则在 $h-d$ 水平点试验;如果第一发未发火,第二发就在 $h+d$ 水平点试验,依此类推(一般测试量为20~50发),并将测试结果进行记录,发火用“×”表示,不发火用“○”表示。

具体测量时,〈时间设定〉开关置“03000”位置,按下〈时基选择〉开关的“0.01 s”键,〈控制转换〉开关置〈电控〉位置。

3) 百毫秒发火电流测试

采用与“最小发火电流和最大安全电流测试”相同的测试方法,对电雷管施加恒定直流电,通电时间为100 ms,得出发火概率为0.9999的电流值,其为百毫秒发火电流。

测量时将〈时间设定〉开关置“00100”位置,按下〈时基选择〉开关的“1 ms”键,〈控制转换〉开关置〈电控〉位置,即可开始测量。

4) 发火冲量测试

以两倍百毫秒发火电流的恒定直流电流向电雷管通电不同时间,求出发火概率为0.9999的通电时间,然后按下式计算发火冲量:

$$K_f = I^2 t_f \tag{4-15}$$

式中：K_f 为发火冲量，$A^2 \cdot ms$；I 为试验电流值，A；t_f 为发火概率为 0.9999 的通电时间，ms。

采用与“最小发火电流和最大安全电流测试”和“百毫秒发火电流测试”相同的测试方法和流程。测量时将电流固定为两倍百毫秒发火电流，按下〈时基选择〉开关的“0.1 ms”键，〈控制转换〉开关置〈电控〉位置，根据电雷管性能选定通电时间(级差一般为 1 ms)。用升降法计算出发火概率为 0.9999 的通电时间，按式(4-15)计算发火冲量。

5）串联准爆电流测试

爆破作业中，电雷管采用串联连接时，多发电雷管同步起爆。当一定强度的电流通过桥丝时，电能转化为热能，引火头发火，并引爆起爆药及整个电雷管。但由于电雷管的电学性能的不均匀性或热传导、热散失等原因串联网路的个别电雷管往往会拒爆，因此电雷管串联准爆试验决定电雷管的实用性能。

20 发电雷管采用串联连接，测量电阻后，对该组电雷管通以 12 A 恒定直流电。电流表的误差不得大于 0.1 A。测定时将 20 发电雷管串联在一起接到输出端，通以 12 A 的恒定直流电，通电时间定为 5 min，具体操作是：将〈时间设定〉开关置“30000”位置，按下〈时基选择〉开关的“0.01 s”键，〈控制转换〉开关置〈电控〉位置。

如果通以 12 A 恒定直流电流，20 发电雷管全爆，则说明串联准爆电流合格。

6）安全电流测试

与前述测试方法和步骤相同，但所通过的电流为 0.18 A，电流表误差不得大于 0.01 A，通电时间为 5 min。测定时将 20 发电雷管串联在一起接到输出端，通以 0.18 A 的恒定直流电，通电时间定为 5 min，具体操作是：将〈时间设定〉开关置“30000”位置，按下〈时基选择〉开关的“0.01 s”键，〈控制转换〉开关置〈电控〉位置。

如果通以 0.18 A 恒定直流电，20 发电雷管 5 min 未爆，则说明安全电流合格。

7）桥丝熔化冲量测试

桥丝熔化冲量的测试与发火冲量的测试类似，首先要测出桥丝分断时间。

(1) 桥丝分断时间的测定。

从通电开始至桥丝炸断和熔断为止的时间称为桥丝分断时间。因为桥丝分断时间随电流变化而变化，所以必须在选定电流的条件下测试(推荐采用两倍百毫秒发火电流值)，按升降法由短到长改变通电时间，求出熔断概率为 0.9999 的通电时间，即桥丝分断时间。测试时选择〈时基选择〉开关的“0.01 ms”键，〈控制转换〉开关置〈电控〉位置，初始时间及时间级差应根据电雷管的特性而定。

(2) 桥丝熔化冲量的计算。

以两倍百毫秒发火电流的恒定直流向电雷管通电，由短到长改变通电时间，求出熔断概率为 0.9999 的通电时间(即桥丝分断时间)，按下式计算桥丝熔化冲量：

$$K_r = I^2 T_r \tag{4-16}$$

式中：K_r 为桥丝熔化冲量，$A^2 \cdot ms$；I 为试验电流值，A；T_r 为桥丝熔断概率为 0.9999 的通电时间，ms。

电雷管和电引火头测试时仅能使用一次，在对电雷管和电引火头的电学特性参数进行测定时，除了测定电阻外，其余测试的电雷管都将遭到破坏，因此不能做普遍检测。另外，一发电雷管或电引火头的电学特性参数的确切数值实际上是不能测量的。因为这些参数是以起爆条件的电流值来表示的，如果试验中通以一定的电流时一发试验样品发火，则无法确定电学特性参数。反之，如果通以一定的电流时试验样品不发火，由于经过一次试验后试验样品性能已经发生了变化，那么也无法再继续用它做试验，通过一次测定所得到的结果，只是在某一条件下，试样发火或不发火的两种结果，而不能得到具体临界发火条件的确切数值，因此只能根据测试结果，通过数学统计的方法对电雷管或电引火头的电学特性参数做出估计和判断，当然测试的样本量越大，估计值就越可靠。借助统计学原理，利用较少的试验可以获得准确的估计。

3. 注意事项

(1) 电雷管或电引火头应选用同一批，大小一致且不得受潮，经电阻检验合格后，才能进行其他参数测试。

(2) 准备测试用的电雷管或电引火头，必须存放在安全的地方，不得接近电源、火源和热源。

(3) 测试时应先调整好电流和时间，再连接脚线，复位起爆。电引火头也应放在安全地点，以免火星伤及眼睛或烧坏衣裤、鞋袜。如果直接用电雷管测量参数，试样应放在防爆消音器内。

(4) 测试中没有发火的电引火头应及时抽出来，以便集中销毁处理。

(5) 测试结束后，应关闭仪器设备，及时切断电源。

4.2　工业电雷管延期时间测定

工业电雷管的延期时间是一个重要的参数，电雷管的延期时间包括引火头爆燃、延期药燃烧、起爆药爆炸、猛炸药爆轰的时间；非电导爆雷管的延期时间包括导爆管传爆、延期药燃烧、起爆药爆炸、猛炸药爆轰的时间。所以工业电雷管延期时间是一个集总参数，它是决定产品特性和功能的重要指标之一。

雷管受到外界能量激发后，产生爆燃并逐步达到爆轰，爆轰成长过程需要一定的时间，时间的长短取决于工业电雷管内部各层装药的种类、密度、药量及外壳等，将雷管从输入端受到给定的外部能量激发到完全爆炸所用的时间定义为延期时间。目前国内常用的工业电雷管按作用时间分为瞬发雷管、毫秒延期雷管和秒延期雷管，时间范围为毫秒级至秒级。在这个时间范围内的测试系统必须具备较高的响应和测时精度。秒延期导爆管雷管延期时间如表4-4所示。非电毫秒雷管段别及延期时间如表4-5所示。

表4-4　秒延期导爆管雷管延期时间

段别	毫秒导爆管雷管延期时间/ms	半秒导爆管雷管延期时间/s		秒导爆管雷管延期时间/s	
		第一系列	第二系列	第一系列	第二系列
1	0	0	0	0	0
2	25	0.5	0.5	2.5	1
3	50	1	1	4	2

续表

段别	毫秒导爆管雷管延期时间/ms	半秒导爆管雷管延期时间/s		秒导爆管雷管延期时间/s	
		第一系列	第二系列	第一系列	第二系列
4	75	1.5	1.5	6	3
5	110	2	2	8	4
6	150	2.5	2.5	10	5
7	200	3	3	—	6
8	250	3.6	3.5	—	7
9	310	4.5	4	—	8
10	380	5.5	4.5	—	9

表 4-5 非电毫秒雷管段别及延期时间

段别	标识	延期时间/ms	段别	标识	延期时间/ms
1	MS1	<13	11	MS11	460±40
2	MS2	25±10	12	MS12	555±45
3	MS3	50±10	13	MS13	650±50
4	MS4	75±15	14	MS14	760±55
5	MS5	110±15	15	MS15	880±60
6	MS6	150±20	16	MS16	1020±70
7	MS7	200±20	17	MS17	1200±90
8	MS8	250±25	18	MS18	1400±100
9	MS9	310±30	19	MS19	1700±130
10	MS10	380±35	20	MS20	2000±150

4.2.1 延期时间的测试原理

工业雷管的延期时间是指向雷管输入激发能开始至雷管爆炸所经历的时间。延期时间的测定依据是时间间隔测量原理，即测定起始电压脉冲信号和截止电压脉冲信号之间的时基脉冲数。

4.2.2 延期时间测试仪器与设备

1.测试仪器

测试仪器应具有直流恒流输出电源、计时和电控开关装置、光电和压电信号接收装置。

(1) 输出电源：电流在 0～2 A 范围内连续可调；负载电阻在 1～10 Ω 范围内变动；输出电流的相对误差不超过±5%。

(2) 电流表：量程为 0～2 A，精度为 1.0 级。

(3) 计时器：应能满足产品测时精度要求。

2. 爆炸装置

(1) 压电传感器安装在爆炸箱外侧。

(2) 试验雷管到传感器的距离不大于 0.5 m。

3. 传感器

(1) 光电传感器：光电管的响应时间不大于 10^{-7} s。

(2) 压电传感器：压电晶体或压电陶瓷元件。

4. 样品雷管

(1) 工业电雷管：性能应符合 GB 8031—2015 的规定。

(2) 导爆管雷管：性能应符合相关标准的规定。

4.2.3　延期时间测试方法及步骤

1. 样品准备

外观及电阻检查合格的样品方可投入试验。样品大小按 GB 8031 等标准规定抽取。

2. 调试仪器和检查爆炸装置

先接通仪器电源，进行预热、调试，然后对装置进行检查。

(1) 电雷管测时：可用一个与雷管等效的电阻接到仪器上的电流输出端，将电流调到适当大小，接通通电开关，数码管计数开始。然后可用锤击方法使爆炸箱产生一次振动，数码管停止计数。装置正常。

(2) 导爆管雷管测时：起爆一段导爆管，数码管计数开始。然后可用锤击方法使爆炸箱产生一次振动，数码管停止计数。装置正常。

3. 时间测定

依据待测雷管的延期时间及测时精度规定，选择时基开关，并接通，再将雷管放入爆炸箱内。

(1) 电雷管：将脚线分别接到仪器上的电流输出端，然后将电流调到规定大小，按下复位按钮，接通起爆开关，起爆雷管。待雷管爆炸后，记录数码管显示的时间数值。

(2) 导爆管雷管：将导爆管拉直后固定在光电传感器插座上，光电管与起爆端距离不大于 1.0 m，然后按下复位按钮，用电火花激发器（或其他激发装置）激发导爆管。待雷管爆炸后，记录数码管显示的时间数值。

4. 结果处理

(1) 计算均值与标准差。

$$\overline{X} = \frac{1}{n}\sum_{i=1}^{n} X_i \tag{4-17}$$

$$S = \sqrt{\frac{1}{n-1}\sum_{i=1}^{n} (X_i - \overline{X})^2} \tag{4-18}$$

式中：$\overline{X}$ 为样品延期时间均值，ms 或 s；X_i 为第 i 发样品的延期时间，ms 或 s；n 为被测雷管样品数量,发;S 为样品延期时间标准差。

计算结果的有效数字位数选取按照相应的产品标准规定执行。

(2) 异常值的处理。

异常值允许剔除,不参加平均值和标准差的计算。异常值的判定可按有关标准的规定进行。

延期时间出现异常值,通过光电法确定是测试系统技术故障时,应视为缺陷,按有关标准的规定补足样品大小,试验后确定。

如果能确认异常值是由测量系统技术故障造成的,则不作为不合格品,应补足延期时间测定样本大小,并重新判定。

4.2.4 延期时间测定

采用 IT-3 型雷管电参数测量仪,可以测量工业电雷管的全电阻,以及工业电雷管、电引火头、传导、桥丝熔断和非电导爆延期雷管的延期时间。采用中规模 CMOS 集成电路仪器和数字脉冲技术。采用电子开关控制输出电流,输出电流具有恒流性能。测试结果由数码管显示。所用方法测量精度较高,操作也较为便捷。

1. 仪器检验

(1) 开机及检验。

接通电源,打开电源开关,数码管、符号管应发亮,且数码管显示“0000”,将电流转换开关置于“1 A”位置,电流调节旋钮按逆时针旋转到底,将〈工作-检验〉开关拨到〈检验〉位置,此时方可按以下步骤检验仪器的功能是否正常。

(2) 时基的检验。

将〈声控-电控〉开关拨到〈声控〉位置,按下〈时基选择〉开关的“0.01 ms”键,按下〈起爆〉按钮,计数器应处于计数状态,且最高位按 0.1 s 的速度计数,说明 0.01 ms 时基正常,按下〈清零〉按钮,计数器停止计数并复零,再按下“0.1 ms”键,最高位应按 1 s 的速度计数。依此类推,检验 1 ms 时基和 0.01 ms 时基。

(3) 声停信字的检验。

用声控探头连接到后面板的〈声停〉插座上,按下〈起爆〉按钮,轻轻敲击声控探头(压电传感器),计数器应停止计数并显示出计数值。

(4) 时间设定的检验。

将〈电控-声控〉开关拨到〈电控〉位置,按下〈时基选择〉开关的“0.01 ms”键,〈时间设定〉除全零外可设定一任意值,按下〈起爆〉按钮,数码管停止计数后的显示值应和设定值一致,改变〈时间设定〉值,反复操作几次,其显示值应与设定值相同。

以上四种检验中,在按下〈起爆〉按钮后,电流表应有显示并且〈有电〉指示灯应发光,该指示灯指示输出端状态。特别注意,它发光,说明输出端有电流输出。它发光时不能接雷管,以免发生事故。而〈接通〉指示灯则指示输出端的负载(电雷管)是否接通,负载接通则发光,不通则熄灭。

(5) 测电阻的功能检验。

〈工作-检验〉开关在〈检验〉位置时,按下〈电阻-电流〉按钮,数字表应显示 10 Ω(内负载电阻为10 Ω)，不按此按钮则仪器处于测电流状态。

(6) 光启动功能的检验。

用光探头连接到后面板的〈光启〉插座上，将导爆管插入光探头(光电传感器)内，激发导爆管，计数器进入计数状态。

(7) 电流调节。

仪器输出电流大小由面板上的电流调节旋钮进行调节，调节时〈工作-检验〉开关置〈检验〉位置，按下〈时基选择〉开关的"0.01 s"键，时间设定置"01000"，按动〈起爆〉按钮，电流表应有显示，且〈有电〉指示灯应发光，电流粗调开关在"1 A"时，细调的最小值应小于40 mA，最大值应大于1 A。电流粗调开关在"2 A"时，细调的最小值应小于1 A，最大值应大于2 A。调节电流时，时间设定值不得超过15 s，否则机内元件发热，时间过长甚至会使元件烧毁。

2. 延期时间测定

(1) 电雷管全电阻测定。

测定时按下〈电阻-电流〉转换按钮，此时数字表显示的数字是雷管全电阻(实际测量时应减去脚线电阻)。

(2) 电雷管的延期时间测定。

从通电开始到雷管爆炸为止所经过的时间称为电雷管延期时间，延期时间(又称秒量)是随引爆电流变化的量。

测量延期时间时，〈时间设定〉开关拨到"01000"位置，按下〈时基选择〉开关的"0.01 ms"键，〈控制转换〉开关拨至〈声控〉位置，接上声控探头，电流调整至规定值1.2 A。

(3) 电雷管引火头的延期时间测定。

从通电开始到引火头(或延期元件)点燃所经过的时间称为电雷管引火头(或延期元件)的延期时间，其也是随电流变化的量，因此也要在指定电流下进行测量。测量设置同前述电雷管延期时间的测量设置，不同的是接上微音探头，引火头引线接入输出端后，引火头放在微音探头的口上。

(4) 非电雷管的延期时间测定。

从点燃导爆管到雷管爆炸为止所经过的时间称为非电雷管的延期时间。测量时〈时间设定〉开关拨至"01000"位置，按下〈时基选择〉开关的"0.01 ms"键，〈转换控制〉开关置于〈声控〉位置，接上光探头和声控探头，将导爆管穿过光探头，然后击发导爆管，所测得的时间为非电导爆管的延期时间。

(5) 桥丝分断时间的测定。

测试时选择〈时基选择〉开关的"0.01 ms"键，〈控制转换〉开关拨至〈电控〉位置，初始时间及时间级差应根据电雷管的特性而定。

4.2.5　传导时间测定

从点燃到电雷管爆炸为止所经过的时间称为传导时间或发火时间，表示符号为t_B。引燃药发火之后，桥丝是否通电不再对电雷管有影响。这时引燃药的燃烧情况完全由其性质和物理状态来决定。把从引燃药着火到引燃药火焰喷出并到达雷管起爆药表面的这段时间称为“传导时间”,用 t_C 表示。实际上可以认为,传导时间就是从引燃药开始着火到雷管爆炸这段时间,因为雷管爆炸的时间是极短的,可以忽略不计。

正是有了传导时间,才使得实际感度不一致的电引火头,有可能用超过某一定值的电流串联起爆,也就是说,串联电雷管的线路要经过一段传导时间才能被炸断。这段时间大于串联线路中最钝感的雷管的发火时间,即感度最小的雷管不会因其他雷管爆炸切断线路而拒爆。

另外,还有作用时间的概念,其是指从通电开始到电雷管爆炸的时间,用 τ 表示。显然 $\tau=t_B+t_C$,对于延期电雷管的作用时间,还要加上延期装置燃烧延迟所消耗的时间。

传导时间由引火头引燃后的燃烧速度决定,而燃烧速度取决于引燃药的反应温度、压力、成分、密度及其混合均匀性。

因为传导时间无法直接测量,而在大电流(10 A 左右)时,点燃时间 $T\approx0$,所以一般将大电流(10 A 左右)时测得的延期时间当作传导时间。

对于测试中达到规定延期时间却没有爆炸的雷管,应先切断起爆电源,停留一定时间(15 min)后,方可从爆炸箱内取出雷管。

如果测试仪器发生故障,应先断开雷管脚线与仪器电流输出端的接线,再排除故障。所用的电流接线座和传感器接线座必须牢靠、接触良好。

4.3 雷管药柱密度试验

雷管的装药是决定雷管爆炸性能的主要部分。目前工业雷管都是复合雷管,装药均为猛炸药(传爆药)和起爆药。猛炸药决定雷管对炸药的起爆力,也就是为被起爆的炸药提供足够的起爆能量和作用时间;起爆药则对雷管的感度、爆轰的成长以及传递给猛炸药的过程起主要作用。

雷管的内部作用过程实际上是一系列能量传递的过程。例如火雷管,导火索的火焰热能传递给起爆药,起爆药受此能量激发而爆燃,并迅速转为爆轰,并把爆炸能传递给猛炸药,使猛炸药完全爆轰,释放出更大的爆炸能。

由此可见,雷管的爆炸能量取决于装药的种类、性质和药量。

从压药程度方面考虑,装药密度变化直接影响雷管的起爆能力。当装药密度大时,起爆能力强,但对爆轰的敏感度降低。因此,压装猛炸药时,上层的炸药压力小些,下层的炸药压力大些。这样,上面的炸药敏感度高且易于爆轰,引起下层压力大的炸药爆轰,起爆能力强。基于上述原理,雷管中的猛炸药一般都采用两遍压装药,一遍装药(管壳底部)应在最大可能的压力下装填,所以密度较大,一般为 1.55~1.65 g/cm^3;二遍装药既保持对起爆药的爆炸冲能敏感,又保证在最大威力的压力下装药,密度较小,一般为 1.3~1.4 g/cm^3。

但某些猛炸药会出现“压死”的现象,即在一定的压药程度下,炸药未能完全爆轰而失去爆炸的能力。

4.3.1 方法和原理

采用两遍不同密度压装猛炸药的雷管做铅板穿孔爆炸试验,以穿孔直径大小考察雷管在不同密度条件下的起爆能力。

4.3.2 试验条件

猛炸药柱的一遍、二遍装药的压药密度分为以下4种条件，如表4-6所示。

表4-6　一遍、二遍装药的压药密度测试

序号	一遍装药密度/(g/cm^3)	二遍装药密度/(g/cm^3)
1	1.55～1.65	1.30～1.40
2	1.30～1.40	1.55～1.65
3	1.30～1.40	1.30～1.40
4	1.55～1.65	1.55～1.65

按上述4种条件的两遍猛炸药装配成8号瞬发电雷管，通过铅板穿孔试验比较不同一遍、二遍装药压药密度电雷管的轴向爆炸能力。

4.3.3 仪器设备与材料

4.3.3.1 仪器设备与工具

仪器设备与工具包括：QJ-41型电雷管测试仪、起爆器、放炮线；杠杆压力机、雷管卡口机；感量为1‰ g的天平；分度值为0.02 mm的游标卡尺或药高检查木棒；称药铜盘、装药铜勺、装药漏斗；刮起爆药用橡胶板、插药板条、盛药胶盒、压药模具。

4.3.3.2 炸药及材料

1. 炸药

(1) 一遍装药：纯黑索今与氯化钠质量比为85%∶15%，外加5%石蜡造粒的钝化黑索今。

(2) 二遍装药：纯黑索今外加5%桃胶水溶液造粒。

(3) 假比重为(0.6～0.7) g/cm^3 的二硝基重氮酚。

2. 材料

(1) 纸管壳、覆铜管壳或铁管壳。

(2) 焊好桥丝的瞬发塑料塞脚线。

(3) 铅板(ϕ30 mm×5 mm)。

4.3.4 试验步骤

(1) 装药量：称量一遍药量0.35 g、二遍药量0.35 g。

(2) 根据管壳内径、装药量及密度，计算一遍、二遍装药的压药高度。

$$\rho = \frac{G}{V}$$

$$V = \pi r^2 h - \frac{1}{3}\pi r^2 h' = \pi r^2 (h - \frac{1}{3}h')$$

$$h_1 = \frac{G}{\rho\pi r^2} + \frac{1}{3}h'$$

$$h_2 = \frac{G}{\rho\pi r^2}$$

式中：h_1、h_2 分别为一遍、二遍装药的压药高度，cm；h' 为底部窝心高度，cm；G 为装药量，g；r 为管壳内径，cm；ρ 为压药密度，g/cm^3。

(3) 一遍压装药：用感量为 1‰ g 的天平或装药铜勺称取或量取一遍药，用装药漏斗将一遍药装入纸管壳或金属管壳内，该纸管壳或金属管壳事先插入压药模具内。根据 4 种不同压药密度要求计算得出压药高度，换算压力并调好杠杆压力的重砣，再将压药模具放在杠杆压力机上进行加压。退模后用游标卡尺或药高检查木棒测量压药高度(药高)，并记录。

(4) 二遍压装药：用上述同样方法装药和压药，测量药高并记录。

(5) 每组 4 种密度各压装 2 发。

(6) 将压装好的 4 种密度药柱管，装起爆药 0.3～0.4 g(根据起爆药的假比重大小确定装药量)，将事先经导通合格的瞬发雷管桥丝插入管壳内(直插式)，外套铁箍用卡口机卡紧，再用 QJ-41 型电雷管测试仪检验，经电阻检查合格后的雷管才允许进行铅板穿孔爆炸试验。

(7) 仔细观察 4 种雷管爆炸结果，并用游标卡尺测量出铅板穿孔直径的数值，做好记录。

4.3.5 数据处理

(1) 将 8 号电雷管装配数据结果填入表 4-7；将不同药柱密度爆炸数据结果填入表 4-8。

表 4-7　雷管装配参数表

管壳参数/mm		装药参数/mm	
管壳长度		一遍药高	
管壳内径		二遍药高	
管壳外径		起爆药高	
塑料塞高		装药总高	

表 4-8　不同药柱密度爆炸数据结果

序号	一遍药			二遍药			爆炸穿孔平均直径/mm
	压力/(kg/cm^2)	药高/mm	密度/(g/cm^3)	压力/(kg/cm^2)	药高/mm	密度/(g/cm^3)	
1							
2							
3							
4							

续表

序号	一遍药			二遍药			爆炸穿孔平均直径/mm
	压力/(kg/cm^2)	药高/mm	密度/(g/cm^3)	压力/(kg/cm^2)	药高/mm	密度/(g/cm^3)	
5							
6							
7							
8							

(2) 详细记录试验技术条件和试验结果以及出现的问题和现象。

(3) 对铅板穿孔直径小于雷管外径的数据，应从两遍压装药密度改变的角度进行分析，得出正确结论。

4.3.6 注意事项

(1) 压一遍药之前，必须先检查压药模具内孔和底座，不得有锈蚀，应先用丙酮清洗并擦拭干净后再使用。

(2) 采用纸管壳装压一遍药时，压药模具底座一定要与模具对齐，装好药以后管体不能摇动或提拔，以防止炸药漏在底座上。

(3) 送拔冲子时要缓慢，以免炸药受到冲击或强烈摩擦作用。

(4) 退模时要缓慢，以避免强烈摩擦。

(5) 压装药操作必须在防护罩内进行。

(6) 装药过程中注意不要把药粉洒在操作台上，尤其是起爆药，如果不慎将药粉洒出，应立即用湿布擦净，并在指定容器内洗净擦布，以便集中处理，不应直接在水池内冲洗。

(7) 装好药的雷管在卡口时，操作人员头部必须在防护罩外面，两腿分开，不能伸在卡口机下面。

(8) 注意药粉不能洒在卡口机上，管口都应与卡头顶面保持平齐后再进行卡口操作。

(9) 起爆器的起爆钥匙应由放炮人员随身携带，将雷管底部与铅板垂直放平稳后再连接放炮线，设置警戒后再连接起爆器起爆。

(10) 放炮后应清查现场，半爆或未爆的雷管、残药要收集到专门容器内，按有关规定集中销毁。

4.4 电雷管桥丝无损检测

电雷管桥丝是一种用于引爆炸药的关键部件，因此其质量和完整性至关重要。电雷管应用于矿山、建筑和军事等领域，如果桥丝存在缺陷或损坏，可能会导致意外爆炸事故，危及人员生命和财产安全。通过无损检测，可以及时发现潜在问题，确保电雷管的安全性。同时，进行电雷管桥丝无损检测可以避免不必要的损失。如果能够在生产过程中识别出有缺陷的电雷管桥丝，就可以减少废品，从而节省资源和成本。

电热响应是检验电雷管质量和性能的一种重要无损检测技术，它是一种瞬态脉冲试验，适用于测量桥丝式电雷管的桥丝、药剂及它们界面的状态和电参数，并对产品做出确定性的评价。电热响应适用于电雷管设计和生产的各个方面。

(1) 设计和评价新型电雷管的工具。对于改进焊接形式和焊接工艺的新型电雷管，或对改进低温点火性能等其他措施的电雷管，都可通过与原产品比较热响应曲线来进行定量估计，而无须进行大量的点火试验，从而降低成本。

(2) 完善常规电雷管的长期储存试验。电雷管在长期存储后性能会发生一定的变化，而桥丝的电热性能在一定程度上反映这种物理化学变化。

(3) 环境试验后的分析检验。电雷管桥丝的电热响应曲线可作为环境试验的指标之一，在进行完一种环境试验后，如果电雷管电热响应曲线无显著变化，则可进行下一种环境试验；对受环境试验影响的试验样品，可及时剔除。

(4) 进行质量检测。在产品组装前以及组装全过程中的各个工序对电雷管桥丝进行电热响应检测，可随时除去或重新加工有疵病的电雷管，从而节省继续加工的费用，生产出均匀的高质量的电雷管。

4.4.1 桥丝无损检测原理

采用镍、铬等正温度系数材料制作桥丝的电雷管，当对桥丝通电时，由于电热效应，其温度会升高，从而使电阻值增大：

$$R = R_0 \times (1 + \alpha\theta) \tag{4-19}$$

式中：R 为桥丝升温后的电阻，Ω；R_0 为桥丝初始电阻，Ω；α 为桥丝电阻温度系数，$℃^{-1}$；θ 为桥丝的温度升高量，℃；

在进行桥丝的无损检测时，对电雷管输入一个绝对安全的电流，使桥丝在电热效应下升温，加热与桥丝接触的炸药或烟火药，要求桥丝达到的温度远小于药剂的点火温度，一般对于桥丝温度变化的控制，从输入电流开始，温度变化不得大于 75 ℃，否则电雷管药剂与桥丝之间会产生永久性的变化，影响电雷管的性能。

对桥丝输入一个恒流脉冲信号，电雷管脚线上就产生一个电压信号 $\Delta U = \Delta RI$，连续测取这个信号，可获得样品的电压-时间曲线，以此为基础可计算出样品的电阻变化，根据下式：

$$\Delta T = \frac{R - R_0}{\alpha R_0} = \frac{\Delta U}{\alpha I R_0} \tag{4-20}$$

转换成温度变化与时间的关系，可以得到桥丝和药剂界面处潜在的电热特性。当通入的电流一定时，桥丝的温度变化与桥丝和药剂之间的接触状态、药剂的物理性能、药剂的压药压力、桥丝的焊接质量等因素均具有相关性。

4.4.2 桥丝无损检测仪器与设备

桥丝无损检测仪器主要包括硬件与软件两部分，硬件为瞬态脉冲试验仪，主要用于对桥丝输入符合要求的电流；软件为瞬态脉冲试验系统，主要用于对温度变化的结果进行分析与处理。

瞬态脉冲试验仪主要由惠斯通电桥组成，其工作原理如图 4-1 所示。电流脉冲发生器有很多种类，包括单矩形脉冲发生器、半正弦电流脉冲发生器、重复电流脉冲发生器、重复半正弦脉冲发生器、全正弦脉冲发生器等。重复电流脉冲发生器虽然也可以达到使桥丝、药剂界面环境温度升高的目的，但是它容易引起零点漂移。图 4-1 中的电流脉冲发生器是升温效果较好的单矩形脉冲发生器。调平电流发生器用于在试验前对电桥调平衡，使电桥在输出端的输入为零，调平衡后，即通过开关 K 切断与电桥的连接，使试验电流发生器的桥路接通。脉冲的幅值不能高于产品的不发火电平，幅值过大会引起产品内部性能变化而无法继续使用，幅值过小，对产品内部疵病的响应信号很弱，不易被发现，特别是对于常用的电阻温度系数较小的镍铬合金桥丝来说，这一点尤为重要。应该根据产品的不发火电平和加电时间选择适当的脉冲幅值和脉冲时间宽度。选择脉冲时间宽度时，既要保证能完整地反映产品的电热响应曲线，又要使信号在达到稳定值后不再长时间地加热产品。一般升温曲线的变化主要发生在开始的 5 ms 范围内，因此脉冲时间宽度选择 10 ms 比较合适。

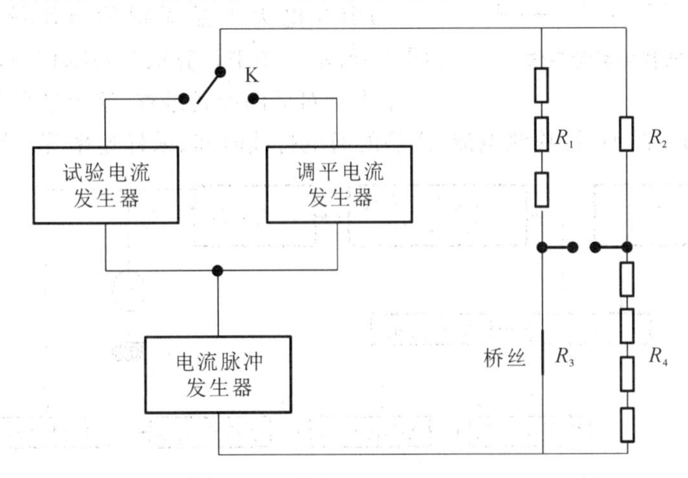

图 4-1　瞬态脉冲试验仪工作原理

惠斯通电桥的臂 1 上有三种不同的电阻，它们的电阻值分别是 1 Ω、9 Ω 和 10 Ω，产品接在臂 3 上，平衡臂 4 上有 1 kΩ、500 Ω 两个固定电阻和 1 kΩ、100 Ω 两个可变电阻，通过调节可变电阻，可以测量电阻值为 0.1～5 Ω 的产品，更换电阻还可以扩大电阻值的测量范围。

这种电桥结构的优点如下。

(1) 线路中没有电抗元件，电桥平衡只考虑电阻因素，即平衡时只考虑 $R_1R_4=R_2R_3$。

(2) 保证了输出信号零点的稳定性。从电路中可以看出，$I=500I_2$，当桥丝通过 100 mA 电流时，并联臂上的电流只要 0.2 mA，因此并联电阻不会因变热而引起零点漂移。

(3) 确保产品桥丝输入电流的稳定性。当输入 100 mA 电流，桥丝因加热而引起电阻变化 1 Ω 时，桥丝电流变化小于 0.01 mA。

瞬态脉冲试验系统是一种用计算机进行产品温升曲线定量分析和处理的系统。根据集总参数方程计算电热参数：

$$C_P \frac{d\theta}{dt} + r\theta = P(t) = I^2 R_0 (1 + \alpha\theta) \tag{4-21}$$

式中：θ 为桥丝及周围介质的温度变化，℃；C_P 为桥丝和界面处药剂的集总热容；r 为界面处集总热损失系数；$P(t)$ 为输入功率，W；I 为刺激电流，A；R_0 为桥丝初始电阻，Ω；α 为桥丝电阻温度系数。

式(4-21)假设输入脉冲产生的曲线是指数曲线，输入电脉冲后，产品内部不产生永久性变化，因此不考虑产品的化学变化。在实际测试中，电雷管的响应曲线通常稍偏离指数曲线，但由于试验的目的是对产品进行比较，而不是获得绝对的电热值，因此使用集总参数方程是可行的。

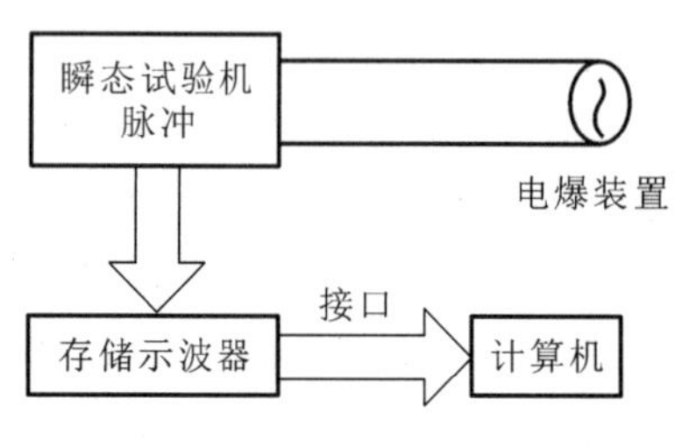

图 4-2 瞬态脉冲试验系统

瞬态脉冲试验系统如图 4-2 所示，它主要包括瞬态脉冲试验仪、存储示波器和计算机。测试的数据送到存储示波器后，屏幕上显示电压(或桥丝电阻)随加热时间变化的曲线，同时也可把数据经接口送入计算机内，由预先编好的程序算出电热参数。

DR-3 电火工品无损检测系统的基本原理如图 4-3所示。图中计算机是控制核心，测试前，仪器有一个人机对话的准备过程，这个过程主要装入与测试有关的参数，诸如产品型号、检测电流、产品的通电持续时间、采样速率等。测试时首先由计算机发出指令，通过接口送到恒流幅度、宽度控制电路，再经过恒流电路，形成一个测试要求与预先设定值完全一样的瞬态脉冲加于电雷管上，由接在雷管上的模拟电桥分离出雷管电热响应信号，经放大后送入 A/D 转换器，A/D 转换器再将放大后的电热响应信号变成数字量并按顺序依次存入数据缓存器的各个单元中。随后计算机发出读数指令，通过接口从数据缓存器中读出各个单元中的电热响应信号数据，并进行必要的数据处理。

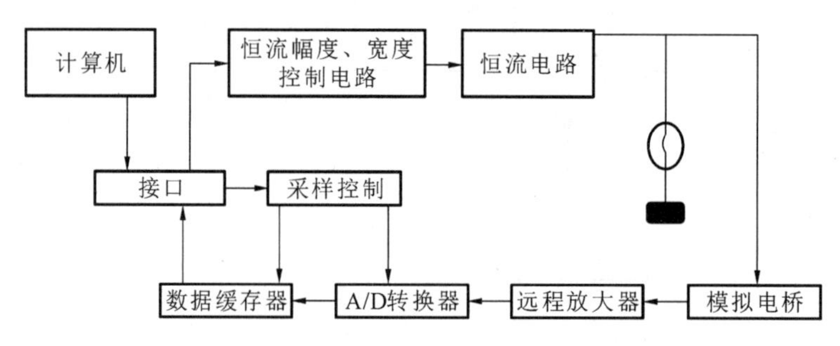

图 4-3 DR-3 电火工品无损检测系统的基本原理

4.4.3 桥丝无损检测的测试方法及步骤

电雷管桥丝无损检测的测试步骤如下。

(1) 根据所测电雷管(或电桥丝、电引火头)的电阻值确定惠斯通电桥各臂电阻值。

(2) 把开关 K 拨到调平电流发生器一端，接好样品，用小电流使电桥平衡，此时电桥电流输出为零。通过存储示波器可以观察平衡状态。

(3) 把开关 K 拨至试验电流发生器一端，使桥丝上获得一个规定幅度的恒流脉冲信号。

(4) 存储并记录电热响应曲线,通过计算机计算桥丝及周围介质的温升、桥丝界面的热损失等参数,进而与计算机内设置的标准数值和误差进行比较,判定产品是否符合要求。由式(4-20)推导的部分公式有:

$$\theta = \frac{\Delta U_{\mathrm{m}}}{IR_0 \alpha} \tag{4-22}$$

$$r = \frac{\alpha R_0 I^3}{\Delta U_{\mathrm{m}}} \tag{4-23}$$

$$C_{\mathrm{P}} = \frac{\alpha R_0^2 I^3}{s} \tag{4-24}$$

$$\tau = \frac{0.5\Delta U_{\mathrm{m}}}{0.69} \tag{4-25}$$

式中:ΔU_{m} 为检测最大误差电压;s 为加热曲线初始斜率;τ 为加热时间常数。

也可采用示波器覆盖法进行试验,步骤如下:

(1) 取 20～40 发高质量电雷管(或电桥丝、电引火头),对每个产品做电热响应试验,测出温升曲线;

(2) 取同一时间每条温升曲线的数值,共取 25～50 组,计算各组均值和标准偏差;

(3) 根据各组均值 $\pm 3\delta$,绘制温升曲线的合格区间;

(4) 把合格区间上下限曲线绘制在透明胶片上,附在示波器荧光屏上,注意与屏幕刻度一一对应;

(5) 进行产品试验,落在 $\pm 3\delta$ 曲线内的波形为合格。

DR-3 电火工品无损检测系统自带测试分析软件,适用于 Windows 98 及以上操作系统。进入测试主界面后,主界面有 6 个菜单,分别是“参数设置”“测试”“显示曲线”“数据管理”“打印曲线”和“退出”。

4.4.4 注意事项

在进行电雷管桥丝无损检测时有一些需要格外注意的问题。

(1) 检测电流是检测电雷管时所需的恒定电流,检测电流的可设置范围为 10～1800 mA。仪器用于无损检测时,检测电流设置范围建议为 10～1200 mA。仪器用于研究电雷管发火过程时,检测电流最大可设置到 1800 mA。

(2) 电阻温度系数:不同桥丝式电雷管所用桥丝材料可能不同,而不同材料的电阻温度系数也是不同的,如常用的 6J20 型镍铬丝的电阻温度系数为 0.00015 ℃$^{-1}$,6J10 型镍铬丝的电阻温度系数为 0.00035 ℃$^{-1}$。

(3) 通电时间:检测系统输出的恒定电流脉冲持续的时间,单位为 ms。通电时间的设定值与检测时钟和内存有关,一般设定时略大于“检测时钟×内存”。例如:“检测时钟”设为 20 μs,“内存”设为“8K”,20 μs×8192/1000=163.84 ms,“通电时间”可设为 170 ms。通电时的设定还要满足以下要求:仪器用于无损检测时,检测电流设置范围为 10～1200 mA,通电时间不大于 220 ms;仪器用于研究电雷管发火过程时,检测电流最大可设置到 1800 mA,通电时间不大于 80 ms。

(4) 环境温度:环境温度对温升有一定影响,在计算时可以根据环境温度对测试结果的影响规律修正温升对结果的影响。

(5) 使用电雷管做无损检测时,为了保证检测安全,雷管必须放入爆炸箱内。

4.4.5 电热响应曲线分析

图 4-4 所示为几种典型的电热响应曲线。正常产品的电热响应曲线与指数曲线接近,从零点开始稳定上升,具有连续变化的一阶导数,并趋近于某一固定值,如图 4-4(a)所示。非正常产品的电热响应有热感应非线性响应和非欧姆非线性响应两种。图 4-4(b)中的响应信号连续变化,但上下摆动,只有当桥丝升温足够时,这种非线性才能显示出来。这种现象一般是由桥丝和药剂接触不紧密、热传递不稳定所致。图 4-4(c)中的响应信号变化很不稳定,总在瞬间突然发生变化,这种非欧姆非线性响应信号产生在曲线的开始阶段,通常由桥丝焊接疵病引起。

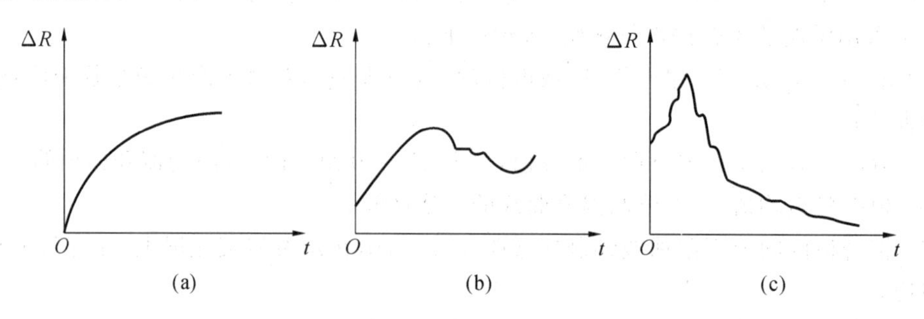

图 4-4 几种典型的电热响应曲线

为了给生产提供检验的依据,可采用两种方法:一种方法是人为制造各种疵病,然后做瞬态脉冲试验;另一种方法是在测试中发现反常情况时,解剖产品以确定疵病类型。

通常见到的产品疵病有下列几种:

(1) 错装和漏装药剂造成的介质导热率不同;

(2) 压药压力过大,响应信号幅值小,压药压力小,响应信号幅值大及出现波动;

(3) 桥丝焊接疵病造成非欧姆非线性失真;

(4) 桥丝损伤造成桥丝电阻不均匀;

(5) 溶剂清洗不干净,使曲线上升到峰值又降下来。

4.5 电雷管静电感度测定

静电放电特别是人体静电对电雷管的放电,是造成电雷管偶然引爆事故的重要因素,国内外关于静电引爆雷管的偶然事故时有报道。这些事故给生产和人身安全造成重大损失。通过对这些事故的研究分析,我们可以进一步认识到静电问题的严重性。

4.5.1 电雷管静电感度测试方法

静电放电引起的偶然事故促进了抗静电雷管的研究及静电感度测定方法的建立。1962

年10月，美国国防部颁布的事准IL-STD322"引信用电爆元件发展的基础测定试验"中首次列入了静电感度试验项目，此后经过大量系统的试验研究，1972年美国的军事标准MIL-STD-23659C和MIL-STD-1512对静电感度测定及其相应的测试条件进一步做出了明确的规定，对电火工品测试条件为：储能电容(500±5%) pF、放电电压(25±5) kV、串联电阻(5±5%) kΩ，试样在(21±3) ℃下保存12 h后测定。美国测定静电感度装置示意图如图4-5所示。

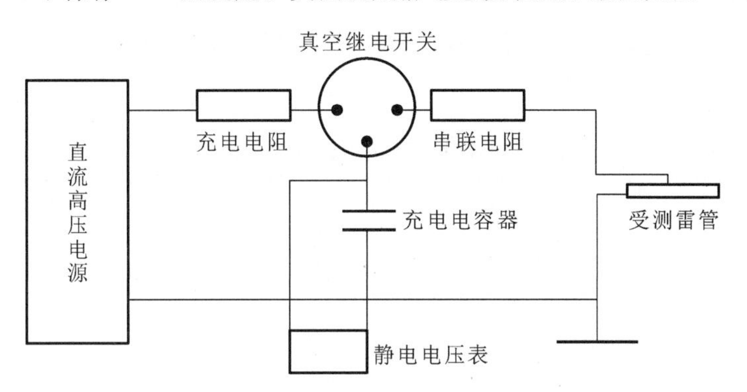

图4-5　美国测定静电感度装置示意图

其后，法国、德国、日本等工业发达国家也相继制定了电雷管静电感度测定方法和标准。法国测定静电感度装置示意图如图4-6所示。

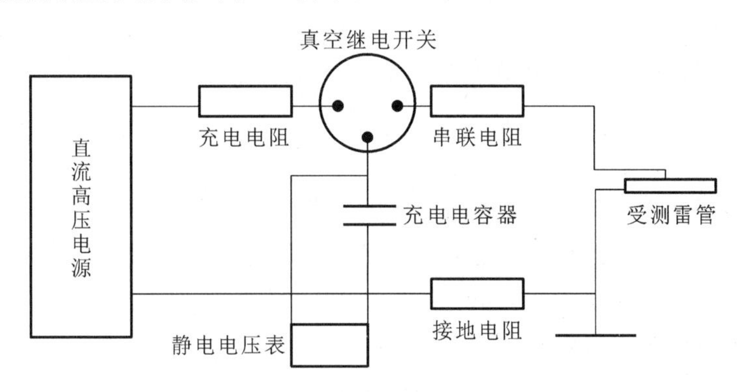

图4-6　法国测定静电感度装置示意图

日本测定静电感度装置示意图如图4-7所示。

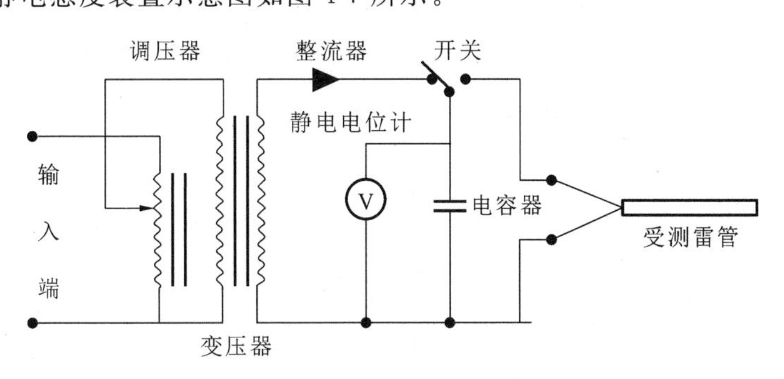

图4-7　日本测定静电感度装置示意图

4.5.2 静电感度测试影响因素

大量的试验表明，影响电雷管静电感度测试结果的主要因素有电源输出极性、串联电阻、充电电容、泄漏等。

1. 电源输出极性

电源输出极性对电雷管静电感度有明显影响。某研究所对该因素的测试结果如表 4-9 所示。

表 4-9　不同电源输出极性的测试结果

雷管名称	雷管脚线接正极性		雷管脚线接负极性	
	50%发火电压/kV	标准差	50%发火电压/kV	标准差
3#-202 电雷管	25 kV 发火概率 0/20	—	4.47	0.40
3#-K-13 电雷管	25 kV 发火概率 3/12	—	7.10	0.52
24-1 电雷管	11.35	0.70	7.14	1.59
LD-1 电雷管	2.69	0.27	1.36	0.12

测试条件：充电电压为 25 kV、充电电容为 518 pF、串联电阻为 4.76 kΩ、脚线长 200～600 mm、高压输出线 2 条(每条长 1200 mm)。

测试结果表明：雷管脚线接电源负极时静电感度较敏感，所以规定脚-壳型测试时，雷管脚线必须接负极。

2. 串联电阻

串联电阻对桥丝式电雷管的静电感度影响显著，这是因为回路中的串联电阻消耗了电容放电的大部分能量，供给桥丝的能量减少了。有研究表明：在电弧放电时(串联电阻为 2 kΩ)，电容从 2000 pF 减小到 226 pF，这与一般电路分压原理分析结果是一致的。串联电阻对电雷管静电感度的影响如表 4-10 所示。

表 4-10　串联电阻对电雷管静电感度的影响

串联电阻/Ω	50%发火电压/V	50%发火能量/mJ
0.1	1129	0.32
200	1129	0.38
并联电阻/Ω	50%发火电压/V	50%发火能量/mJ
1000	1380	0.48
10000	1970	0.97
114000	2206	1.22

3. 充电电容

电容量对发火能量影响很大。试验表明：对于同一试验样品，充电电容不同时，电雷管引爆所需的发火能量也不同，结果见表 4-11。

表 4-11　充电电容的影响

样品	电容量/pF	50%发火电压/kV	50%发火能量/mJ
药头(脚-脚)	516	24.9	160.0
	2143	7.8	83.0
	10000	3.7	68.5
毫秒 1 段(脚-脚)	516	26.5	181.2
	2140	10.5	118.1
	10000	3.5	61.3

测试条件：串联电阻为 0 Ω、脚线长 1000 mm。

4. 泄漏

静电感度测试的放电回路与被测样品之间并联后存在一个泄漏支路，这一支路由电容开关箱输出表面电阻、输出高压线表面电阻和输出端对地电阻的电晕放电等构成。此支路的存在使电容器所释放的能量不能全部作用于被测样品，必然影响电雷管的静电感度。造成泄漏支路的主要因素有环境的温度、湿度、粉尘以及操作人员的汗液等。因此，在试验过程中要求控制环境的温度、湿度，引线及插头必须保持清洁无尘，操作人员要戴手套，以防止汗液黏附而影响绝缘性，从而降低表面电阻。

4.5.3　电雷管静电感度测试步骤

1. 测试原理

静电放电对雷管的引爆作用，可以等效地看成一只充电至一定电压的电容器在雷管的脚线对脚线或脚线对壳体之间的放电。以引爆电雷管所需的 50%发火电压或在固定条件下的发火概率表示该电雷管的静电感度。

2. 仪器设备

静电感度仪一台，其原理如图 4-8 所示；恒温恒湿装置一套。

3. 样品准备

将随机抽取的不少于 120 发雷管样品(两种测定条件，两种输电方式，共四组试验，每组试样不少于 30 发)，在(20±5) ℃的条件下存放 2 h 以上。

雷管脚线剪至(750±50) mm 后，将其两根脚线的端头约 30 mm 的绝缘层剥去并短接。

4. 静电感度仪准备

静电感度仪高压部分用无水乙醇以纱布擦拭并用红外线灯干燥。

两输出导线间距应不小于 100 m。终端开路向电容器充电至 25 kV 时，闭合真空继电开关 1 min 后电压应不低于 10 kV。

向电容器充电至 25 kV 时，经 30 min 后漂移量应不大于 5%。

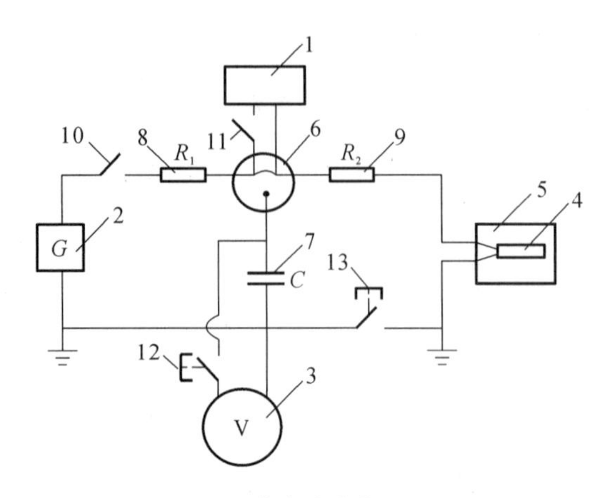

图 4-8　静电感度仪原理图

1—低压电源控制电路；2—直流高压电源；3—静电电压表；4—电雷管；5—爆炸箱；6—真空继电开关；7—储能电容器；8—充电电阻；9—放电电阻；10—直流高压开关；11—电源开关；12—调节按钮；13—引爆按钮

5. 测定条件

(1) 模拟人体静电放电时测定条件如下：

① 充电电压：(25.0±0.5) kV；

② 充电电容：(500±25) pF；

③ 串联电阻：(5000±250) Ω。

(2) 模拟生产设备静电放电时测定条件如下：

① 充电电容：(2000±100) pF；

② 串联电阻：0 Ω。

6. 环境条件

(1) 温度：测定时环境温度为(20±5) ℃。

(2) 湿度：测定时环境相对湿度为(55±10)%。

(3) 操作室内无电磁场和静电干扰。

7. 测试步骤

(1) 取一发雷管，放入爆炸箱内，接入线路的“+”“-”两端，采用脚线-管壳型输电方式，脚线接电源负极。

(2) 模拟人体静电放电的静电感度测定时，按上述测定条件进行放电引爆，记录测定结果。操作时，先接电源开关，再接直流高压开关，然后旋转调节按钮使电压达到规定值时，按引爆按钮进行引爆并记录测定结果。

(3) 模拟生产设备静电放电的静电感度测定时，应按有关标准规定的程序调节电压至某一定值，进行放电试验并记录测定结果。据此结果确定下一发测定电压。

(4) 每发雷管均应连续经受 5 次放电冲击，再确认雷管爆炸或不爆炸。试验完毕后应使线路各部位电压降至零，才能进行下一发雷管的测定。

4.5.4　电雷管抗静电测试结果

采用标准《煤矿用电雷管静电感度测定方法》(MT 379—1995)，煤炭科学研究总院抚顺分院测定煤炭系统火工厂生产的一些工业电雷管结果见表 4-12、表 4-13。

表 4-12　模拟人体静电放电的工业雷管感度(Ⅰ)

产品种类	桥丝材质及直径/mm	产品结构	50%发火电压/kV		50%发火能量/mJ	
			脚-脚	脚-壳	脚-脚	脚-壳
瞬发纸壳	镍铬 ϕ0.35	桥丝直插	8.6	25 kV 不爆	19.2	—
瞬发纸壳	镍铬 ϕ0.04	桥丝直插	13.5	25 kV 不爆	47.2	—
瞬发覆铜壳	镍铬 ϕ0.04	桥丝直插	13.1	25 kV 不爆	44.6	—
瞬发塑料壳	镍铬 ϕ0.04	桥丝直插	14.5	25 kV 不爆	54.2	—
瞬发纸壳	镍铬 ϕ0.04	药头式	25.2	25 kV 不爆	163.0	—
毫秒 2 段覆铜壳	镍铬 ϕ0.04	药头式	15.2	23.0	57.9	132.6
毫秒 3 段覆铜壳	镍铬 ϕ0.04	药头式	20.4	25 kV 不爆	104.2	—
毫秒 4 段覆铜壳	镍铬 ϕ0.04	药头式	24.1	25 kV 不爆	149.8	—
纸壳秒延期	镍铬 ϕ0.04	药头式	20.0	25 kV 不爆	102.7	—
纸壳秒延期	镍铬 ϕ0.04	药头式	19.4	25 kV 不爆	97.3	—

测试条件：表中数据未充电电容为 516 pF、串联电阻为 0 Ω；当测试条件在充电电容为 516 pF、电压为 25 kV、串联电阻为 5 kΩ 时，结果为 0。

表 4-13　模拟人体静电放电的工业雷管感度(Ⅱ)

产品种类	桥丝材质及直径/mm	产品结构	50%发火电压/kV		50%发火能量/mJ	
			脚-脚	脚-壳	脚-脚	脚-壳
煤矿瞬发塑料壳	镍铬 ϕ0.04	桥丝直插	4.5	25 kV 不爆	21.7	—
煤矿瞬发纸壳	镍铬 ϕ0.04	药头式	7.8	25 kV 不爆	64.5	—
煤矿瞬发覆铜	镍铬 ϕ0.04	药头式	10.0	12.7	107.2	172.8
煤矿瞬发塑料	镍铬 ϕ0.04	药头式	11.6	16.3	144.0	285.4
煤矿毫秒 1 段覆铜	镍铬 ϕ0.04	药头式	7.9	10.5	66.9	118.1
煤矿毫秒 3 段覆铜	镍铬 ϕ0.04	药头式	7.4	—	59.0	—
煤矿毫秒 1 段覆铜	镍铬 ϕ0.04	药头式	7.7	—	63.5	—
煤矿毫秒 2 段覆铜	镍铬 ϕ0.04	药头式	5.9	—	37.4	—
煤矿毫秒 1 段覆铜	镍铬 ϕ0.04	药头式	—	10.6	—	120.4
军用瞬发	镍铬 ϕ0.04	药头式	4.0	—	17.2	—

测试条件：充电电容为 2143 pF、串联电阻为 0 Ω。

4.6　数码电子雷管特性参数测试

4.6.1　数码电子雷管延期时间测定

1. 测试原理

数码电子雷管延期时间的测定原理与普通工业电雷管延期时间的测定原理基本一致，通过测定数码电子雷管试验样品的实际延期时间，与预设延期时间对比，计算试验样品的延期误差。数码电子雷管试验样品的实际延期时间可通过测定起爆信号（Ⅰ靶信号）发出时刻与试验样品发生爆炸（Ⅱ靶信号）时刻之间的时间间隔得到。

2. 仪器与设备

测试仪器与设备主要包括：高温箱、低温箱、防爆装置、起爆控制器、时间测定设备等。

表 4-14　仪器与设备及其功能要求

序号	仪器与设备	功能要求
1	高温箱	温度控制精度为±2 ℃
2	低温箱	温度控制精度为±2 ℃
3	防爆装置	保证试验样品之间不发生殉爆，并且不影响试验条件的实施
4	起爆控制器	由制造商提供的、与试验样品配套使用的起爆控制器，用于发出起爆信号，该信号作为Ⅰ靶信号
5	时间测定设备	具备检测和记录起爆信号发出时刻的功能，具备分别检测和记录每一次试验样品起爆时刻的功能，并且设备的测时精度应高于 0.05 ms

在测试过程中，允许采用同时满足上述起爆控制器和时间测定设备要求的设备替代起爆控制器和时间测定设备进行试验。

3. 测试时间点的选择

(1) 对于现场设置型电子雷管试验样品，在制造商规定的延期时间范围内，分别选取 0 ms、150 ms 和最大延期时间为测试时间点。

(2) 对于预设置型电子雷管试验样品，以生产企业预设的延期时间作为测试时间点。

4. 测试步骤

数码电子雷管的延期时间测定试验程序如下。

(1) 将低温箱降至(−20±2) ℃，将高温箱升至(70±2) ℃。

(2) 对每一个测试时间点的三组试验样品按照以下步骤依次进行试验。

① 将该测试时间点的第一组试验样品，在常温下放置至少 2 h；将第二组试验样品放入防爆装置，并将防爆装置放入已达到规定温度的低温箱中保持至少 2 h；将第三组试验样品放入防爆装置，再将防爆装置放入已达到规定温度的高温箱中保持至少 2 h。

② 将时间测定设备连接至防爆装置和起爆控制器，或将专用延期时间测试设备连接至防爆装置。

③ 将试验样品连接到起爆控制器，或将试验样品连接到专用延期时间测试设备。

④ 按规定引爆试验样品：若条件允许，应在高温箱或低温箱中引爆试验样品。若条件不允许，应对试验样品采取必要的保温措施，将试验样品从高温箱或低温箱取出后迅速引爆。

⑤ 观察，并记录每一发试验样品的实际延期时间。

⑥ 循环进行步骤③～步骤⑤，直至对该测试时间点的所有试验样品完成试验。

4.6.2　数码电子雷管脚线耐磨性能试验

1. 测试原理

给被测脚线施加一定的作用载荷，并使其在磨损面上以一定的速度运动，模拟被测脚线受到磨损作用力，以测定脚线绝缘层被磨穿时所经历的时间。

2. 仪器与设备

1）磨损测试仪

磨损测试仪如图4-9所示，其主要由以下几个部分组成。

(1) 转子：由钢或黄铜制成。转子周长为(453±2) mm，转子上用粘胶或双面胶带固定有三根砂带。转子以(9.96±0.18) r/min的速度旋转，平均转速达到(0.075±0.001) m/s。

(2) 三根砂带：每根砂带尺寸为10 mm×145 mm，采用符合有关标准规定的砂纸制成，其中磨料为碳化物，粒度为P80。

(3) 砝码：质量为(0.83±0.05) kg，用于对枢杆下的被测试验样品施加负载。

(4) 枢杆：由钢或黄铜制成。在启动位置，枢杆应对试样施加(8.35±0.05) N的负载。

(5) 滑轮：直径为(70±1) mm，可用于对每个被测试验样品通过枢杆和砝码施加(8.1±0.5) N的拉伸载荷。

(6) 电动机：无论向转子施加多大的负载，电动机都应能使转子保持恒定的转速。电动机可采用输出功率不小于500 W的直流电动机，电动机转速可以单独调节，并应在电动机启动后0.6 s达到规定的转速。

2）带继电器输出的数字计时器

该装置应具备以下功能：

(1) 精度为0.1 s；

(2) 当枢杆被试验样品抬起时，计时器被触发；

(3) 当计时器达到测试时间时，可以自动使转子停止转动；

(4) 当脚线与转子发生电接触时，可以自动使转子停止转动。

3. 测试步骤

1）测试准备

(1) 选择规定数量的长度至少为0.7 m的脚线。

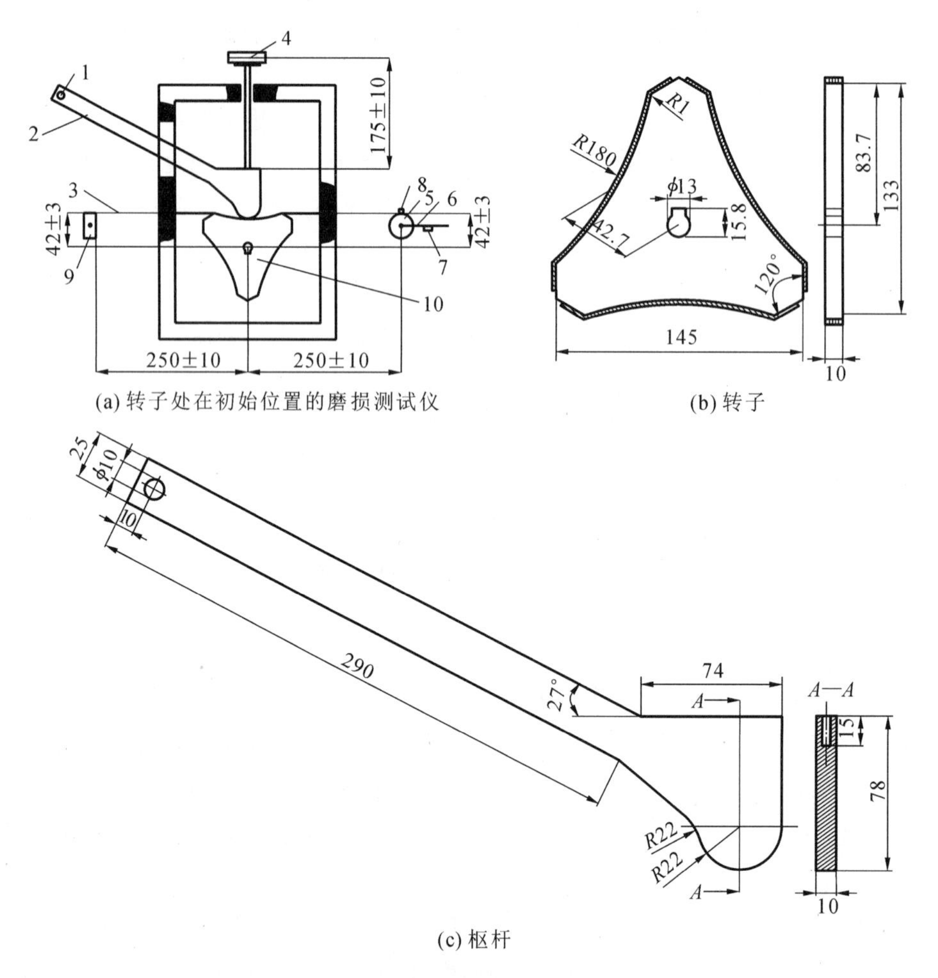

(a) 转子处在初始位置的磨损测试仪　　(b) 转子

(c) 枢杆

图 4-9　磨损测试仪(**单位**:mm)

1—枢轴;2—枢杆;3—脚线;4,7—砝码;5—滑轮;6—杆;

8—固定被测试验样品的螺旋夹;9—固定被测试验样品的夹紧装置;10—转子

(2) 将每段试验样品置于图 4-9(a)所示固定位置上,在固定位置处用夹紧装置适当夹紧。如果电子雷管脚线为双股线,则不应将它们分开,而应将脚线平行水平地放置在测试起始位置。

2) 试验程序

(1) 将转子位置调节到图 4-9(a)所示的初始位置。

(2) 升起枢杆使之距离转子中心(72±2) mm,用止动销或类似装置将其固定。

(3) 将拉伸载荷调至 8.1 N。

(4) 对电子雷管的脚线施加(4.00±0.02) N 的负载。

(5) 启动电动机。

(6) 当枢杆被试验样品抬起时,计时装置将会被自动触发。

(7) 移除止动销。

(8) 脚线绝缘层被磨穿时(通过检测脚线芯线是否与转子发生电接触),转子应能自动停止转动。

(9) 记录从试验开始到脚线绝缘层被磨穿所用的时间。

4.6.3 数码电子雷管抗跌落性能试验

1. 测试原理

将被测电子雷管在规定的条件下进行自由跌落和导向跌落试验,模拟电子雷管意外跌落到硬物体表面的情形。

2. 仪器与设备

(1) 夹具:带有释放装置。

(2) 金属管:长度为(5±0.05) m,内径为被测试验样品直径的1.5～2.0倍。

(3) 钢板:尺寸为100 mm×100 mm×10 mm,45号钢。

3. 测试步骤

(1) 试样准备。

准备100发合格电子雷管。其中50发进行自由跌落试验,剩余50发进行导向跌落试验。

(2) 试验程序。

自由跌落试验程序如下。

① 将夹具和释放装置固定在距离混凝土地面(5±0.05) m高度处,混凝土利用标号为325的水泥制造而成。将试验样品固定在夹具上,使电子雷管的顶部或底部朝向地面,测量地面与被测试验样品最低点的间距。

② 释放试验样品,记录本试验中未爆炸的电子雷管数目。

③ 试验后,引爆未发生爆炸的试验样品,记录试验结果。

导向跌落试验程序如下。

① 垂直固定金属管,使得其下端位于钢板中心向上(10±1) mm处的位置。金属管的垂直偏差不应超过金属管的外径。

② 切除多余的脚线,使得从电子雷管收口处开始的脚线长度为5 cm。

③ 使电子雷管脚线末端与金属管顶部平齐,将电子雷管底部朝下从金属管顶部释放。

④ 记录本试验中未爆炸的电子雷管数目。

⑤ 试验后,引爆未发生爆炸的试验样品,记录试验结果。

思　考　题

1. 工业电雷管和数码电子雷管的组成部分有哪些?有何异同点?

2. 桥丝式电雷管的发火过程可分为哪几个阶段?

3. 简述电雷管电学特性参数测试中的“升降法”测试原理。

4. 电雷管桥丝无损检测的测试设备有哪些？可分为哪几个部分？

5. 静电感度测试的操作过程应注意什么？

参考文献

[1] 中华人民共和国国家质量监督检验检疫总局，中国国家标准化管理委员会. 工业电雷管：GB 8031—2015[S]. 北京：中国标准出版社，2016.

[2] 中华人民共和国国家质量监督检验检疫总局，中国国家标准化管理委员会. 工业炸药通用技术条件：GB 28286—2012[S]. 北京：中国标准出版社，2013.

[3] 张立. 爆破器材性能与爆炸效应测试[M]. 合肥：中国科学技术大学出版社，2006.

[4] 李国新，程国元，焦清介. 火工品实验与测试技术[M]. 北京：北京理工大学出版社，1998.

[5] 中国民用爆破器材流通协会. 中国民用爆破器材应用手册[M]. 北京：煤炭工业出版社，1997.

工程爆破有害效应测试与控制

5.1 爆破振动

5.1.1 爆破振动的产生

炸药在岩土介质中爆炸时，大部分能量将岩体破碎、移动或抛掷，另一小部分能量对周围的介质引起扰动，并以波动形式向外传播。通常认为：在炸药近区（药包半径的10～15倍）为冲击波；在中区（药包半径的15～400倍）为应力波；在远区衰减为地震波。地震波是一种弹性波，它包含在介质内部传播的体波和沿地面传播的面波。

各种波向外传播时，每一种波的能量密度都将随着离开振源距离的增加而减小，这种能量密度（或振幅）因波阵面发生几何扩散而减小的现象称为几何阻尼或几何扩散。可以证明，在介质表面，纵波和横波的振幅与间距按$\frac{1}{r}$比例减小，瑞利波的振幅与距离按$\frac{1}{r^2}$比例减小，因此，瑞利波随距离的衰减速度比体波慢得多。

可以说，在一个接近地表面的爆破中，存在着四种波，即纵向压力波（P波）、纵向稀疏波（N波）、剪切波（S波）和瑞利表面波（R波）。从理论上说，压力波和稀疏波都是纵波，由于地层拉伸性质与压缩性质不同，压力波传播速度比稀疏波大一些。这样，在四种波中，P波传播得最快，N波比P波传播得慢一些，S波比P波传播得慢，R波传播得最慢。

5.1.2 爆破振动的危害

在工程爆破中，利用炸药可达到各种工程目的，如矿山开采、土石方爆破开挖、定向爆破筑坝、铁路路基修筑以及建筑物或构筑物爆破拆除等。但在爆破区一定范围内，当爆破引起的振动达到足够的强度时，就会造成各种破坏，如滑坡、建筑物或构筑物的破坏等，这种爆破振动波引起的现象及后果称为爆破地震效应。

工程爆破引起建（构）筑物的振动影响，主要表现在以下几个方面：

（1）硐室爆破或深孔爆破对地面和地下建（构）筑物、保留岩体、设备等的影响；

（2）城市、人口等稠密区进行的明挖、地下工程爆破与拆除爆破对工业及民用建筑物、重要精密设施等的危害；

（3）坝肩、深基坑、船闸、渠道等高边坡开挖爆破对边坡稳定及喷层、锚杆、锚索等的影响；

（4）地下洞室群爆破对相邻隧道、廊道、厂房等稳定的影响。

5.1.3 爆破振动传播规律

爆破振动强度可利用地表振动速度、加速度或位移来描述，然而大量工程实践及理论研究均表明，爆破振动峰值速度与建（构）筑物的受损程度的相关性最高。因此，国内外普遍采用质点峰值振动速度（PPV）作为评判建（构）筑物安全性的控制指标。

爆破振动强度与炸药质量、爆心距及传播介质力学性质等因素密切相关，爆破振动强度计算的经验模型可统一表示为

$$A = kQ^m R^n \tag{5-1}$$

式中：A 为描述爆破振动强度的物理量；Q 为炸药质量，kg；R 为爆心距，m；k、m、n 为与爆破方式、场地及地质条件相关的系数。

世界各国研究人员结合爆破开挖方式、主要装药结构及地质条件等影响因素，提出了一系列 PPV 预测经验模型，如表 5-1 所示。

表 5-1　各国学者采用的 PPV 预测经验模型

经验公式	公式说明
$PPV=k(R/\sqrt{Q})^{-\alpha}$	R 为爆心距；Q 为单响药量；k 为与岩石性质和地质结构相关的系数；α 为地震波衰减系数
$PPV=k(\sqrt{Q/R^{2/3}})^{\alpha}$	式中符号意义同前
$PPV=k(\sqrt[3]{Q}/R)^{\alpha}$	式中符号意义同前
$PPV=k(Q/R^{2/3})^{\alpha}$	式中符号意义同前
$PPV=k(R/\sqrt{Q})^{-\alpha}e^{-\beta R}$ $PPV=k(R/\sqrt[3]{Q})^{-\alpha}e^{-\beta R}$	考虑地震波传播过程中能量的非弹性衰减，提出 PPV 以指数形式衰减。其中 β 为地震波非弹性衰减因子
$PPV=k(R/\sqrt{Q})^{-\alpha}e^{-\beta(R/Q)}$	式中符号意义同前
$PPV=k(R/\sqrt{Q})^{-\alpha}B^{\beta}$	考虑抵抗线大小对振动速度的影响。其中 B 为抵抗线，其余符号意义同前
$PPV=k(R/Q^{2/5})^{-\alpha}e^{\beta(R/\sqrt{B})}$	式中符号意义同前
$PPV=n+k(R/\sqrt{Q})^{-1}$	考虑地震波的弹性衰减与非弹性衰减。式中符号意义同前
$PPV=k(\sqrt[4]{R}/\sqrt[6]{Q})^{-\alpha}e^{\beta(R/\sqrt{Q})}$	通过对振动监测数据进行多元线性回归分析得到。式中符号意义同前

然而，表 5-1 中的经验模型仅仅涵盖了炸药质量与爆心距对 PPV 的影响，并未充分考虑地形地貌差异造成的振速突变问题。相关学者结合特定施工环境，通过量纲分析理论或爆破振动实测数据回归分析，提出了考虑高程差因素的系列 PPV 预测经验模型，大幅提高了存在极大正、负高程地形时的振动速度预测精度，如表 5-2 所示。

表 5-2　考虑高程差因素的 PPV 预测经验模型

经验公式	公式说明
$PPV=k(\sqrt[3]{Q}/R)^{\alpha}H^{\beta}$	结合现场多次爆破振动实测资料提出，可反映正、负高程差对振动速度的影响。其中 H 为高程差；β 为高程差因子，正高差时取正值，负高差时取负值；其余符号意义同前
$PPV=k(\sqrt[3]{Q}/R)^{\alpha}(\sqrt[3]{Q}/H)^{\beta}$	基于量纲理论分析得到，实践应用效果良好。式中符号意义同前
$PPV=k(\sqrt[3]{Q}/R)^{\alpha}(R/D)^{\beta}$	结合现场多次爆破振动实测资料提出，其中 D 为水平爆心距，其余符号意义同前
$PPV=k(\sqrt[3]{Q}/D)^{\alpha}e^{\beta H}$	提出了适合小湾水电站高边坡爆破振动传播规律的振动速度计算公式。式中符号意义同前
$PPV=k(\sqrt[3]{Q}/R)^{\alpha}(H/R)^{\beta}$	通过量纲分析得出了随高程变化的爆破振动速度公式，能较准确地反映凸形地貌正高差放大效应
$PPV=k(\sqrt[3]{Q}/D)^{\alpha}(R/D)^{\beta}(H/D)^{\gamma}$	式中引入边坡相对坡度项（H/D），对坡面质点峰值振动速度预测精度高，可体现坡度角对爆破振动速度高程放大效应的影响。其中 γ 为坡度影响因子，其余符号意义同前

此外，还有研究人员考虑了地质不连续面和频率突变对 PPV 的影响，提出的 PPV 预测经验模型如表 5-3 所示。

表 5-3　考虑地质不连续面和频率突变的 PPV 预测经验模型

经验公式	公式说明
$PPV=k(R/\sqrt[3]{Q})^{-\alpha}\lambda^{\eta}$	考虑了频率突变对振动速度的影响。其中 λ 为间断频率；η 为频率突变因子；其余符号意义同前
$PPV=k\left[(1+\cos\theta_i+\log N_c)R/\sqrt{Q}\right]^{-n}$	考虑了煤层数量和传播方向对振动速度的影响。其中 θ_i 为地震波入射角；N_c 为煤层数量；其余符号意义同前
$PPV=f_c^{0.462}R^{-1.463}/\delta$ $PPV=(0.3396\times1.02^{GSI}GSI^{1.13})^{0.642}R^{-1.463}/\delta$	考虑岩石参数对振动速度的影响。其中 f_c 为岩石单轴抗压强度；δ 为岩体重度；GSI 为岩体地质强度指标；其余符号意义同前

5.1.4　爆破振动安全允许标准

我国《爆破安全规程》规定，地面建筑物的爆破振动判据采用保护对象所在地质点峰值振动速度和主振频率；水工隧洞、交通隧道、矿山巷道、电站（厂房）中心控制室设备、新浇大体积混凝土的爆破振动判据采用保护对象所在地质点峰值振动速度。爆破振动安全允许标准如表 5-4 所示。

表 5-4 爆破振动安全允许标准

<table>
<tr><th rowspan="2">序号</th><th rowspan="2" colspan="2">保护对象类别</th><th colspan="3">安全允许质点振动速度 v/(cm/s)</th></tr>
<tr><th>$f \leqslant 10$ Hz</th><th>10 Hz $< f \leqslant 50$ Hz</th><th>$f > 50$ Hz</th></tr>
<tr><td>1</td><td colspan="2">土窑洞、土坯房、毛石房屋</td><td>0.15～0.45</td><td>0.45～0.9</td><td>0.9～1.5</td></tr>
<tr><td>2</td><td colspan="2">一般民用建筑物</td><td>1.5～2.0</td><td>2.0～2.5</td><td>2.5～3.0</td></tr>
<tr><td>3</td><td colspan="2">工业和商业建筑物</td><td>2.5～3.5</td><td>3.5～4.5</td><td>4.2～5.0</td></tr>
<tr><td>4</td><td colspan="2">一般古建筑与古迹</td><td>0.1～0.2</td><td>0.2～0.3</td><td>0.3～0.5</td></tr>
<tr><td>5</td><td colspan="2">运行中的水电站及发电厂中心控制室设备</td><td>0.5～0.6</td><td>0.6～0.7</td><td>0.7～0.9</td></tr>
<tr><td>6</td><td colspan="2">水工隧洞</td><td>7～8</td><td>8～10</td><td>10～15</td></tr>
<tr><td>7</td><td colspan="2">交通隧道</td><td>10～12</td><td>12～15</td><td>15～20</td></tr>
<tr><td>8</td><td colspan="2">矿山巷道</td><td>15～18</td><td>18～25</td><td>20～30</td></tr>
<tr><td>9</td><td colspan="2">永久性岩石高边坡</td><td>5～9</td><td>8～12</td><td>10～15</td></tr>
<tr><td rowspan="3">10</td><td rowspan="3">新浇大体积混凝土(20)</td><td>龄期:初凝～3 d</td><td>1.5～2.0</td><td>2.0～2.5</td><td>2.5～3.0</td></tr>
<tr><td>龄期:3～7 d</td><td>3.0～4.0</td><td>4.0～5.0</td><td>5.0～7.0</td></tr>
<tr><td>龄期:7～28 d</td><td>7.0～8.0</td><td>8.0～10.0</td><td>10.0～12</td></tr>
</table>

注:① 表中质点振动速度为三个分量中的最大值,振动频率为主振频率 f。② 频率范围根据现场实测波形确定或按如下数据选取:硐室爆破 $f<20$ Hz;露天深孔爆破 $f=10\sim60$ Hz;露天浅孔爆破 $f=40\sim100$ Hz;地下深孔爆破 $f=30\sim100$ Hz;浅孔爆破 $f=60\sim300$ Hz。③ 爆破振动监测应同时测定质点振动速度相互垂直的三个分量。

在按表 5-4 选定安全允许质点振动速度时,应认真分析以下影响因素:

(1) 选取建筑物安全允许质点振动速度时,应综合考虑建筑物的重要性、质量、新旧程度、自振频率、地基条件等;

(2) 省级以上(含省级)重点保护古建筑与古迹的安全允许质点振动速度,应经专家论证后选取,并报相应文物管理部门批准;

(3) 选取隧道、巷道安全允许质点振动速度时,应综合考虑构筑物的重要性、围岩分类、支护状况、开挖跨度、埋深、爆源方向、周边环境等;

(4) 对永久性岩石高边坡,应综合考虑边坡的重要性、边坡的初始稳定性、支护状况、开挖高度等;

(5) 隧道和巷道的爆破振动控制点为距离爆源 10～15 m 处;高边坡的爆破振动控制点为上一级马道的内侧坡脚;

(6) 非挡水新浇大体积混凝土的安全允许质点振动速度按表5-4给出的上限值选取。

振动测试传感器安装

5.1.5 爆破振动测试

爆破振动监测系统一般包括三级,即传感器、中间适配放大器和记录存储分析处理仪器设备。传感器将原始振动信息变换为所需的信号(如电压、电荷等)。中间适配放大器可将传感器转换的微弱信号进行滤波阻抗变换处理并放大后输入记录设备。目前,随着计算机应用技术和各种监测传感器的发展,振动测量的配套仪器设备也较为多样,部分便携式记录仪可紧随传感器布置,并兼有放大和记录信号的功能。常见的爆破振动监测系统框图如图 5-1 所示。

振动测试
传感器布置

振动测试
传感器设置

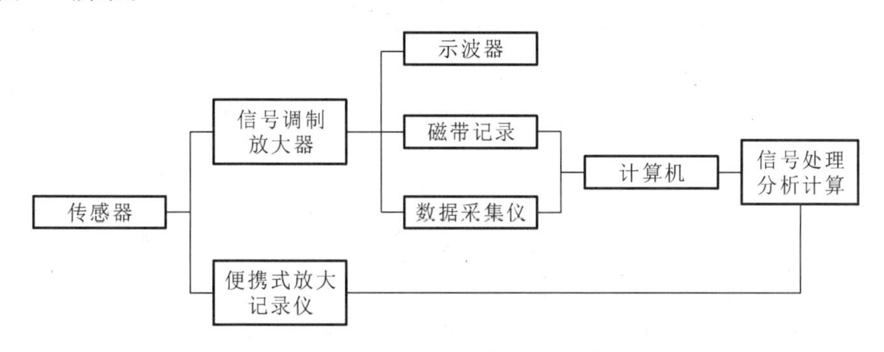

图 5-1　爆破振动监测系统框图

振动测试
数据查看

为保证振动测试结果的可靠性和满足规定的精度要求,必须根据相关的规程规范要求,在合格的计量设备上对传感器和测试系统进行校准(或称标定)。校准的主要指标有:

(1) 传感器灵敏度,即输出量与被测输入量之间的比值;

(2) 频率特性,即在工作频带内幅值对频率的变化;

(3) 线性度,即幅值变化的线性度以百分数表示;

(4) 横向灵敏度,即与传感器主轴垂直方向的灵敏度,一般以百分数表示;

(5) 特殊环境条件,即传感器所处的高温、严寒、压力场等环境条件。

由于爆破振动监测系统工作环境较差,应在有效标定期内进行期间核查。定期标定应选择绝对标准法,期间核查采用比较校准法。

1. 爆破振动测试仪器的正确选用

1) 仪器的频率响应

测振仪

任何一种动态测试仪器都有一定的频率响应范围,当所测信号的频率超过仪器频率响应范围时,通过测试系统所测得的信号将产生严重的失真,不能正确地反映原信号的特征。因此,在爆破振动测试中应特别注意所选用的仪器频率响应是否满足要求。在爆破近区、远区,不同的爆破方式、不同的地质条件下,爆破振动波的频率都是不同的。因此,在选用仪器时,应首先对所测信号的频率有所了解,然后有针对性地选用合适的仪器。

对于爆破振动测试,应根据施工现场地质地形条件和爆破参数,预估被测信号的幅值范围和频率范围,测试系统的工作频带应满足爆破振动波的频域特性。

2) 仪器的动态范围

在爆破振动测试中除应注意仪器的频率响应问题外,还应特别注意仪器的量程问题。

传感器和记录设备的测量幅值范围应满足被测物理量的预估幅值要求。

估算测试系统的量程时，应使预计的测试值在系统可测范围的30%～70%，其上限应高于被测信号最大预估值的20%。多点测试时，应尽量使传感器、二次仪表、记录装置的技术指标接近或相同。

3）爆破测振的特殊要求

对于爆破振动自动记录仪，由于目前一般选择自动内启动方式，因此要求启动设置可靠，并有负延时设置，以形成完整的记录波形，一般负延时记录应达到0.25 s左右。拆除爆破振动监测应包括记录爆破及建筑物塌落所产生的振动，但通常只进行一次测量，记录爆破及塌落振动的全过程，在设置记录首、末页时必须考虑这一点。如果监测点应同时记录多个建筑物爆破拆除的振动过程，则应按多次记录设定。

2.测试方案及测点布置

测试方案应依据爆破振动效应监测目的和要求来设计。爆破振动测试一般有以下两种类型：一类是对重点防护对象在爆破施工作业中进行全过程监测，监测数据用于评价防护对象的安全状况，也是为可能引起的诉讼或索赔提供的科学数据资料；另一类是针对重大爆破工程在现场条件下进行的小型实爆试验，通过测试了解和掌握爆破振动波的特征、传播规律以及对建筑物的影响等，比如测定现场爆破条件下的K值和α值。测试项目和取得的测试数据用于指导爆破设计方案和参数选择，也是对设计进行安全评估的重要依据。

爆破设计、施工单位为了完善设计，指导安全施工，可以自行组织爆破振动效应监测；但承担仲裁职责的监测单位，不应是爆破设计、施工单位，而应经有关部门认定，所使用的监测系统应满足国家计量法规的要求，应经室内动态标定，并有良好的频响特性和线性范围，数据误差符合工程要求。

测点布置要根据测试目的和要求进行，如监测振动对建筑物的影响，则测点应布置在建筑物的基础或附近地表上，当监测对象为高层建筑物时，为了了解建筑物的振动效应，还应沿建筑物不同高度布置监测点。如果测试时为了研究爆破振动波的衰减规律，或为了求解该岩石条件下的K值和α值，则通常应沿爆源中心的径向布置一条或几条测线。由于地震波的强度随距离的增加按指数规律衰减，为了在处理数据时使测点在坐标上均匀分布，测点的距离分布也应按近密远疏的对数关系布置。一条观测线上的测点，一般不能少于5个；在每一测点一般宜布置竖直向、水平径向和水平切向三个方向的传感器；在监测或测试时，在一些必须取得数据的重要测点，应布置重复点。另外，在不同的地貌、地质条件下也应布置测点，以便了解这些条件对爆破振动效应的影响。在布点中，还要考虑传感器和测振仪的安全，防止堆积体或个别飞石将测点覆盖或使仪器损坏，必要时可采取一些保护措施。

3.爆破振动数据的处理

爆破振动波和结构爆破振动效应的测试结果是反映各种振动信息的曲线，即振动波形图。爆破振动波和结构动力响应信号都属于随机信号，在记录到的波形图上，它的频率、幅值都是随时间不规则变化的，信号分析和数据处理过程就是去伪存真的过程。一些测振仪直接通过电子计算机给出测振数据及处理结果，非常简便。

还应指出，进行波形分析和处理时，都应保证分析的原始波形正确，否则将会导致错误的结果。爆破振动波形是复杂的，尤其是现场测试中会受到各种干扰的影响。例如，测试系统的漂移、漏电、干扰等会造成实测记录波形的基线漂移，这将给分析结果造成误差，这种情况下首先应对波形的基线进行处理，然后按修正后的波形进行波形分析和数据处理；爆破振动波形上叠加有高频振荡的复合波形，要对波形进行平滑处理，去掉高频干扰；量程档位选取不合理时，会使波形溢出，此时要考虑对波形的延拓；涉及时间量时，必须注意记录装置给出的时标及波形记录速度；当记录的测点较多时，必须搞清楚各个波形之间的关系，一个测点一个测点地进行波形分析。

数据处理的过程，实质上是从测试波形中提取有用信息的过程。对于爆破振动效应监测，最重要的数据是爆破振动最大幅值及振动主频率。

一般的振动记录分析仪器，都配有测试分析软件，有在线帮助功能，有频谱、功率谱、相关、微积分、插值、数字滤波、传递函数，有三矢量合成、瀑布谱图等各种算法，实现采集过程自动存盘和磁盘数据文件动态回放，并可采用 Windows 操作方式，将有关信息和数据处理结果方便地输入、储存和打印，以满足用户的要求。

5.1.6　爆破振动控制措施

1.爆破设计中采取的振动控制措施

1）控制单位时段最大起爆药量

基于爆源能量，将一个大爆源变成若干小爆源，在总爆破药量不变的情况下，爆破振动强度大大降低，从而减轻了爆破振动的有害效应。为了实现这一目标，最初只基于雷管的自身分段延时来进行控制，而后逐步发展了接力式起爆网路、分区分片接力式起爆网路等。理论上通过导爆管雷管孔外接力式起爆网路可实现无穷分段，实际工程中也实施过一次逐孔接力起爆上千个炮孔，由此产生的爆破振动强度只相当于几个炮孔爆破的振动峰值。这主要取决于某一单位时间内总计起爆的炮孔数及其炸药量，尽管导爆管雷管逐孔接力起爆网路按单孔分段设计，但受雷管延时精度和前后排炮孔延时设置重叠的限制，会出现几个炮孔的叠加。若在 1/4 个振动波振动周期内出现多个炮孔爆破振动波叠加，可能产生振动累加效应，因此，将 1/4 振动周期内起爆的药量定义为单位时段起爆药量，该单位时段一般为 5～10 ms，根据地质条件和距离不同有所变化。

2）增加布药的分散性

将大孔径炮孔改为小孔径炮孔，减小炮孔深度、炮孔间距和最小抵抗线，使炸药更均匀地分布于被爆介质中，毫秒延时爆破可以使爆破振动幅值大幅降低，但其爆破成本会随炮孔直径减小而升高。

3）充分利用临空面条件

在爆破中最小抵抗线方向指向临空面，由于临空面方向没有夹制作用，爆炸能量更多地用于破碎和移动岩体介质，该方向的爆破振动相对较弱；而背向临空面方向的爆炸能量主要以波动形式向外扩散，所以背向临空面方向振动较强。然而最小抵抗线方向又是爆堆抛掷和飞散方向，在爆破设计中除考虑振动控制外还要考虑飞石控制。若保护对象距离爆破点较近，一般应该使保护对象位于最小抵抗线侧面，放弃压渣爆破的设计方案。无临空面的爆破比良好临空面爆破的振动峰值可加大一倍，特别是水平径向振动幅值较大。

2. 采用预裂爆破或开挖减振沟槽

挖减振沟或预裂爆破是可行的减振措施。爆破振动波穿过空气间隔界面会发生反射，为此在爆源与保护物之间开挖一定深度的沟槽或形成一定深度的预裂面，尽管沟槽或预裂面不能阻止爆破振动波的绕射，但地表的瑞利波得到很大削弱，从而大大减小了爆破振动对后侧保护物的影响。

当保护对象距爆源较近时，可在爆源周边设置预裂隔振带。预裂炮孔可设单排或多排，预裂炮孔深度宜超过主炮孔深度，预裂面对降低主爆破地震效应非常有效，但应注意预裂爆破本身的地震较强。有时为避免预裂爆破的地震，将预裂炮孔改为密集的空孔，单排或多排隔振空孔也能起到很好的降振作用。预裂隔振带的降振率可达 30%～50%。

当地震波的传播介质为土层时，可在保护对象前开挖减振沟槽，减振沟槽的宽度和深度以机械施工方便为前提。隔振沟或隔振缝，应注意防止充水，否则将影响降振效果。

3. 采用不耦合装药或用低威力、低爆速炸药

在深孔爆破时，孔底预留空气间隔段，避免了炸药爆轰直接作用孔底，而整个炮孔爆炸后其爆生气体同样会将底部岩体破坏，既不留根坎，又减弱应力波作用，进而减弱振动能量的传播。不耦合装药或用低爆速炸药的减振作用体现在以下三个方面：

(1) 降低了爆炸冲击波对孔壁的峰值作用力，减小了振动峰值强度；

(2) 延长了爆炸压应力作用时间，相应地降低了爆破振动的频率；

(3) 改善了岩石破碎块度、增加了破碎岩石的能量比率，同时降低了爆破振动的能量比率。

5.1.7 基于数码电子雷管的干扰降振技术

1. 地震波干扰叠加减振原理

采用电子雷管起爆，不但能起到降低单响药量的作用，还能起到波峰和波谷叠加干扰降振的作用。根据波的叠加理论，合理选择两次爆破的微差间隔时间，使后爆炸孔产生的地震波的波峰能够和先爆炸孔产生的地震波的波谷于同一时间到达目标点，叠加之后地震波的振幅应明显减小，爆炸产生的破坏效应会得到最大限度的降低。事实证明，通过优化延期时间，能将爆破振动波形调整为均匀分布的高频低峰值波形，爆破振动频率远大于建筑物自振频率，避开了“类共振”，避免对建筑物造成损害。

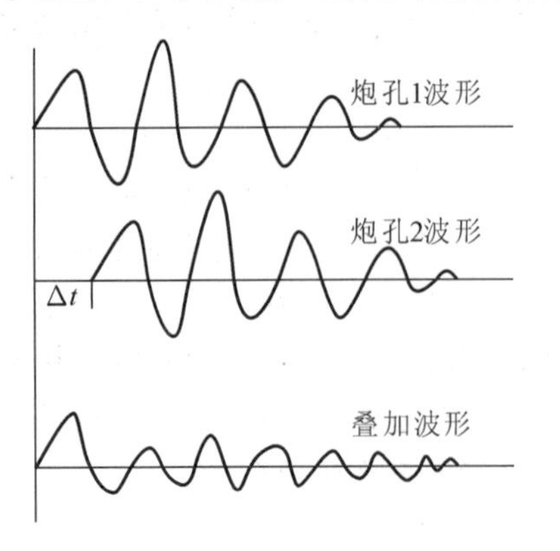

图 5-2 波形叠加干扰降振原理

微差爆破法是在相邻炮孔或同一炮孔内以毫秒级的时间间隔顺序起爆各药包的一种爆破方法。合理选择两个药包爆破的微差间隔时间，使后爆炸孔产生的地震波和先爆炸孔产生的地震波到达目标点时产生干扰降振，如图 5-2 所示。

干扰降振的关键技术是确定合理的间隔时间，使先、后起爆的炮孔产生的地震波出现波峰与波谷叠加的相互干扰，以便最大限度地降低地震效应。要使前、后段别的爆破地震波按设计的间隔时间到达，获得理想的干扰是很难实现的，即使在某点可以

实现某一谐振波频率的反相干扰，在其他点也可能没能获得所期望的反相叠加的干扰效果。因此完全理想的波峰与波谷叠加干扰降振是难以实现的，但通过干扰降振使整体爆破振动峰值低于单孔爆破振动峰值是可以实现的。

普通雷管在毫秒延时爆破中的延时精度低，其精度很难满足延时间隔时间的要求。由于普通雷管的延时精度随雷管段数的升高导致延时精度的误差不断增大，与一次爆破振动波形的主振周期相比，就很难实现段间振动波形的峰谷相消；对于高精度电子雷管，其延时间隔时间可以调整，且延时精度可以达到毫秒级，电子雷管的出现，使得通过波形的叠加来降低爆破振动效应成为可能。在特定的地质条件下进行数码电子雷管爆破试验，并对振动波形参数进行分析，可得到最佳延时间隔时间。

2. 确定最佳延时间隔时间的原则

虽然爆破地震波并不完全符合正弦波，但当两个地震波错峰叠加时，可以借鉴和参照正弦波在介质中传播的情况进行分析。两列正弦波在同一介质中传播，周期相同，同为 $2\pi/\omega$，相位分别为 φ_1、φ_2，为简化分析，取 $0\leqslant\varphi_1<\varphi_2\leqslant2\pi/\varphi$。于是两列波可分别表示为

$$A_1 = \sin(\omega t - \varphi_1), \quad A_2 = \sin(\omega t - \varphi_2) \tag{5-2}$$

叠加后有：

$$A = A_1 + A_2 = \sin(\omega t - \varphi_1) + \sin(\omega t - \varphi_2) \tag{5-3}$$

利用三角函数的和差化积公式，可改写为

$$A = 2\sin\left(\omega t - \frac{\varphi_1 + \varphi_2}{2}\right)\cos\left(\frac{\varphi_2 - \varphi_1}{2}\right) \tag{5-4}$$

对上式进行分析，$-\pi\leqslant\varphi_1\leqslant\pi$，$-\pi\leqslant\varphi_2\leqslant\pi$，$t$ 为任意值，即 $t\in(0,\infty)$，所以有 $-1<\sin\left(\omega t+\frac{\varphi_1+\varphi_2}{2}\right)<1$，要使前式满足叠加相消的条件，两列波叠加后振幅不增大，即小于或等于两者中幅值较大的一个。也就是说，若要 $-1\leqslant A\leqslant1$，则 $-\frac{1}{2}<\cos\left(\frac{\varphi_2-\varphi_1}{2}\right)<\frac{1}{2}$。根据以上条件，如果 $\varphi_2-\varphi_1$ 满足 $2\pi/3<\varphi_2-\varphi_1<4\pi/3$，则两列波叠加后的峰值小于单列波的峰值，特别是当 $\varphi_2-\varphi_1=\pi$ 时波峰与波谷相消，理想振动峰值为零。以此相位差作为两列波传播到目标点的间隔时间，对于主振周期为 T 的两列爆破地震波，当间隔时间在 $(T/3, 2T/3)$ 范围内时，在目标点产生叠加的情况下，两列地震波就能实现不同程度的叠加相消。理想状态是各列相同地震波相继 $T/2$ 到达某目标点，实现波峰与波谷完全相消的叠加，使得振动峰值趋近于零。

3. 干扰降振合理延时间隔时间确定

根据场地的地质条件和爆破孔装药结构，找到相关条件下的单孔爆破振动波形特征，基于单孔爆破振动波形分析，计算其地震波的半周期，若前、后两炮孔的爆破振动波相隔半周期到达，则必然产生波峰与波谷的干扰叠加。因此要想实现理想的干扰降振，确定合理延时间隔时间的方法如下。

(1) 预先获得降振点的单孔爆破振动波形、降振点和各炮孔的坐标（或距离）、地震波传播速度等。

（2）设计各炮孔的起爆顺序，初步按半周期延时间隔时间设置相邻炮孔起爆时间。

（3）考虑相邻炮孔至降振点的距离差及地震波的传播速度，计算各相邻炮孔地震波的传播路程时差，如图5-3所示，根据传播路程时差修正各炮孔的实际起爆时间，相邻炮孔的合理延时间隔时间计算公式如下：

$$\Delta t = T/2 \pm \Delta S/V_p$$

式中：Δt 为合理延时间隔时间，ms；T 为爆破振动波主峰周期，ms；ΔS 为相邻炮孔至降振点的距离差，m；V_p 为地震波的传播速度，km/s。

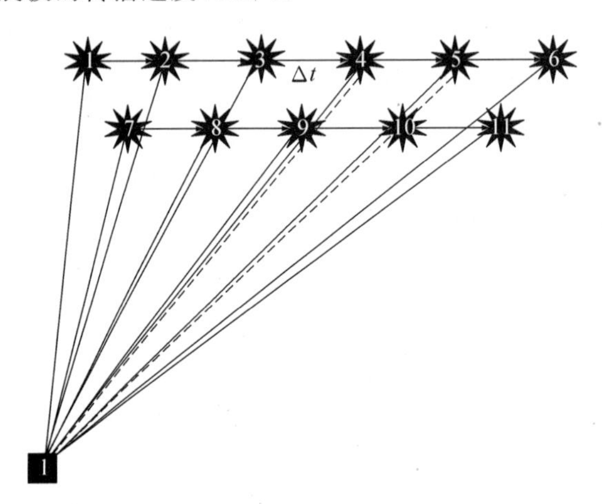

图5-3　计算各相邻炮孔地震波的传播路程时差

（4）利用电子雷管任意设置起爆时间和高精度延时的优点，可实现各炮孔爆破振动波的波峰与波谷叠加。

4. 干扰降振工程应用实例

在湖北十堰某采石场空旷场地选用岩石膨化硝铵炸药进行单孔爆破试验，单孔装药量为40 kg，折合TNT当量为35.6 kg，选用2＃岩石乳化炸药为起爆药。爆破振动测试仪器选用由成都泰测科技有限公司研发的Mini-Blast Ⅰ型爆破振动测试仪，该仪器具备24 Bit国内最高采集精度，动态范围上限高达100 dB，可同步采集三个方向的振动信号。采集信号时，设置仪器为自动工作模式，仪器自适应爆破现场环境。现场测得不同爆心距处爆破振动时程曲线如图5-4所示。

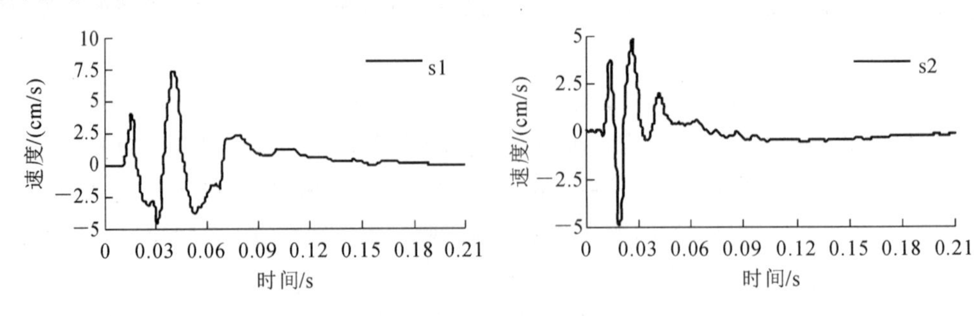

图5-4　各测点爆破振动时程曲线

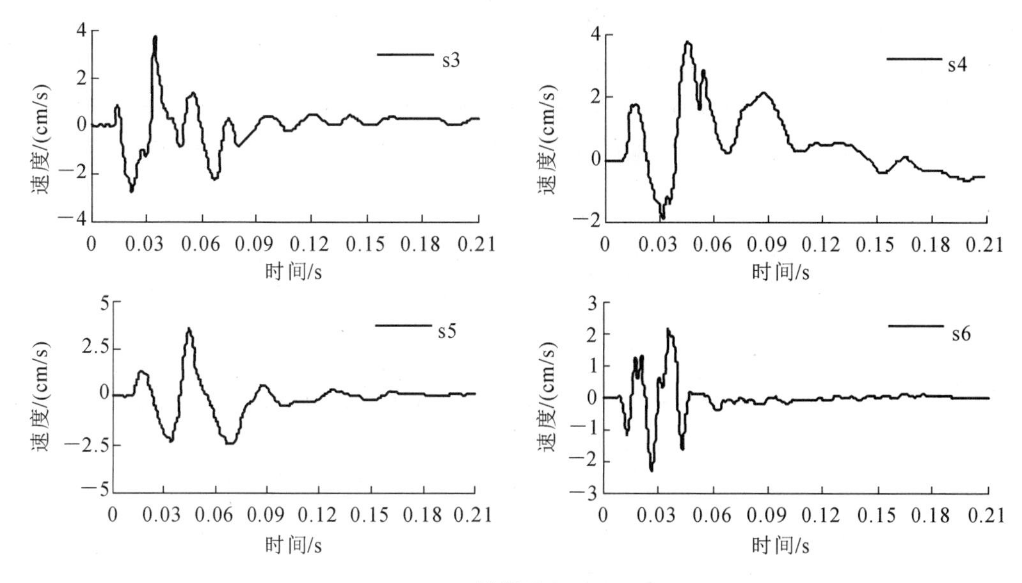

续图 5-4

将爆破振动时程曲线分为主振段与尾振段两个部分,初始波与波幅衰减至最大幅值的 1/e 间的波为主振段,相应的持续时间为爆破振动持续时间。爆破振动测试结果及处理后的相关数据如表 5-5 所示。

表 5-5　某采石场爆破振动数据

信号编号	爆心距/m	峰值振动速度/(cm/s)	振动持续时间/ms	能量/($\times 10^{-2}$ J)	药量/kg
s1	15.5	7.39	50	211.08	35.6
s2	24.5	4.93	32	96.26	
s3	29	3.74	60	54.27	
s4	35.5	3.77	86	54.26	
s5	40	3.65	64	71.03	
s6	46	2.31	25	24.09	

注:通过选取 db8 小波基,对各信号分别进行深度为 11 层的小波包分解计算,得到信号能量。

单孔爆破获得的不同爆心距处的振动信号中,均包含了爆区到测点间的所有复杂地质条件下传播介质振动的属性。此时,假设单段爆破地震波由无数个谐波组成,谐波间相互干扰叠加,正、正相位间波的幅值叠加相长,致使地震波幅值增大,正、负相位间波的幅值叠加相消,致使地震波幅值减小。因此,群孔爆破地震波同样可以看作由一定数目的单段地震波组成,即将爆破振动叠加过程假设为一个线性系统,可由下式表示:

$$F(t) = \sum_{i=1}^{m} f_i(t) \tag{5-5}$$

式中:$F(t)$为由线性叠加法预测得到的群孔爆破地震波波形;m 为一次爆破炸药总段数;$f_i(t)$为单孔爆破地震波波形。

由于基于实地记录得到的单孔爆破地震波包含了传播介质的地质条件和爆破条件的信

息，而群孔爆破其实是多个单孔爆破在不同时空下的组合，因此可以通过对实测单孔爆破地震波进行线性叠加来表征群孔爆破的地震波属性。

结合 MATLAB 7.0，通过对不同爆心距处各竖直向爆破振动波进行线性叠加，优选微差延期时间。叠加段数为 5 段，延期时间范围为 0～100 ms，典型微差延期时间与峰值振动速度的关系曲线如图 5-5 所示。

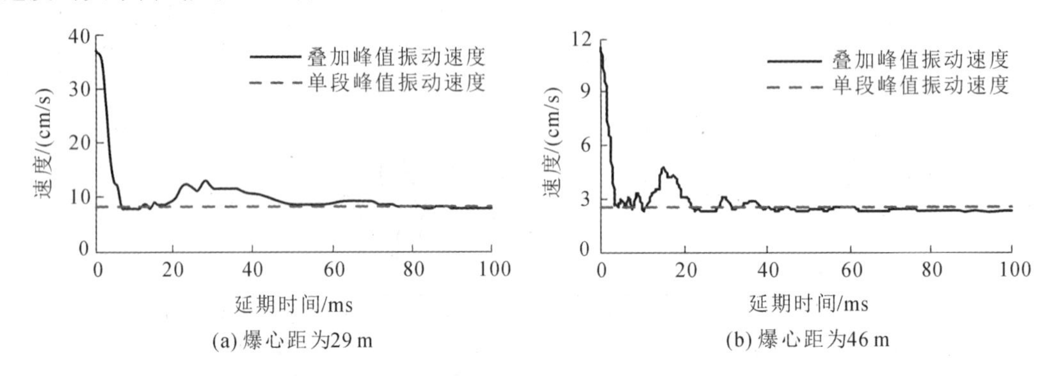

图 5-5 微差延期时间与峰值振动速度的关系曲线

由图 5-5 可以看出，选取合理的微差延期时间，可大幅降低爆破地震波强度。最大峰值振动速度对应的微差延期时间为零，此时各段炮孔同时起爆，等同实际齐发爆破。当微差延期时间大于某一临界值时，线性叠加后的地震波峰值振动速度趋于单段地震波峰值振动速度，此时可认为各分段振动波主振段已相互错开，尽管此时微差爆破地震波强度较低，但通常不利于岩体破碎，不能充分发挥微差爆破的优势。

综合考虑微差爆破振动强度与爆破效果两方面的因素，选取延期时间在 50 ms 以下，且将满足叠加峰值振动速度小于单段峰值振动速度的时间段作为采石场的合理微差延期时间。通过统计得到针对不同爆心距的合理微差延期时间，如表 5-6 所示。

表 5-6 各测点的合理微差延期时间区间

信号编号	爆心距/m	延期时间区间/ms			区间总长度/ms
s1	15.5	6～11	13～14	—	8
s2	24.5	22～25	—	—	4
s3	29	7～9	11～16	25～38	23
s4	35.5	—	—	—	0
s5	40	12～15	18～22	—	9
s6	46	22～28	31～33	39～50	22

合理延期时间区间随爆心距变化的关系如图 5-6 所示。

由表 5-6 及图 5-6 可以看出，合理微差延期时间往往不是某一具体的值，而是一个或多个时间区间，故由此计算的合理微差延期时间更加便于爆破作业人员根据实地情况选择合适的爆破器材，从而实现微差爆破优势的最大化。不同爆心距处，微差爆破的合理延期时间存在较大差异，表明合理微差延期时间的计算应考虑构筑物(被保护物)与爆源之间的距离这一因素。爆心距为35.5 m处无符合本书所定义的合理延期时间区间，主要原因是监测点

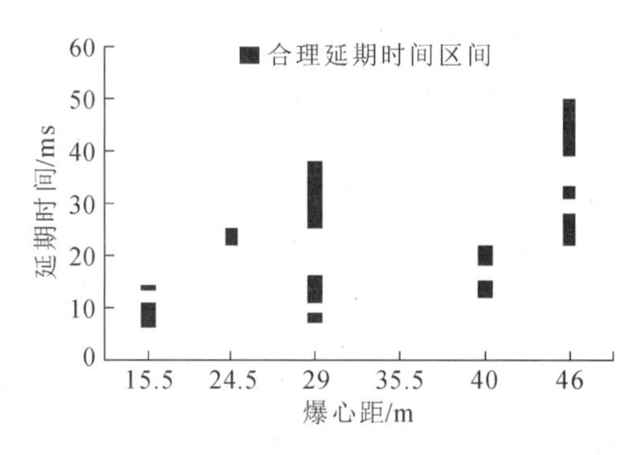

图 5-6　合理延期时间区间随爆心距变化的关系

基岩与地表并非刚性联结，振动监测数据未准确反映爆破地震波固有属性，导致数据失真。

湖北十堰堰口采石场矿区沟谷发育、地表切割强烈、地层及岩性简单，矿体主要成分为晋宁期辉绿岩，岩石裂隙不发育，且大部分裂隙呈闭合状态。采石场图片如图 5-7 所示。

图 5-7　采石场图片

在距爆区约 300 m 处有一砖混结构民房，居民反映爆破震感强烈。采用前述延时优选方法，并结合采石场实际岩性，综合考虑爆破振动强度、岩石破碎效果及生产效益，选用高精度数码电子雷管替代传统导爆管雷管实现孔间延时，选用微差爆破的延期时间为 20～25 ms；严格控制单响药量（小于 40 kg）与爆破规模（不大于 500 kg）；孔径为 90 mm，孔距为 3 m，排距为 2.5 m，孔深为 10 m，堵塞长度不小于 3.5 m。更改爆破参数后，民房处爆破峰值振动速度最大为 0.332 mm/s，小于单孔药量爆破时的峰值振动速度（0.339 mm/s），且爆破效果有了显著改善。

5.2　爆破空气冲击波

5.2.1　爆破空气冲击波的产生和传播

1. 爆破空气冲击波产生的原因

炸药爆炸时，都会有空气冲击波从爆炸中心传播开来。炸药若在空气中爆炸，其高温高压爆炸产物就会直接作用在气体介质上；炸药若在岩石中爆炸，高温高压爆炸产物就从岩石破裂瞬间冲入周围空气中，强烈地压缩邻近的空气，使其压力、密度、温度突然升高，形成空气冲击波。由于空气冲击波具有较高的压力和流速，因此其不但可以引起爆破点附近一定范围内建筑物的破坏，而且会造成人畜的伤亡。

工程爆破产生空气冲击波的原因，大体有以下几种。

(1) 裸露在地面上的炸药、导爆索等发生爆炸而产生空气冲击波。

(2) 炮孔填塞长度不够，填塞质量不好，炸药爆炸后高温高压气体从孔口冲出而产生空气冲击波。

(3) 局部抵抗线太小，沿该方向冲出的高温高压气体导致空气冲击波产生。

(4) 多孔起爆时，起爆顺序控制不合理导致部分炮孔的抵抗线变小，造成空气冲击波。

(5) 在断层、夹层、破碎带等弱面部位高温高压气体冲出而产生空气冲击波。

(6) 大型硐室抛掷爆破时，鼓包破裂后冲出的气浪以及在河谷地区大爆破气浪形成“活塞状”压缩空气，从而形成空气冲击波。

装药量、炸药性质、岩体性质和构造、炸药与介质匹配关系、填塞状态、爆破方式、起爆方法等是影响空气冲击波强度的主要因素，另外气候条件，如风向、风速等也会影响空气冲击波的强度。

2. 空气冲击波的危害

空气冲击波的破坏作用主要与下列因素有关：

(1) 冲击波超压峰值 ΔP_m；

(2) 冲击波正压区作用时间 t_+；

(3) 冲击波冲量 I；

(4) 冲击波作用到的保护物的自振周期 T、形状和强度等。

如果冲击波超压低于保护物的强度极限，即使其有较大冲量也不会对保护物产生严重破坏作用；同理，如果冲击波正压区作用时间不超过保护物由弹性变形转变为塑性变形所需的时间，即使其有较大超压也不会导致保护物的严重破坏。

一般来讲，当保护物与爆心有一定距离时，冲击波对其破坏程度，由保护物本身的自振周期 T 与正压区作用时间 t_+ 来确定。当 $t_+ \ll T$ 时，对保护物的破坏作用主要取决于冲击波冲量 I；反之，当 $t_+ \gg T$ 时，对保护物的破坏作用则主要取决于冲击波超压峰值 ΔP_m。资料及计算表明，按冲击波冲量计算，要满足 $t_+/T \leqslant 0.25$；或按冲击波超压峰值计算，要满足 $t_+/T > 10$，上述计算保护物因冲击波带来的破坏结果较为准确。在 $0.25 < t_+/T < 10$ 范围内，按 I 或 ΔP_m 计算的冲击波对保护物的破坏程度误差很大。

保护物的一些结构部件的自振周期与破坏载荷数据如表 5-7 所示。

表 5-7 保护物的一些结构部件的自振周期与破坏载荷数据

项目	二层砖	一层半砖	0.25 m 厚的钢筋混凝土墙	木梁上的垫板	轻型壁墙	装配玻璃
T/s	0.01	0.015	0.015	0.3	0.07	0.01～0.02
ΔP/MPa	0.044	0.025	0.29	0.01～0.016	0.005	0.005～0.001

空气冲击波超压对保护物的破坏程度如表 5-8 所示。

表 5-8　空气冲击波超压对保护物的破坏程度

破坏等级	破坏等级名称	超压 ΔP/(×10^5 Pa)	建筑物破坏程度								
			玻璃	木门窗	砖外墙	木屋盖	瓦屋面	钢筋混凝土屋盖	顶棚	内墙	钢筋混凝土柱
			偶然破坏	无损坏	无损坏	无损坏	无损坏	无损坏	无损坏	无损坏	无损坏
1	基本无破坏	<0.02	少部分呈大块，大部分呈小块	窗扇少量破坏	无损坏	无损坏	少量移动	无损坏	抹灰少量掉落	板条墙抹灰少量掉落	无损坏
2	次轻度破坏	0.02～0.09	大部分呈小块到粉碎	窗扇大量破坏，门扇、窗框破坏	出现小裂缝，缝宽小于 5 mm，稍有倾斜	木屋面板变形，偶见折裂	大量移动	无损坏	抹灰大量掉落	板条墙抹灰大量掉落	无损坏
3	轻度破坏	0.09～0.25	粉碎	窗扇掉落、内倒，窗框、门扇大量破坏	出现较大裂缝，缝宽 5～50 mm，明显倾斜，砖垛出现小裂缝	木屋面板、木檩条折裂，木屋架支座松动	大量移动至全部掀动	出现小于 1 mm 宽的小裂缝	木龙骨部分破坏，出现下垂缝	砖内墙出现小裂缝	无损坏
4	中等破坏	0.25～0.40	—	门、窗扇摧毁，窗框掉落	出现大于 50 mm 宽的大裂缝，严重倾斜，砖垛出现较大裂缝	木檩条折断，木屋架杆件偶见折断、支座错位	—	出现 1～2 mm 宽的裂缝，修复后可继续使用	塌落	砖内墙出现大裂缝	无损坏
5	次严重破坏	0.40～0.55	—	—	部分倒塌	部分倒塌	—	出现大于 2 mm 宽的裂缝	—	砖内墙出现严重裂缝，部分倒塌	有倾斜

续表

破坏等级	破坏等级名称	超压 ΔP /($\times 10^5$ Pa)	建筑物破坏程度								
			玻璃	木门窗	砖外墙	木屋盖	瓦屋面	钢筋混凝土屋盖	顶棚	内墙	钢筋混凝土柱
			偶然破坏	无损坏	无损坏	无损坏	无损坏	无损坏	无损坏	无损坏	无损坏
6	严重破坏	0.55～0.76	—	—	大部分或全部倒塌	全部倒塌	—	承重砖墙全部倒塌，钢筋混凝土承重柱严重破坏	—	砖内墙大部分倒塌	有较大倾斜
7	完全破坏	>0.76	—	—	—	—	—	—	—	—	—

巷道内冲击波超压与有关构件、设备等的破坏情况如表 5-9 所示。

表 5-9 巷道内冲击波超压与有关构件、设备等的破坏情况

结构类型	ΔP/MPa	破坏情况
25 cm 厚的钢筋混凝土挡墙	0.270～0.340	强烈变形。混凝土脱落，出现大裂缝
30.5 cm 厚的砖墙	0.048～0.055	强烈变形。混凝土脱落，出现大裂缝
24～36 cm 厚的素混凝土挡墙	0.014～0.020	出现裂缝，遭到破坏
直径为 14～16 cm 的圆木支撑	0.010～0.013	因弯曲而被破坏
1 t 重的设备	0.039～0.059	被翻倒，因脱离基础而受到破坏
提升机械	0.140～0.250	被翻倒，部分变形的零件损坏
风管	0.015～0.034	因支撑折断而变形
电线	0.030～0.040	折断

5.2.2 爆破空气冲击波测试

冲击波传感器

空气冲击波是以毫巴为单位的一种超压，对建筑物及人体有较大的危害。实践证明，冲击波超压为 50～140 MPa 时，可能造成门窗玻璃的破裂。

爆炸冲击压力一般多采用爆压测量仪测量。爆压测量仪先测定其周边固定的金属圆板承受爆炸冲击压力时产生的变形量，再通过该变形量求出爆炸冲击压力。金属圆板一般采用厚 0.5 mm 的铅板，并经过 3 h 的 300 ℃退火处理。用击波管等发出大小已知的各种冲击压力冲击爆压测量仪，测出金属圆板在各种压力作用下的变形量，对爆压测量仪进行校准。爆压测量仪只能测量爆炸冲击压力的最大值。若既要测量冲击压力的大小，又要测量冲击波的波形和持续时间，就必须使用电测压器和与其配套的记录装置。

5.2.3　爆破空气冲击波评价标准

空气冲击波达到一定值后，会对周围人员、建筑物或设备造成破坏。工程爆破中，一般根据爆心与建筑物或设备之间的距离及它们的抗冲击波性能确定一次爆破的最大药量。一次爆破药量不能减小时，则需要设法降低冲击波的超压值，或对保护对象采取防护措施。

空气冲击波对人体和建筑物的危害程度与冲击波超压、比冲量、作用时间和建筑物固有周期有关。空气冲击波对人体的危害情况如表5-10所示。

表5-10　空气冲击波对人体的危害情况

序号	超压/MPa	危害程度	危害情况
1	＜0.002	安全	安全无伤
2	0.02～0.03	轻微	轻微挫伤
3	0.03～0.05	中等	听觉、气管损伤；中等挫伤、骨折
4	0.05～0.1	严重	内脏受到严重挫伤；可能造成伤亡
5	＞0.1	极严重	大部分人死亡

5.2.4　爆破空气冲击波控制措施

空气冲击波的控制措施如下。

(1) 采用毫秒延期爆破技术来降低空气冲击波的强度。

(2) 严格按设计抵抗线施工可防止强烈冲击波的产生。实践证明，精确钻孔可以保持设计抵抗线均匀，防止钻孔位偏斜使爆炸产物从钻孔薄弱部位过早泄漏而产生较强冲击波。

(3) 裸露于地面的导爆索用砂、土掩盖。对孔口段加强填塞及保证填塞质量，能降低冲击波的影响。

(4) 对岩体的地质弱面给以补强来减少冲击波的产生渠道。例如，钻孔装药遇到岩体弱面(节理、裂隙和夹层等)时，应当给上述弱面做补强处理，或者减小这些部位的装药量。

(5) 控制爆破方向及合理选择爆破时间。在高处放炮，当其前沿自由面存有建筑群时，应设计爆破最小抵抗线方向与建筑群方向相反，或者降低自由面高度，使冲击波尽量少影响建筑群。通常应避开人流大、活动频繁的时段，而且爆破也不宜太频繁。

(6) 注意爆破作业时的气候、天气条件。在大风直吹建筑群的情况下，爆破会增大空气冲击波的影响。

(7) 预设阻波墙。实践证明，在地下爆破区附近的巷道中，构筑不同形式和不同材料(如混凝土、岩石、金属或其他材料)的阻波墙，可在空气冲击波产生后立刻削减其98%以上的强度，这样有利于附近的施工机械、管线等设施的安全。常见的阻波墙如下。

① 水力阻波墙。水力阻波墙在结构上是在两层不透水的墙之间充满水。这种水力阻波墙多用于保护通风构筑物、人行天井。目前有些国家使用高强度的人造织品和薄膜制成

水包代替这种水力阻波墙，取得了较好的效果。

② 沙袋阻波墙。沙袋阻波墙是用沙袋、土袋等堆砌成的，地面爆破和地下爆破均可使用。其高度、长度和厚度视被保护对象尺寸、重要程度和冲击波强度而定。

③ 防波排柱。防波排柱是由直径和间距均为 200～250 mm 的圆木沿巷道长度方向呈棋盘式布置而组成的。为提高立柱的稳定性，应把立柱从冲击波来的方向推进柱窝，且圆木长度比巷道高度要大 200 mm 左右。防波排柱的长度一般为 10～20 m，个别可达 50 m。

④ 木垛阻波墙。木垛阻波墙是由直径为 100～300 mm 的圆木或枕木构成的。为了提高阻波墙的强度，构件之间或端面上要用扒钉固定，并与巷道两旁楔紧。当冲击波太强时，可沿巷道构筑两层或三层这样的阻波墙。

⑤ 防护排架。在控制爆破中，还可采用以木柱或竹竿作支架，以草帘、荆笆等作覆盖物架设成的防护排架，它对冲击波具有反射、导向和缓冲作用，因此可以较好地起到削弱空气冲击波的作用，一般单排就可降低 30%～50%的冲击波强度。

除上述空气冲击波控制措施外，还可在爆源上加覆盖物，如盖装砂袋或草袋，或盖胶管帘、废轮胎帘、胶皮帘等覆盖物。对于建筑物而言，还应打开窗户并设法固定，或摘掉窗户。如果要保护室内设备，可采用厚木板或砂袋等密封门、窗。

5.3 水下爆炸气泡脉动

利用水下爆炸过程的光学可见效应对气泡脉动进行测量是一个很重要的方法，以测量光学现象为基础的试验技术的主要特点是：所研究的现象在测量过程中不发生畸变；在可见视野内能获得大量的信息。而采用传感器—放大器—记录仪器的电学方法测量时，得到的是爆炸过程中测量点的结果，同时还要考虑传感器形状、安放的角度是否对流场产生干扰。

水下爆炸的爆轰气体（气泡）脉动过程一般持续数十毫秒到数百毫秒，采用拍摄频率为 1000～5000 fps(frame per second)的中、低速的高速摄像机就可以准确记录这一过程。这些图像是获得爆轰气体形成的气泡推动周围水运动最简单和直接的定量数据信息。

5.3.1 水下装药爆轰气体脉动现象

水下装药爆炸过程可分为三个阶段，即炸药爆轰、冲击波的形成和传播、气泡的脉动和上浮。气泡内的初始高压在冲击波辐射后大大降低，但是仍然大大超过平衡流体静压，紧靠气泡（通常称爆炸产物所占有的空间）的水的扩散运动速度最大，气泡的直径在膨胀的初始阶段急骤增大，膨胀过程可以持续相当长的时间，随着该过程的进行，气体的内部压力逐渐减小，但是由于扩散水流的惯性，当气泡压力与水压相等时，气泡的运动并未停止，仍继续向外膨胀。在气泡膨胀的后一阶段，气体的压力下降到大气压与流体静压之和的平衡值以下。气泡表面产生负压而使水的扩散运动停止，气泡边界开始随着气泡运动速度的不断增加而收缩，气泡表面的收缩运动一直延续到气体的可压缩性成为能改变方向的有力障碍为止（在膨胀过程中不存在压缩性的影响）。因而，水的惯性和弹性与气体的弹性共同构成这一系统产生振动的必要条件，气泡开始做膨胀与压缩的循环运动。

在气泡的整个膨胀与压缩的循环过程中，气泡第一次脉动的最大压力不大于冲击波压力的10%～20%，这种持续的作用时间却大大超过冲击波压力的持续作用时间。因而这两个压力时程曲线的投影面积大小相差无几，即气泡在做功过程中的能量不能被忽略。

5.3.2　测试原理

从装药爆轰到出现气泡(爆炸气体)膨胀、收缩称为气泡脉动现象。利用高速摄像机拍摄这一过程，并将数据传输到计算机上后，利用软件进行计算、分析和处理。

5.3.3　拍摄条件的选择

5.3.3.1　高速摄像机

高速摄影机

高速摄像机用照相的方法拍摄高速运动过程或快速反应过程。它把时间和空间信息同时记录下来，时间信息用拍摄频率来表示，空间信息用图像来表示。高速摄像技术极大地提高了人眼对时间的分辨率，具有以下特点。

(1) 以光子作为信息载体，与其他种类的测试方法相比，能够达到最高的响应速率和最高的时间分辨能力。

(2) 可以实现非接触测量，在拍摄过程中，它不会影响被测状态，同时也不受被测对象变化过程的干扰和破坏。对于爆炸、冲击、燃烧等过程中某些物理量的测量，采用非接触方式，就可以实现这类具有破坏性的动态或超动态变化过程的测量。

(3) 就测量通道而言，它是一种多通道的测量系统，信息的传递只受快门和光栏的限制，而不受有限通道数的限制。

高速摄像机的种类很多，根据记录介质的不同可以分为胶片式、电子图像式和数字化存储器式。胶片式高速摄像机有间歇式、补偿式、鼓轮式和转镜式类型之分；电子图像式高速摄像机目前只有变像管式一种类型；而数字化存储器式高速摄像机是随着计算机技术的飞速发展而出现的一种极有前途的高速摄像机，大有逐渐取代胶片式高速摄像机的趋势。

数字化存储器式高速摄像机根据光电耦合器件的不同又分为CCD(charge-coupled device，电荷耦合器件)和CMOS(complementary metal oxide semiconductor，互补金属氧化物半导体)两种。后者是近几年将CMOS技术应用在高速摄像机上，目前最高拍摄频率达60000 fps，最高图像分辨率可达1536(1024像素，最小曝光时间53，记录时间可达4 s，30位彩色)。本试验采用的是高速CCD摄像机。

5.3.3.2　高速CCD摄像机简介

CCD是20世纪70年代初期由贝尔实验室发明的。CCD以极高的灵敏度、极大的动态范围和宽的光谱响应范围等特别引人注目，30多年来有关CCD在图像传感器的应用方面的研究取得惊人的进展。CCD由于具有尺寸小、重量轻、功耗小、超低噪声、动态范围大、线性好、光计量准确、光谱响应范围宽、几何结构稳定、工作可靠和耐用等优点，在工作尺寸测量、工作表面质量检测、物体热膨胀系数检测等场合得到了广泛的应用。

20世纪90年代以来，随着电荷耦合技术、微电脑技术、数字处理技术的发展，CCD摄像机以其DSP(数字信号处理)化、高图像质量、高稳定性、高可靠性等优点全面取代了管式摄像机。近十年来,CCD 摄像机的应用已深入各个领域。

高速 CCD 摄像机是以 CCD 和高速存储器为核心部件,拍摄频率为 $10^4 \sim 10^5$ fps 的摄像机。其按工作原理可分为扫描式和分幅式两种类型,本书研究采用的是分幅式高速 CCD 摄像机。高速 CCD 摄像机不同于胶片式高速摄像机,它将高速摄像机放置胶片的位置改成了 CCD 摄像器件,以此来获取图像,取景器也变成了彩色液晶显示器。拍摄的影像以数字信号的方式存储下来,通过 SCIS. 1394 等传输接口将数字化的图像信号传输到计算机上存储、分析、计算。

由于爆炸反应的速度极快,一般可达上千米每秒,用普通摄像机无法拍摄,高速 CCD 摄像机以其优越的性能特点,非常适合拍摄这一过程,并能通过与计算机的通信实现对拍摄过程的直接刻录。因此,使用高速摄像机来拍摄高速的炸药爆炸、爆破过程与燃烧过程已经成为对具体爆炸过程进行精确研究的一种有效手段,可以更方便地研究爆炸、冲击、燃烧等过程及相关参数,大大促进了该领域科学研究的发展。试验中使用的高速摄像机的主要技术指标如表 5-11 所示,拍摄频率与电子快门速度的关系如表 5-12 所示。

表 5-11 高速摄像机的主要技术指标

拍摄频率/fps	记录时间/s	水平分辨率/像素	垂直分辨率/像素	画幅数
10000	7.71	128	34	77088
5000	6.55	128	80	32768
3000	7.28	128	120	21844
2000	5.46	256	120	10922
1000	5.46	256	240	5460
500	5.46	512	240	2730
250	5.46	512	480	1364
125	10.9	512	480	1364
60	22.72	512	480	1364
30	45.43	512	480	1364

表 5-12 拍摄频率与电子快门速度的关系

拍摄频率/fps	曝光时间/s										
	1/30	1/60	1/125	1/250	1/500	1/1000	1/2000	1/3000	1/5000	1/10000	1/20000
30	y	y	y	y	y	y	y	n	n	n	n
60	n	y	y	y	y	y	y	y	n	n	n
125	n	n	y	y	y	y	y	y	y	n	n
250	n	n	n	y	y	y	y	y	y	y	n

续表

拍摄频率/fps	曝光时间/s										
	1/30	1/60	1/125	1/250	1/500	1/1000	1/2000	1/3000	1/5000	1/10000	1/20000
500	n	n	n	n	y	y	y	y	y	y	y
1000	n	n	n	n	n	y	y	y	y	y	y
2000	n	n	n	n	n	n	y	y	y	y	y
3000	n	n	n	n	n	n	n	y	y	y	y
5000	n	n	n	n	n	n	n	n	y	y	y
10000	n	n	n	n	n	n	n	n	n	y	y

注:“y”表示曝光时间可以使用;“n”表示曝光时间不可以使用。

5.3.3.3 拍摄频率

由高速 CCD 摄像机的技术参数可知,拍摄频率为 1000 fps 时,可供选择的曝光时间有(1/1000)s、(1/2000)s、(1/3000)s、(1/5000)s、(1/10000)s、(1/20000)s。拍摄高速运动的物体时,随着时间的变化,要求高速摄像机能够分辨出最短的时间间隔,当摄像机连续拍摄速度愈快时,形成一幅画面的曝光时间就愈短,这一最短的时间间隔就是该摄像机所能达到的时间分辨率。

分幅摄像的时间分辨率 nT 与拍摄频率 f 存在如下关系:

$$nT = \frac{1}{mf}$$

式中:m 为照片间隔时间与有效曝光时间之比值,试验中取 1 则表示选择的有效曝光时间为(1/1000)s。

5.3.3.4 水的透明度与拍摄光源

水是一种不完全能使光波通过的介质,光的强度(光强)随着在水中传播的距离增大而降低,光强的降低在很大程度上是水中存在杂质光发生散射的结果。光强的降低往往使拍摄的图像变得模糊不清,甚至无法使用。

最简单和直接的测量水的透明度的方法是使用一个直径为 203 mm 圆盘,将这个圆盘从水面放下去,直到看不见为止,此时深度的一半距离处可以拍摄到质量很好的图像。

为了获得较高清晰度图像,通常采用经常换水和设置辅助光源的办法,辅助光源有爆炸光源、频闪光源和连续光源等。爆炸光源为一次性光源;频闪光源要考虑与高速摄像机同步;采用交流电供电的连续光源时,由于电力周波为 50 Hz,拍出的图像连续播放时有忽明忽暗的效果,因此不适合作为高速摄像的辅助光源。而由直流电供电的光源如碘钨灯、聚光灯和高压钠灯等,发光率大,能进行大面积照明,适用于中速、低速、高速摄像。

自然光是很好的连续光源,光强高,光线均匀,在露天的条件下进行爆炸测试研究,能满足低速、中速、高速摄像的要求;在室内或室外光线较弱时,高速摄像要用辅助光源。

为了提高画面的清晰度、分辨率及改善拍摄效果,在拍摄过程中对光线的位置、角度有严格的要求。采光主要有以下几种方式。

（1）顺光：光源从摄像机的方向正面照射在被摄物体上。这样拍摄效果比较好。当拍摄的物体表面比较光滑时，如金属和玻璃等，顺光会反射，反射光进入镜头会产生眩光，影响画面效果。顺光缺少光影的对比，反差较小，画面的立体感和空间感不够强烈。

（2）侧光：光源从侧面斜角度照射在物体表面，在另一侧产生具有明显方向性的投影，能比较突出地体现被摄物体的立体感和表面质感，但光线不宜过强，否则造成物体反差过大，形成木刻效果。

（3）逆光：光源正对摄像机镜头，从被摄物体背面照射，这样采光具有较强的表现力，可勾画出被摄物体的轮廓线条。但逆光的曝光不易控制，如果物体的暗部曝光不足，会出现分辨率很低的黑暗画面。

5.3.4　仪器设备与材料

（1）高速摄像机一套（含摄像头、主机、脚架、SCSI 卡、笔记本电脑、液晶监视器、彩色激光打印机）。

（2）图像处理软件。

（3）安装有多个光学窗口的爆炸水池。

（4）碘钙灯。

（5）被测炸药或起爆器材。

（6）放炮线、导通表、起爆器。

5.3.5　水下爆炸气泡脉动观测实例

1. 试验简介

本试验在水下爆炸罐中进行，如图 5-8 所示，该装置采用电动水压泵加压，可对容器内部水压加载到最大 2 MPa 并保持，以模拟 200 m 水深爆破环境，实现最大 10 g TNT 当量爆破试验。容器壁面设置 2 个有效透光直径为 250 mm 的可拆卸光学窗口，材料为有机玻璃，采用高速摄影法可透过有机玻璃监测水中气泡脉冲的运动规律。高速摄像系统采用日本 NAC MEMRECAM GX-8 高速摄像机。主机与安装有 HX Link 控制软件的笔记本电脑相连，可通过手持型遥控器 J-Pad3 触发高速摄像机采集图像，为保证测试人员安全，采用网线将高速摄像机连接至笔记本电脑在电脑中进行手动触发采集数据。高速摄像机的拍摄频率最高可达 600000 fps。

图 5-8　水下爆炸罐及高速摄像机

试验按照7种工况进行，如表5-13所示，变化的参数为炸药质量和水深，其中水深通过注水加压进行模拟得到，每增加一个大气压相当于水深增加10 m。炸药使用数码电子雷管进行简化换算，每一发数码电子雷管相当于0.8 g TNT当量，通过高速摄影法记录气泡的脉动情况。

表5-13 试验工况

工况序号	TNT药量/g	水压/MPa
1	0.8	0
2	0.8	0.5
3	0.8	1
4	0.8	1.5
5	2.4	0
6	2.4	1
7	2.4	2

2.试验结果

试验完整记录了不同工况下气泡的脉动情况，通过图像分幅处理技术能够得到脉动周期及爆轰产物在各时刻的最大半径。

1）脉动过程

高速摄像过程中根据实际需要将拍摄频率设置为2000 fps即可捕捉到完整的脉动图像，像素取320×240，使用前触发采集，即在爆破指令给出瞬间开始采集。通过爆轰产物的气泡半径伸缩变化情况，很容易得到气泡的脉动周期。以工况6为例，从起爆到气泡最后溃灭总共捕捉到数次气泡脉动，如图5-9所示。在对脉动图像进行慢镜头回放的过程中可以明显看到前几次的脉动全过程，此后的脉动过程由于脉动周期愈来愈小，气泡半径变化幅度不大。从已有的文献来看，选取前几次脉动过程作为研究对象已经能反映脉动规律，此次试验只取前3次脉动图像进行研究。

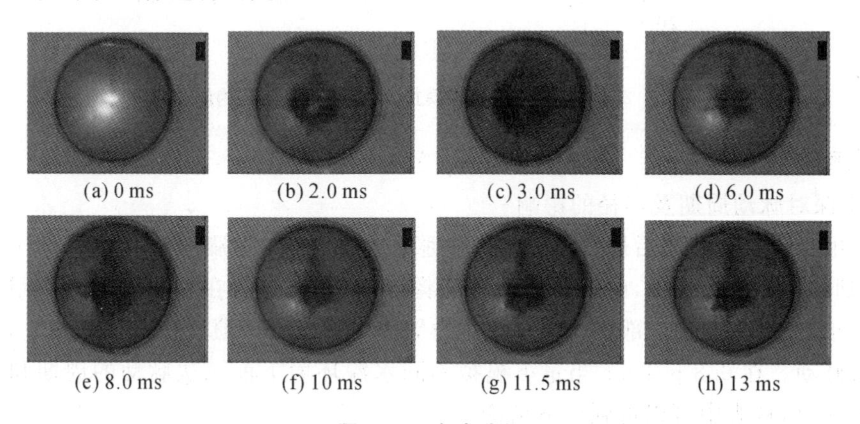

图5-9 脉动过程

2）脉动半径

通过高速摄像机只能看到气泡冠的大小即$\overline{OA}$的长度，而气泡的实际半径需要通过换算得到。研究人员给出了脉动半径的计算方法，如图 5-10 所示。B 点表示高速摄像机所在的位置，$\overline{OA}$即通过照片读取得到的脉动气泡半径计为 b，实际气泡半径$\overline{OC}$记为 r，摄像机与气泡质心之间的距离$\overline{OB}$记为 l，故气泡半径 r 为

$$r=\frac{l\cdot b}{\sqrt{l^2+b^2}} \tag{5-6}$$

不同工况下脉动半径曲线如图 5-11 和图 5-12 所示。

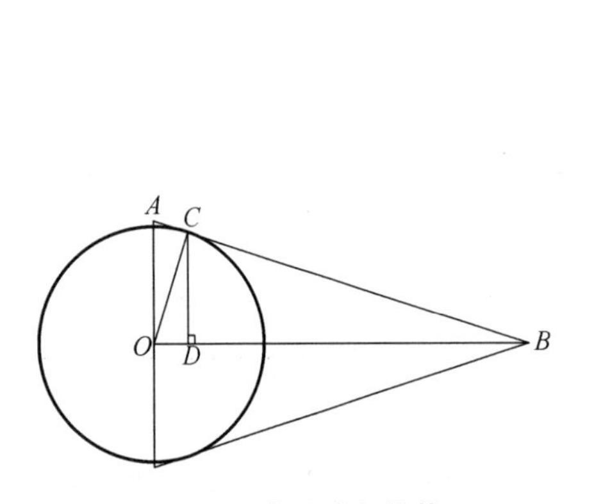

图 5-10　气泡半径换算

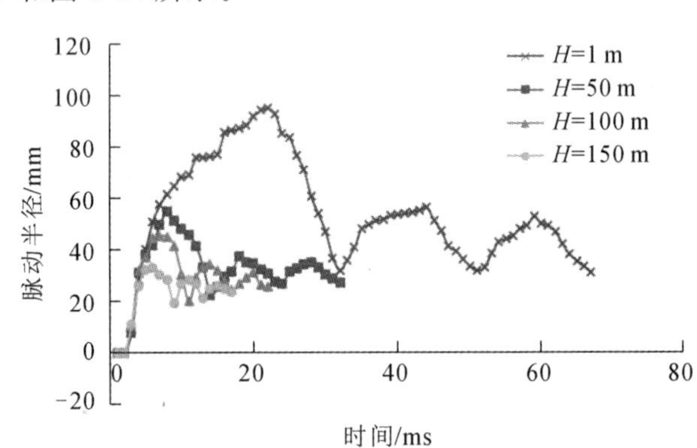

图 5-11　0.8 g TNT 在不同模拟水深（H）环境下的脉动情况

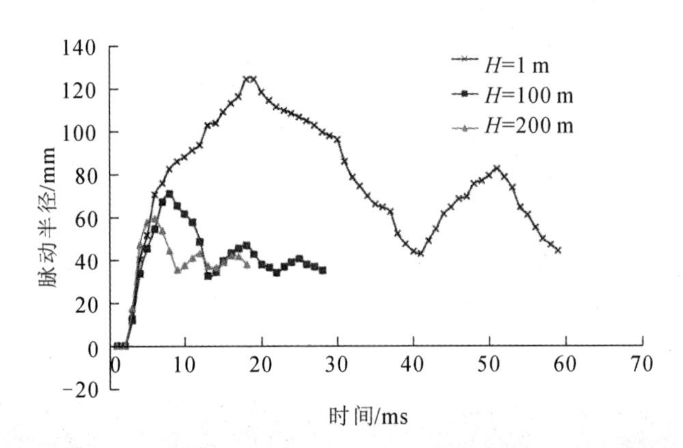

图 5-12　2.4 g TNT 在不同模拟水深（H）环境下的脉动情况

3. 试验分析

1）水深对脉动周期及半径的影响

数码电子雷管被起爆后爆轰产物迅速膨胀产生气泡，气泡膨胀过程中内部压力会逐渐变小，直到与外界压力平衡，由于惯性作用还将继续膨胀，随后在外界压力的作用下气泡被压缩而变小，当爆轰产物内部压力与外界压力平衡时同样由于惯性作用继续缩小，如此反复形成数次脉动。在 0.8 g TNT 当量下模拟不同水深环境下前三次脉动的周期和最大脉动半径见表 5-14，从表中可以得到以下结论。

表 5-14　0.8 g TNT 不同水深下的最大脉动半径和脉动周期

水深/m	最大脉动半径/mm			脉动周期/ms		
	第一次	第二次	第三次	第一次	第二次	第三次
0	95.3	56.4	52.9	22	20	16
50	55	37.4	35.3	6	5	4
100	45.5	34.2	31	4.5	3	2.5
150	33.2	28.2	25.8	3.5	2	2

（1）同一种工况下会发生多次脉动，且只有前几次脉动最为明显，每一个周期内的最大脉动半径逐渐减小，且呈对数衰减的趋势。

（2）同一种工况下每一次脉动的周期不断缩短。

（3）当模拟水深增加时，每一次脉动周期和周期内的最大半径也随之衰减，且也呈现对数衰减的趋势。

（4）随着水深的增加，同一种工况下不同周期内的最大半径相差值愈来愈小。

（5）同一种工况下不同周期内的最小脉动半径也逐渐增大，最终随着能量的损耗，脉动气泡随之溃散。

2）药量对脉动周期及半径的影响

针对药量对脉动过程的影响，分别选取 3 发数码电子雷管即 2.4 g TNT 当量在 0 MPa、1 MPa、2 MPa 环境下模拟 0 m、100 m、200 m 水深条件做研究，将其结果与 0.8 g TNT 当量下的结果做对比分析。其中在静压条件(水深 0 m)下首次脉动最大半径已经覆盖到整个观测窗口，超过量程，而第三次脉动通过图像已很难辨别。得到的脉动周期及半径如表 5-15 所示。

表 5-15　2.4 g TNT 当量不同水深下的最大脉动半径和脉动周期

水深/m	最大脉动半径/mm			脉动周期/ms		
	第一次	第二次	第三次	第一次	第二次	第三次
0	—	82.9	—	32	28.5	—
100	71.3	47.3	43.1	5.5	4.5	3
200	59.6	43.4	42.3	3.5	2.5	2

通过表 5-15 可以得到：

（1）不同药量下各水深条件下的脉动周期以及脉动的最大半径衰减趋势基本一致；

（2）增大药量后，在同一种模拟水深条件下气泡的最大脉动半径明显增大，且脉动周期也随之增加。

3）经验计算

水下爆炸脉动过程是一个极为复杂的过程，很难得到其解析解。由于测量条件有限，研究人员只能通过大量收集工程数据，结合理论推导、曲线拟合等得到水下爆炸冲击波压力、气泡压力、气泡半径以及脉动周期等经验公式。其中比较受认可的是库尔提出的简化经验计算公式：

$$R_{\max} = \left(\frac{3E}{4\pi P_0}\right)^{\frac{1}{3}} \tag{5-7}$$

$$T = 1.14\rho_0^{\frac{1}{2}} \frac{E^{\frac{1}{3}}}{P_0^{\frac{5}{6}}} \tag{5-8}$$

式中：$R_{\max}$表示第一次气泡的最大脉动半径；T 表示脉动周期；E 表示冲击波爆炸生成物的剩余能量，该值为总能量的 41%，即 $E=WQ\times 41\%$，其中，W 表示炸药质量，Q 为炸药的爆热，TNT 的爆热取 4.19×10^6 J/kg；ρ_0 表示密度；P_0 为爆炸点所在位置的流体静压。

分别选取工况 2、3、4、6、7，将相关参数代入式(5-7)和式(5-8)进行计算，得到各种工况的最大脉动半径及脉动周期的经验值，与高速摄影实测结果进行比较分析，如表 5-16 所示。

表 5-16 不同试验条件下经验值与实测值对比

试验条件	最大脉动半径			第一次脉动周期		
	实测值/mm	经验值/mm	误差/(%)	实测值/mm	经验值/mm	误差/(%)
0.8 g TNT 50 m 水深	55	60.3	−8.79	6	9	−33.33
0.8 g TNT 100 m 水深	45.5	47.8	−4.81	4.5	5.1	−11.76
0.8 g TNT 150 m 水深	33.2	41.8	−20.57	3.5	3.6	−2.78
2.4 g TNT 100 m 水深	71.3	68.9	3.48	5.5	7.1	−22.54
2.4 g TNT 200 m 水深	59.6	54.8	8.76	3.5	4.1	−14.63

从表 5-16 中可以看到最大脉动半径的经验值与实测值比较接近，脉动周期的试验误差普遍较大，参考有关文献可以发现在浅水条件下库尔经验公式与试验结果吻合较好，但是在此次试验中误差略微偏大。一方面由于水下装药量较小，且数码电子雷管起爆时相当于柱形装药，在计算过程中简化使用球形装药进行计算对结果造成了一定影响；另一方面高速摄影的拍摄频率为 2000 fps，相当于测量的时间间隔为 0.5 ms，这与脉动周期比较接近，也在一定程度上影响了测量精度，要想提高测量精度还需要进一步增大拍摄频率。从数据的整体趋势来看，库尔经验公式在一定程度上对深水条件还是适用的，但是还需要进一步修正，这将是研究的方向。

5.4 水下爆炸冲击波

5.4.1 水下爆炸冲击波的产生和危害

1. 水下爆炸冲击波的产生

装药在无限和静止水域中爆炸时，由于爆炸产物向外高速膨胀，首先在水中形成冲击波。水中初始冲击波压力要比空气中初始冲击波压力大得多，随着水中冲击波的传播，其波阵面压力和速度下降很快，且波形不断拉宽。在离爆炸中心较近时，压力下降非常快，而在离爆炸中心较远处，压力下降较为缓慢。此外，水中冲击波的正压作用时间随着距离增大而逐渐增加，但比同距离同药量下空气冲击波的正压作用时间要少许多。这是因为水中冲击波波阵面速度与其尾部传播速度相差较小。

当冲击波在水面发生反射时，根据水面入射波与反射波相互作用之后压力接近于零的边界条件，反射波应为拉伸波（因为水的声阻抗远大于空气的声阻抗）。由于水几乎没有抗拉能力，因此，在拉伸波的作用下，表面处水的质点向上飞溅，形成一个特有的飞溅水冢。在此之后，当爆炸产物形成的水泡到达水面时，又出现了与爆炸产物混在一起的飞溅水柱。但是当装药在足够深的水中爆炸时，气泡到达水面之前就因脉动而被分散和溶解，爆炸产物的能量已耗尽，这时水面上就没有喷泉出现。对于普通炸药来说，此装药中心爆炸深度 h 为

$$h \geqslant 9.0\sqrt[3]{w} \tag{5-9}$$

式中：w 为梯恩梯的装药质量。

在有水底存在时，装药在水中爆炸如同在地面爆炸一样，水中冲击波的压力将升高。对于绝对刚性的水底，水中冲击波的压力作用相当于两倍装药量的爆炸作用。实际上水底不可能完全是绝对刚体，它也要吸收一部分能量。试验表明，对于砂质黏土水底，冲击波压力升高约10%，冲量增大23%。

2. 水下爆炸冲击波对环境的影响

炸药在水中爆炸时，对水中建筑物和船只的破坏作用以及对水中生物的损伤作用，主要是由爆炸后形成的冲击波、气泡脉动和二次压力波的作用造成的。各种猛炸药在水中爆炸时，有一半以上的能量转化为水中冲击波。因此在多数情况下，冲击波的破坏作用起着决定性的作用。如果炸药放在水底（水中接触爆炸），除了爆炸的直接作用以外，还有水中冲击波、气泡脉动和二次压力波对目标物的破坏作用。

如果炸药悬挂于水中（水中非接触爆炸），按其对目标物的破坏作用，大致可以分为两种情况：近距离，即装药与目标物之间的距离小于气泡的最大脉动半径，冲击波、气泡脉动和二次压力波都作用于目标物；较远距离，即装药与目标物之间的距离大于气泡的最大脉动半径，目标物主要受到的是水中冲击波的破坏作用。

由于水中冲击波正压作用时间很短，对建筑物作用时间很短，对于质量较大的水中建筑物，其变形往往来不及发展，冲击波作用就已经结束，通常可按水中冲击波的冲量来计算建筑物的响应。

5.4.2　水下爆炸冲击波测试

水下爆炸冲击波测试系统框图如图5-13所示。

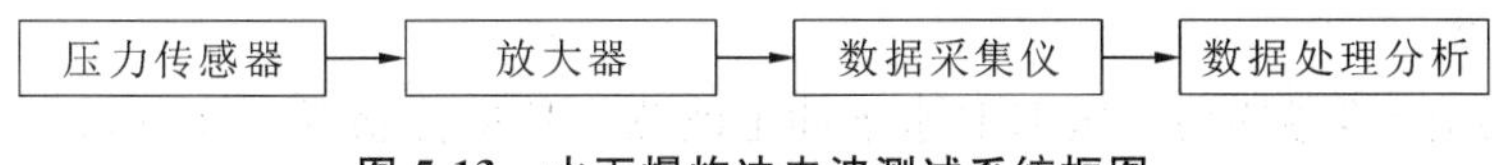

图5-13　水下爆炸冲击波测试系统框图

通常，水下爆炸冲击波测试系统一般应具备以下技术指标。

(1) 该测试系统的频响不仅要在冲击波压力的频率成分所确定的频带内，幅频特性的

表现是平坦的，而且其相频特性也须在该频带内不发生相畸变，即相位滞后为零或随频率呈线性变化。

(2) 必须能线性地传递很大的冲击信号，并有一个较大的动态范围。

(3) 输出的零点漂移要小，受冲击振动环境影响要很小，而且便于将记录信号做数学处理。

1. 对压力传感器的要求

水中冲击波测量中常用的传感器分为两类：自由场压力传感器和用于测量反射波的传感器。目前在水中冲击波的测量中，应用较多的是压电式、压阻式以及应变式压力传感器，它们具有响应快、灵敏度高、信噪比高等特点，要求上升时间不大于 2 μs。

(1) 压电式压力传感器。

目前，水中冲击波测量中，压力传感器压电元件的常用材料有碧玺(电气石)、石英、碳酸锂等，这些材料具有稳定性好、极限强度高、横向灵敏度小等优点。

(2) 压阻式压力传感器。

压阻式压力传感器又称为固态压力传感器，它不同于粘贴式应变计需通过弹性敏感元件间接感受外力，而是直接通过半导体膜片感受被测压力，目前常用的是硅压阻式压力传感器。

(3) 自由场冲击波压力传感器。

水中爆破测试中自由场冲击波压力的测量是一个重要方面。自由场冲击波压力传感器都有一个共同的特点：传感器的压电元件安装在一个细长的流线型壳体的顶端，压电晶片面向两侧以保持一个流线型的整体。在测量时，应将流线型传感器的轴线平行于冲击波的传播方向，压电元件工作在“掠入射”状态，以保证不干扰原流场。

2. 放大器的选择

压电式传感器的前置放大器有电压放大器和电荷放大器之分。

所谓电压放大器就是高输入阻抗的比例放大器。其电路比较简单，工作频带较容易扩展，高频测量在技术上也容易实现。但输出受连接电缆对地电容的影响，故不宜使用过长电缆进行测量。

电荷放大器以电容作负反馈，在使用中基本不受电缆电容的影响，传感器与电荷放大器之间的传输与电缆长度无关。但是，由于电荷放大器是个带电容负反馈的高增益直流放大器，零点漂移不可忽视。为解决该问题，放大器的电路结构及工艺都比较复杂，同时工作频带也受到限制。

5.4.3　水下爆炸冲击波测试实例

1. 试验方案

水激波采集仪

试验所采用的传感器为美国 ICP 水下冲击波测量长型传感器。该系列传感器使用对容积变化敏感的电气石晶体，内置集成电路放大器；具有无谐振、高电压输出、可驱动长电缆等特点；所能承受静压范围为 $P_{max} \leqslant$ 345 MPa。测试系统主要由压力传感器、信号变换及放大电路、记录器等组成。数据采集处理系统为成都佳仪科技发展有限公司的 PCI4712 数据采集和分析系列产品。配套分析软件具有实时测量、回放分析、数据转换等功能。为保证足够的安全距离，试验中通过特殊延长线连接传感器与记录仪。传感器各通道灵敏度系数分别选取29.82、14.51、743.8。

水激波传感器

试验拟采用 8 号瞬发电雷管(每发 1.07 g TNT 当量)模拟水下炸药爆炸，起爆点设在水深 1.5 m 处，传感器依次置于距爆源 0.5 m、1.0 m、2.4 m 处，分一发起爆、两发同时起爆两组试验。采集分析仪的采样频率设为 5000 kHz，采样长度取"1000K"，负延时，量程取0.2 V，触发电平为 0.03 V。由于爆源几何尺寸与各测点爆距相比非常小，不在同一数量级，且 TNT 当量很小，故将试验视作球形药包浅层水域爆炸。试验方案测点布置图如图 5-14 所示。

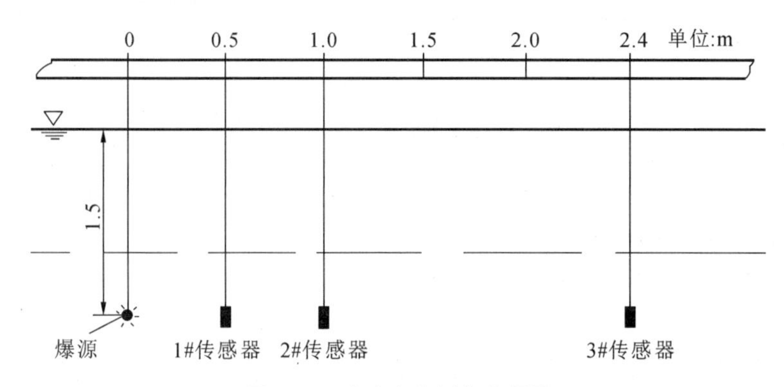

图 5-14　试验方案测点布置图

2. 试验数据及分析

通过试验，测得的 2 发雷管起爆时距爆源 0.5 m 处的冲击波波形图如图 5-15 所示。

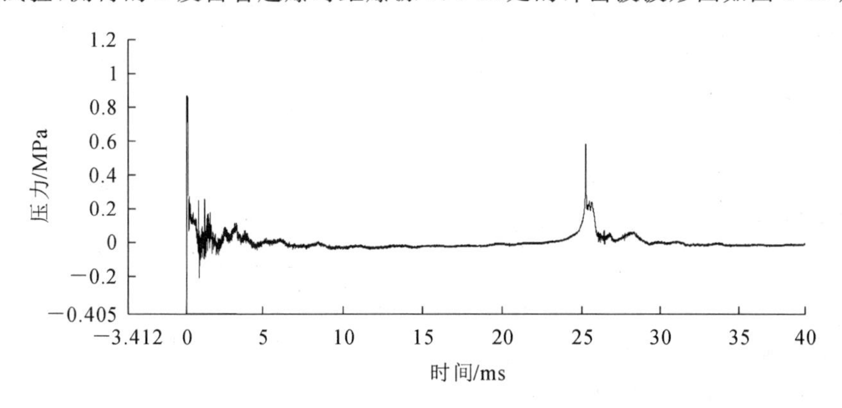

图 5-15　冲击波与二次压力波波形图

由图 5-15 可以看出，炸药爆轰结束后形成冲击波，冲击波峰值压力上升迅速，且随时间衰减明显，自由水面使波峰尾部被截断。波峰后面基本类似于"白噪声"特性，脉动持续时间比较长，具有强度不大的变向压力。爆炸产物形成的"气泡"在水中不断膨胀、收缩，进行振荡并不断上浮，产生气泡脉动，通常，气泡首次脉动形成的压力波(即二次压力波)才有实际意义。

不同测点处冲击波压力时程曲线如图 5-16 所示。

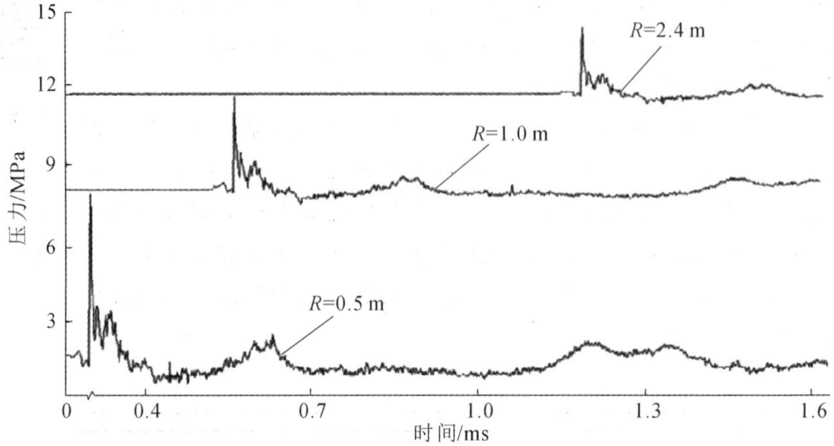

图 5-16 不同测点处冲击波压力时程曲线

根据图 5-16 中水平测线各测点水击波波头到达的时间差及测点间距来分析，计算得到水击波浅水域中传播平均速度在 1700 m/s 左右。

不同试验条件下测得冲击波峰值压力如表 5-17 所示。

表 5-17 试验数据

爆心距/m	一发雷管(1.07 g TNT 当量)起爆		两发雷管(2.14 g TNT 当量)起爆	
	冲击波峰值压力/MPa	二次压力波峰值压力/MPa	冲击波峰值压力/MPa	二次压力波峰值压力/MPa
0.5	6.58	0.47	9.31	0.58
1.0	2.33	0.30	3.29	0.40
2.4	0.64	0.10	0.86	0.19

由表 5-17 可以看出，随着测点与爆心间距的增加，冲击波峰值压力逐渐减小。同一爆心距下，峰值压力随药量的增加逐渐增大。

装药在水域中爆炸的峰值压力大多采用 Cole 的经典峰值压力公式计算：

$$P_m = K\left(Q^{1/3}/R\right)^{\alpha} \quad (\text{单位：}\times 10^5\,\text{Pa}) \tag{5-10}$$

式中：Q 为装药量；R 为爆心距；K、α 是与炸药和环境条件相关的系数。通过对表 5-17 中数据进行拟合，得到静态水域爆炸冲击波峰值压力 $P_m = 601.85\left(Q^{1/3}/R\right)^{1.429}$，$0.043 < (Q^{1/3}/R) < 0.205$。

试验中计算的 K 及 α 明显大于国内一些水下钻孔爆破实测所得的相关系数，分析其原因，主要是此次试验为浅水域裸露爆破，相对于水下钻孔爆破，水介质对冲击波的压力削弱不大，且测点距离水平面 0.5～3.0 m，水中冲击波压力衰减不是非常明显。

水中冲击波压力随时间变化的关系为 $P(t) = P_m e^{-\frac{t}{\theta}}$，其中 θ 为衰减时间常数，即由 P_m 衰减到 P_m/e 所需的时间。提取冲击波典型压力时程进行水平轴放大并进行指数拟合得到

图 5-17。冲击波压力衰减规律为

$$P(t) = 0.9436\mathrm{e}^{-28262t} \tag{5-11}$$

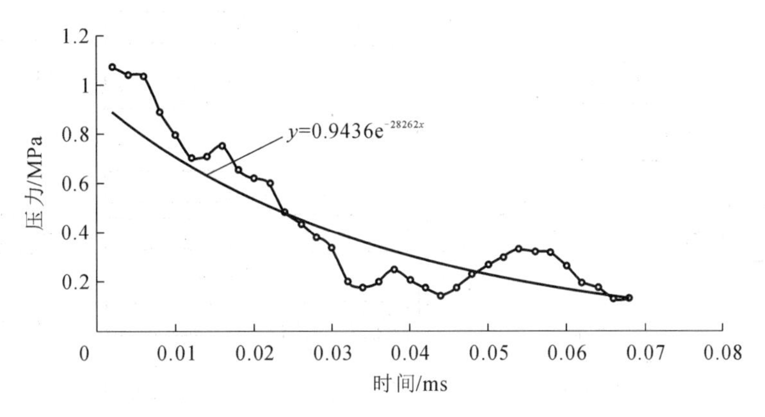

图 5-17　冲击波压力衰减曲线

5.4.4　水下爆炸冲击波的控制与防护

为了控制水下冲击波及超压，应尽可能减小每次爆破的装药量，并采用延期爆破以保证爆破效果。

在爆源以外的任意地点控制水下冲击波及超压的方法即采用气泡帷幕。

所谓气泡帷幕，就是在爆源与被保护物之间的水底设置一套气泡发射装置，一般采用钢管在其两侧钻凿两排小孔，当往发射装置里输入压缩空气后，小孔中便连续不断地发射出大量细小的气泡，由于浮力的作用，气泡群自水底向水面运动，从而形成一道“气泡帷幕”。气泡帷幕能有效地削弱冲击波的峰值压力，对被保护物起到防护作用。气泡帷幕对水中冲击波压力的衰减效果显著，但是该效果随着气泡帷幕位置的不同而变化。由于距爆心近距离处冲击波峰值压力上升较快，频率较高，因此气泡帷幕不宜布置得离爆心过近。

气泡帷幕层数与衰减冲击波峰值压力成近似线性关系。可以通过提高压缩空气的压力和流量，适当增加发射孔的数量和减小孔的直径，以及改善气泡发射装置的结构等来提高气泡帷幕中的气泡密度。设计良好的气泡发射装置，可以削弱冲击波压力 90%以上。

5.5　岩体爆破动应变

5.5.1　动态应变测试系统

常用的动态应变测试分析系统如图 5-18 所示。图中内容可分为左右两个部分，其中左侧部分为测量及记录部分，右侧部分为数据分析部分。应变计作为传感元件把被测试件的应变变化转换成电阻变化，动态或超动态应变仪的电桥电路将电阻变化转变成电压信号，并经放大、检波、滤波后输入显示记录分析仪器中进行记录、显示或分析。

应变测试

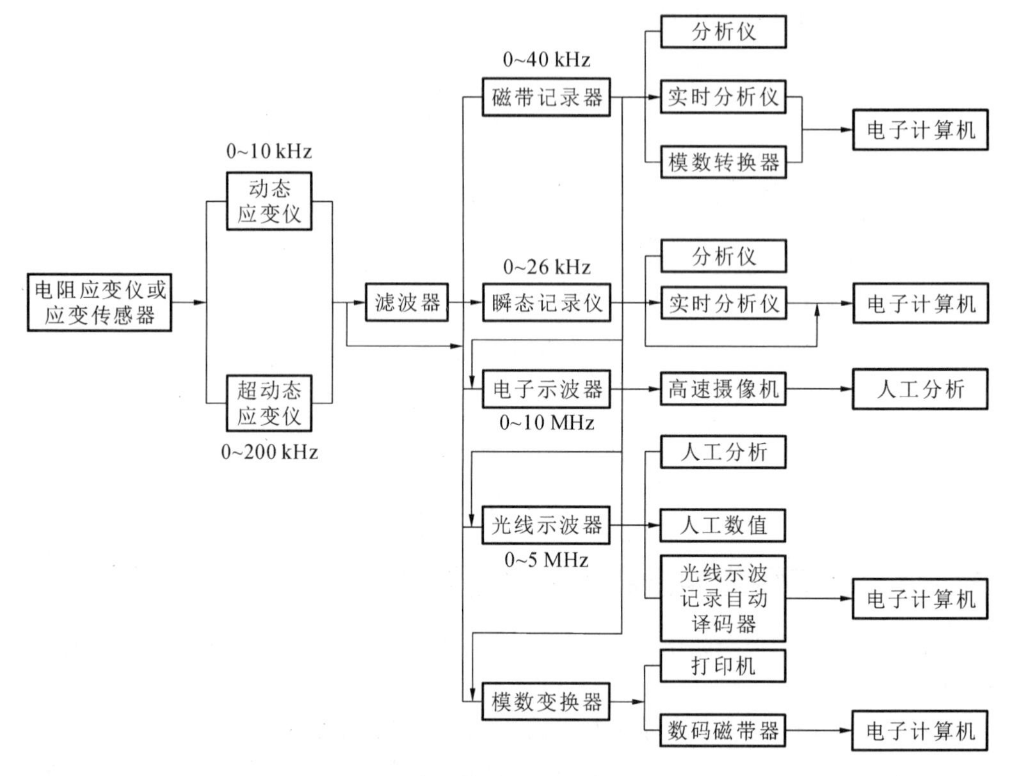

图 5-18　常用的动应变测试分析系统

5.5.1.1　动态应变测量中应变计的选择

动态应变测量中选择应变计应着重考虑应变计的频率响应特性。影响应变计频率响应的主要因素是应变计的栅长和应变波在被测物材料中的传播速度。

设应变计的栅长为 L，应变波波长为 λ，测量相对误差为 η。当 $L/\lambda=\frac{1}{10}$时，$\varepsilon=1.62\%$；当 $L/\lambda=\frac{1}{20}$时，$\varepsilon=0.52\%$。显然，应变计栅长与应变波波长之比愈小，相对误差愈小。当选用的应变计栅长为被测应变波波长的$\frac{1}{20}$、$\frac{1}{10}$时，测量误差将小于 2%。

一定栅长的应变计可以测量的动态应变的最高频率 f，取决于应变波在被测物材料中的传播速度 v，即 $\lambda=v/f$。若取 $L/\lambda=\frac{1}{20}$，则可测的动态应变的最高频率 f 为

$$f = 0.05\ \frac{v}{L}$$

此外，选择应变计时还必须考虑应变梯度和应变范围。

5.5.1.2　动态应变仪的选择

动态应变仪的工作频率和测量范围主要根据被测应变梯度和应变范围来选择。而仪器的线数根据需测点数来确定，精度则按测量性质的要求来确定。

5.5.1.3　滤波器的选择

滤波器主要根据测试的目的选定。当仅需测量动态应变中某一频带的谐波分量时，可配用相应的带通滤波器；当只需测定低于某一频率的谐波分量时，可配用相应截止频率的低通滤波器；当对记录应变波形的频率结构没有什么特定要求时，可以不用滤波器。

5.5.1.4　记录仪器的选择

目前动态应变测试中主要选用图 5-18 中列出的记录仪器。选用记录仪器时，除考虑频率响应外，还须考虑测试环境。

图 5-18 给出了有关仪器的适用频率。在仪器组配时，除必须考虑频率响应外，还要注意仪器间的阻抗匹配以及输入和输出量之间的衔接问题。

5.5.2　动态应变测量的标定

动态应变测量的结果是一个代表各测点应变的波形图。要知道某瞬间应变状态和最大应变值及其频率，必须将所测应变的波形与已知振幅和频率的波形相比较。通常把标准波形的获得方法称为标定。

5.5.2.1　幅值标定

在一般动态应变测量中，动态应变幅值标定可以从应变仪上的电标定装置中获得。标定时，只需拨动"标定开关"输进不同的应变信号，便可以从记录器上得到一个相应的标准方波。

如果某瞬间应变记录曲线的幅高为 h，则该瞬时的被测应变 ε_t 为

$$\varepsilon_t = \frac{h}{H}\varepsilon_b \tag{5-12}$$

式中：H 为与 h 高度相近的标准应变线至应变零线的距离；ε_b 为与 H 对应的标准应变值。一般标定在测量前、后各进行一次，然后取两次的平均值作为标准应变，即 $H=\frac{H_1+H_2}{2}$。

5.5.2.2　频率标定

频率标定较简单，将时标讯号输入记录器中即可得到时标。这相当于在时间坐标轴上画出了时间刻度。据此可确定被测应变的周期 T 或频率 f：

$$T = \frac{b}{B}T_b;\quad f = \frac{B}{b}f_b \tag{5-13}$$

式中：b 为被测应变信号在记录中的周期；B 为与 b 对应的两相邻时标线间距；T 为与 B 对应的时间间隔；f_b 为时标讯号频率。

5.5.3　岩石和混凝土中爆破动应变测量

爆破应力应变测量包括两个方面：一是在爆破荷载作用下介质内部应力波参数变化的特征；二是处在这一区域内的地下或地表建筑物或构筑物的响应，并由此而产生的各部分力学状态的变化。

炸药爆炸后，冲击波沿着爆源辐射方向向外传播，岩体或混凝土受到作用即发生变形。

这种变形与冲击波(应力波)能量和介质性质有着密切的关系。了解在爆破作用下测点变形发展到什么程度以判明构件所处的应力状态,以及在怎样的变形条件下介质将发生破坏,这就是爆破动应变测量的目的。

5.5.3.1 测试系统

目前国内爆破动应变测量一般以电阻应变计为传感器。在爆破近区测量时,测试系统的频率必须在20~500 kHz范围内,在中远区测量时测试系统频率可根据测量的目的确定。

5.5.3.2 测试方法

进行岩石或混凝土表面爆破动应变测量时,只需将应变计直接粘贴于所测物表面,贴片方法及要求如前所述。

岩石或混凝土内部的动应变测量的方法有两种:一是从钻孔中取回岩芯进行加工处理成岩块,在岩块上贴上应变计,然后再回填于岩体内;二是模拟岩石或混凝土的物理力学性质,制作应变砖,然后回填到所测岩体或混凝土中。这种方法的优点是应变砖的材料可以进行人工调配,应变计的防潮性能比较好,绝缘电阻可以保证在500 MΩ以上。这些方法的关键在于应变砖的设计制作和埋设。

1. 应变砖材料的选择

如果应变砖的弹性模量、泊松比和膨胀系数等物理力学性能参数均与被测物相同,即达到完全匹配时,应变测量中应变砖所感应到的应力就与被测物介质应力相同,但这在实际中是很难做到的。在介质中传播的应力波通常都以介质的波阻抗作为特征阻抗,所以原则上要求应变砖材料的容重和声速与被测岩体介质的容重和声速基本接近。

目前应变砖一般以环氧树脂为主体并掺入适量的填料配制而成,所以又称为环氧树脂砂浆应变砖。环氧树脂的机械强度较高、防水和绝缘性能较好,但它的塑性大,弹性模量低($E=3.92\times10^{10}$ Pa),所以通常需掺入弹性模量较高、线膨胀系数较低的填料,如石英粉、石英砂和重晶石粉等,配制成环氧树脂砂浆。表5-18列出的两种环氧树脂砂浆配比均适用于一般中硬岩石及混凝土的应变测量。

表5-18 应变砖材料配比及性能参数

项目与序号	环氧树脂砂浆配比						物理力学性能参数			
	环氧树脂(6101)	二丁酯	乙二胺	标准砂	标准砂粉	细金刚砂	容量/(g/cm³)	静弹性模量/Pa	抗压强度/Pa	纵波速度/(m/s)
1	100	15	7~8	550	180	—	2.12~2.29	1.67×10^{10}~1.96×10^{10}	4.70×10^{7}~6.66×10^{7}	2500~3000
2	100	215	7~8	550	—	180	2.19~2.25	—	5.29×10^{7}~6.86×10^{7}	3200~4100

2. 应变砖尺寸

确定应变砖尺寸必须遵循如下原则。

(1) 应变砖的几何形状采用长方体还是圆柱体,要根据测试方法及埋设地点的要求来确定。

(2) 应变砖材料的弹性模量与被测物介质的弹性模量不可能达到完全一致，这将使应变砖埋设处的介质产生应力集中。为减小应力集中所带来的测量误差，一般把应变砖制成高径比为5～20的圆柱体，其中高径比为10的应变砖用得最多。

(3) 应变砖的高度必须远小于应变波波长。

3.应变砖的制作

应变砖的制作方法有多种，这里简要介绍典型环氧树脂砂浆应变砖的制作方法。

(1) 根据设计的应变砖尺寸制模。从制模、脱模及模具耐久性等方面考虑，硅橡胶是较好的模具材料。

(2) 浇注环氧树脂砂浆。按配比搅拌好环氧树脂砂浆，浇入模具内其厚度达到应变砖设计总厚度的一半。边浇边搅拌、边压实，注意排除气孔，保证表面平整。经24 h砂浆固化后，脱模、清边、修整，即制成环氧树脂砂浆半模砖。

(3) 粘贴应变计。用胶水(502胶或环氧树脂胶)粘贴应变计，待胶层充分固化或聚合后，在应变计两侧固定两根多芯导线，使导线分别与应变计引线相连接。

(4) 二次浇注。将贴有应变计的半模砖放入模具底中，再次浇注环氧树脂砂浆至应变砖设计总厚度，全模砖固化后再脱模、清边、修整，即制成应变砖。

4.应变砖试验

应变砖要适用于冲击动载荷测量，首先必须满足动载荷作用下岩体的各种动态响应、脉冲上升时间、脉冲作用时间、弹性线性范围和变形的均匀性等要求。因此，实测前必须对应变砖进行冲击试验和静力试验。

冲击试验是将应变砖放在冲击振动台上进行冲击，记录其应变波形。如果其应变波形的脉冲上升时间和形状与冲击台的冲击特性相符，则说明该应变砖的动态性质能反映岩体的动态特性。

静力试验一般可在压力机上进行。用压力计进行监视，其目的是检验应变砖测量数据的可靠性和变形的均匀性。

5.应变砖的埋设

应变砖的埋设位置应十分准确，否则将会给测试带来误差。

5.5.4　动态应变数据处理

进行爆破动应变测量时必须对记录下来的信号进行分析、处理，才能获得有用的资料和数据。

5.5.4.1　动态应变波形分析

1.时域分析

时域分析是指在幅值和时间坐标平面内的分析。爆破应变测量中一般可由人工直接对测试记录的波形进行量测而获得。通过时域分析可以获得应变极值、应变持续时间和上升时间等特征参数。

2. 频域分析

通过频域分析可以得到应变波形的功率谱和自相关函数等，从而可进一步确定该应变信号的频率成分和其他特性。

3. 回归分析

为指导工程爆破实践，经常需要研究不同条件（如不同地质、岩层、装药量、装药结构和距离等）下应变波的传播变化规律，而要解决这一问题，必须对所测数据进行回归分析。

5.5.4.2　应变、应力换算

电阻应变测试测出的只是试（构）件上某测点处的应变，其应力还必须经过换算才能得到。不同的应力状态有不同的换算关系。

1. 单向应力状态

当测点处于单向应力状态时，应变计沿主应变方向粘贴，测得的主应变为 ε，则该点的主应力 σ 为

$$\sigma = E\varepsilon$$

式中：E 为被测试件材料的弹性模量。

2. 已知主应力方向的二向应力状态

这种情况下可沿两个主应力方向粘贴两个相互垂直的应变计。设测点的两个主应变为 ε_1 和 ε_2，那么该点的主应力 σ_1、σ_2 分别为

$$\begin{cases} \sigma_1 = \dfrac{E}{1-\mu^2}(\varepsilon_1 + \mu\varepsilon_2) \\ \sigma_2 = \dfrac{E}{1-\mu^2}(\varepsilon_2 + \mu\varepsilon_1) \end{cases} \tag{5-14}$$

式中：μ 为被测试件材料的泊松比。

3. 未知主应力方向的二向应力状态

由于主应力方向未知，必须在测点处粘贴三个不同方向的应变计（即应变花），分别测出该点三个方向的应变后才能算出主应力。常用的应变花有两种，如图 5-19 所示。

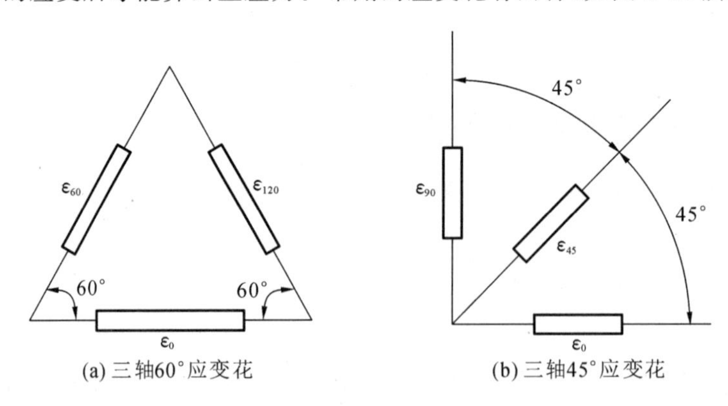

图 5-19　应变花

(1) 三轴 45°应变花用于主应力方向大致知道但不能完全肯定的情况。若三个方向的

应变分别为 ε_0、ε_{45}、ε_{90}，则测点的主应力大小和方向分别为

$$\frac{\sigma_1}{\sigma_2}=\frac{E}{2}\left(\frac{\varepsilon_0+\varepsilon_{90}}{1-\mu}\pm\frac{\sqrt{2}}{1+\mu}\sqrt{(\varepsilon_0-\varepsilon_{45})^2+(\varepsilon_{45}-\varepsilon_{90})^2}\right) \tag{5-15}$$

$$\mathrm{tg}2\alpha=\frac{2\varepsilon_{45}-\varepsilon_0-\varepsilon_{90}}{\varepsilon_0-\varepsilon_{90}} \tag{5-16}$$

式中：α 为 σ_1 方向与 ε 方向间的夹角，逆时针方向为正。

(2) 三轴 60°应变花常用于主应力方向无法估计的情况。设三个方向的应变为 ε_0、ε_{60}、ε_{120}，那么测点的主应力大小及方向分别为

$$\frac{\sigma_1}{\sigma_2}=\frac{E}{3}\left(\frac{\varepsilon_0+\varepsilon_{60}+\varepsilon_{120}}{1-\mu}\pm\frac{\sqrt{2}}{1+\mu}\sqrt{(\varepsilon_0-\varepsilon_{60})^2+(\varepsilon_{60}-\varepsilon_{120})^2+(\varepsilon_{120}-\varepsilon_0)^2}\right) \tag{5-17}$$

$$\mathrm{tg}\alpha=\frac{\sqrt{3}(\varepsilon_{60}-\varepsilon_{120})}{2\varepsilon_0-\varepsilon_{60}-\varepsilon_{120}} \tag{5-18}$$

此外，还有其他形式的应变花——四轴应变花，其中第四个应变计的应变读数起校核作用。

5.5.5　混凝土边坡爆破动态应变测试实例

5.5.5.1　边坡模型

本试验包含无预裂缝边坡模型与有预裂缝边坡模型各一个，两个边坡模型的尺寸相同。混凝土边坡模型示意图如图 5-20 所示。

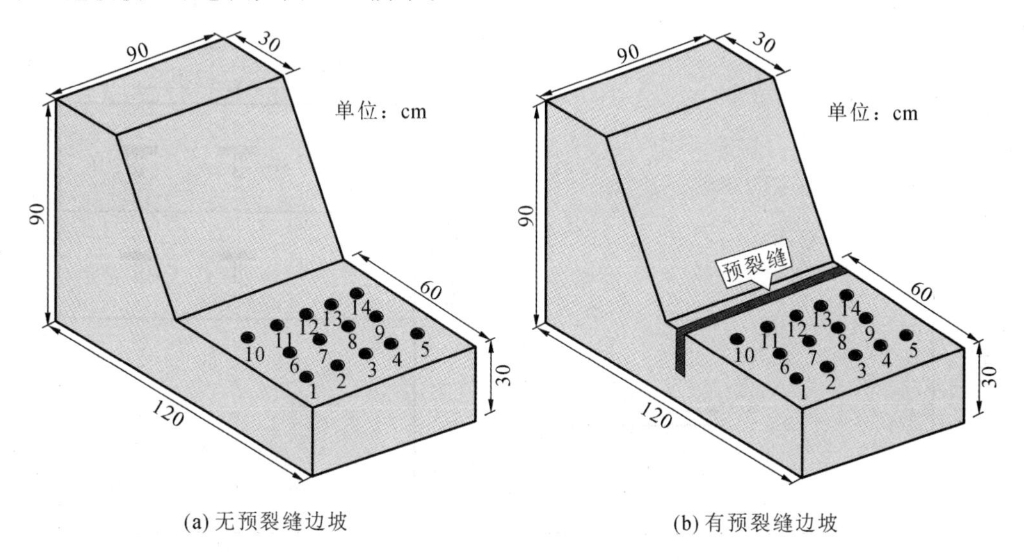

(a) 无预裂缝边坡　　(b) 有预裂缝边坡

图 5-20　混凝土边坡模型示意图

混凝土边坡模型由 425＃硅酸盐水泥和筛选后的细砂浇注而成，水、水泥、细砂之间的配比为 1∶2∶4，预裂缝的尺寸为宽 2 cm、深 10 cm，模型浇注完成后养护 28 天。同时，还用相同材料浇注三个 150 mm×150 mm×150 mm 的标准试块以测量该材料的物理力学性能参数。经测试，得到混凝土边坡模型的物理力学性能参数，如表 5-19 所示。

表 5-19　素混凝土边坡模型物理力学性能参数

密度 ρ/(kg/m^3)	屈服应力/MPa	静弹性模量/GPa	切线模量/GPa	泊松比 μ	强化系数 β
2220	32.0	19.0	0.88	0.29	0.5

5.5.5.2　动态应变测试方案

动应变测试在室内混凝土边坡上进行，模型试件采用 425＃硅酸盐水泥和筛选后的细砂浇注而成，水、水泥、细砂配比为 0.5∶1∶2，养护 28 天。在边坡模型底部加装模板预制减振沟，减振沟宽度为 20 mm、深度为 15 cm。边坡模型两边加装两块 10 mm 厚钢板，钢板与混凝土之间安装 3 mm 厚橡胶垫，两块钢板通过 4 根铁丝连接，通过扭紧铁丝给模型施加预应力，用以改善模型边界条件的相似性。模型浇注过程中用钢筋预制炮孔，炮孔深度为 15 cm，直径为 10 mm。

动应变测试仪器选用武汉优泰电子技术有限公司生产的 uT7110 动态应变仪及相应 TekAcqu 软件。应变测点布置方案为：在混凝土边坡坡顶及坡面分别布置 2 个测点（A 测点和 B 测点以及 C 测点和 D 测点），每个测点分别布置水平、垂直方向电阻应变片，其电阻为 120 Ω，灵敏度系数为 3.14。测试采用半桥接法，对每个通道单独设置温度补偿片，导线电阻为 0.3 Ω，采样频率为 128 kHz。分别以孔间延期 5 ms、10 ms、15 ms、20 ms 和 25 ms 进行逐孔爆破试验，且每组爆破试验进行两次，即分别在有减振沟与无减振沟的边坡模型上进行。孔间延期通过铱钵表控制数码电子雷管实现，两个边坡模型的测点布置相同，如图 5-21 所示。

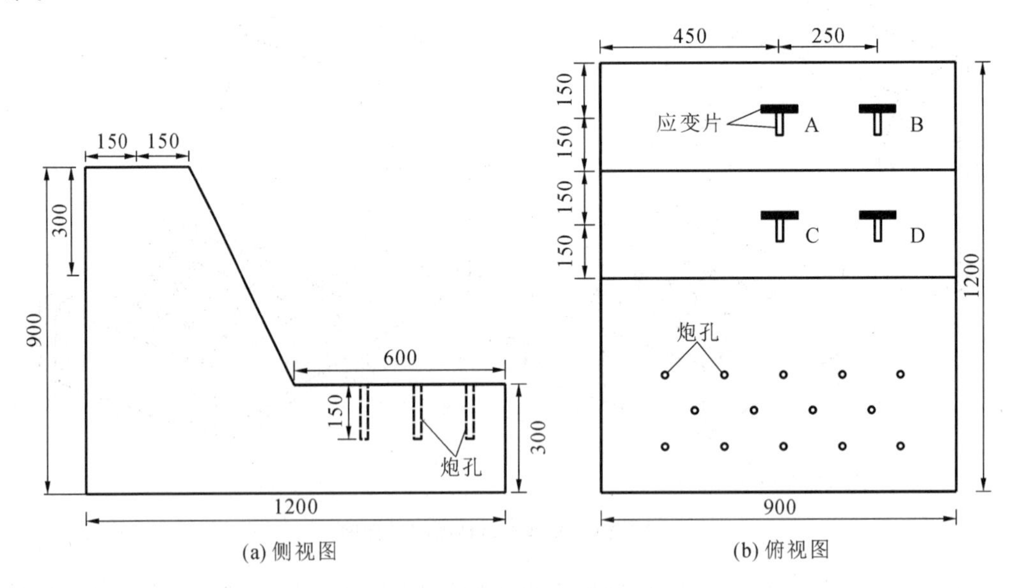

图 5-21　应变片布置图(单位:mm)

5.5.5.3　测试结果及分析

1. 减振沟对应力场传播衰减规律影响研究

应变峰值测试结果如表 5-20 所示。

表 5-20　应变峰值数据($\varepsilon/\mu\varepsilon$)

炸药段数	减振沟	A 测点		B 测点		C 测点		D 测点	
		径向	切向	径向	切向	径向	切向	径向	切向
3	无	63	54	45	41	49	—	74	35
	有	40	40	26	27	55	29	39	27
	降低率/(%)	36.5	25.9	42.2	34.1	−12.2	—	47.3	22.9
3	无	70	60	52	61	56	—	50	38
	有	17	29	21	18	16	9	19	14
	降低率/(%)	75.7	51.7	59.6	70.5	71.4	—	62	63.2
3	无	75	53	44	41	58	—	87	38
	有	40	50	37	40	34	38	38	33
	降低率/(%)	46.7	5.7	15.9	2.4	41.4	—	56.3	13.2
3	无	56	58	57	48	90	—	119	58
	有	44	62	39	32	39	29	32	35
	降低率/(%)	21.4	−6.9	31.6	33.3	56.7	—	73.1	39.7
2	无	59	62	41	51	66	—	108	43
	有	42	74	29	20	29	21	23	22
	降低率/(%)	28.8	−19.4	29.3	60.8	56.1	—	78.7	48.8

注：降低率$=(\varepsilon-\varepsilon_{减振沟})/\varepsilon\times100\%$

由表 5-20 可以看出，同组爆破方案、有减振沟情况下，边坡各测点应变峰值均出现明显的下降趋势，有个别增大，这是因为动应变测试受周围电磁干扰。计算各测点径向或切向应变峰值在有、无减振沟情况下的降低率，而后取其平均值，由于减振沟的存在，径向应变峰值平均降低率为 49.4%，切向应变峰值平均降低率为 35.2%。由此可见，通过在爆区与边坡保留岩体间开挖减振沟可大幅降低爆破开挖引起的坡面处应力峰值，有效改善边坡应力状态，有利于保证边坡稳定性。

通过广义胡克定律，取弹性模量为 19 GPa(标准试样测得)，依次计算得到没有减振沟情况下坡面最大径向应力值为 2.26 MPa，最大切向应力值为 1.16 MPa；而在减振沟存在情况下，最大径向应力与最大切向应力依次为 0.84 MPa、0.95 MPa。

2. 延期时间对应力场叠加程度影响规律研究

为研究孔间毫秒延期时间对各测点应变峰值影响，以 B 测点和 D 测点为例，定义应变波形前两次峰值时刻为 T_1、T_2，在无减振沟时，各种爆破方案下 B 测点和 D 测点处应变峰值时刻如表 5-21 所示。

表 5-21 不同延期时间下应变峰值时刻

延期时间/ms	B 测点				D 测点			
	径向		切向		径向		切向	
	T_1/ms	T_2/ms	T_1/ms	T_2/ms	T_1/ms	T_2/ms	T_1/ms	T_2/ms
5	54.98	59.88	55.12	59.77	54.81	59.45	55.00	59.76
10	26.34	36.13	26.25	36.56	26.02	36.26	26.05	36.58
15	42.01	57.15	42.55	57.34	42.01	56.81	42.45	57.48
20	21.76	41.62	21.38	41.58	21.19	41.50	21.16	41.58
25	32.63	57.51	32.49	57.53	32.13	57.19	32.66	57.63

典型应变波形如图 5-22 所示。

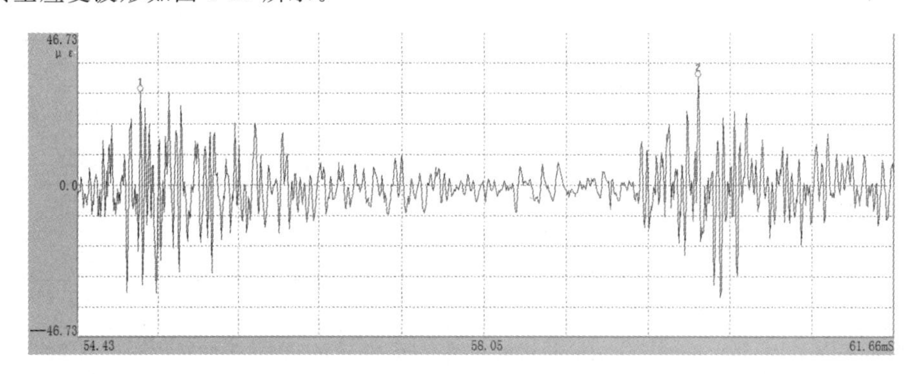

图 5-22 典型应变波形

孔间延期时间为毫秒量级，势必造成段间应变波形的叠加，从而导致应变峰值时刻差值并非严格的设计延期时间值，故为定量地给出孔间延期时间对应变峰值的影响程度，定义延期时间影响系数为 Ω：

$$\Omega = |(T_2 - T_1) - t_0| \tag{5-19}$$

式中：t_0 为设计延期时间。

Ω 值越大，延期时间对应变峰值影响越大；反之，亦然。

B 测点和 D 测点处径向与切向应变的 Ω 值如表 5-22 所示。

表 5-22 各测点处 Ω 值

设计延期时间/ms	B 测点		D 测点	
	径向	切向	径向	切向
5	0.09	0.35	0.36	0.24
10	0.21	0.31	0.24	0.53
15	0.14	0.21	0.20	0.03

续表

设计延期时间/ms	B 测点		D 测点	
	径向	切向	径向	切向
20	0.14	0.20	0.31	0.42
25	0.12	0.04	0.06	0.03

通过图 5-23 可便于比较分析延期时间影响系数与设计延期时间的关系。

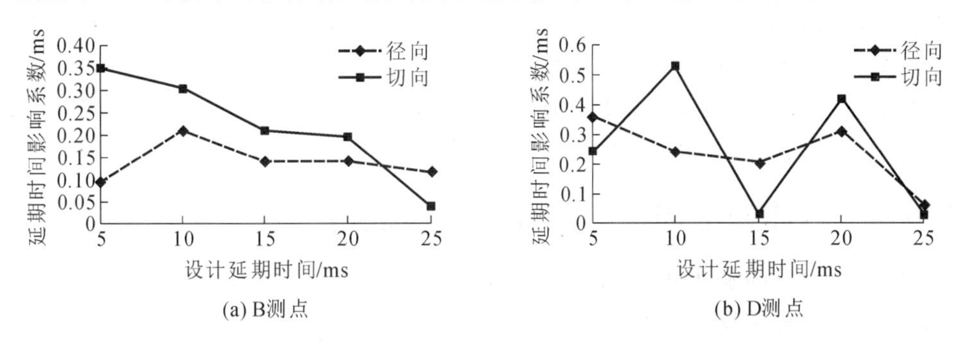

图 5-23　B 测点和 D 测点的延期时间影响系数与设计延期时间的关系

由表 5-22 及图 5-23(a)可以看出，坡顶 B 测点处切向 Ω 值在延期时间为 5～20 ms 时均比径向 Ω 值大，且整体呈现缓慢衰减趋势，在延期时间为 25 ms 时达到最小值，为 0.04，径向 Ω 值在延期时间为 10 ms 时出现极大值，随后呈微弱衰减趋势；临近边坡毫秒延时爆破开挖岩体，针对坡顶宜选取孔间延期时间大于 10 ms，可减小延期时间对应变峰值影响，降低应变波形的叠加。

由表 5-22 及图 5-23(b)可以得到，坡面 D 测点处径向 Ω 值在延期时间为 0～15 ms 区间内逐渐减小，而后在 20 ms 时出现极大值，达到 0.31，然后又在 25 ms 时降低至最小值0.06。切向 Ω 值随孔间延期时间增加，呈升降交替形式变化，在 10 ms 及 20 ms 处出现极大值，在 15 ms 与 25 ms 时出现极小值，为 0.03，几乎趋近于 0；边坡爆破开挖针对坡面宜选取孔间延期时间 15 ms 或 25 ms，可降低延期时间对应变峰值影响。

综合 B 测点和 D 测点分析结果可知，试验条件下，混凝土边坡爆破开挖时，为尽量避免相邻炮孔产生的应变波形发生叠加，建议选取 15 ms 或 25 ms 为孔间合理延期时间值。

5.6　岩体爆破损伤

在大型交通、水利、水电工程中，爆破破碎岩石逐渐成为高效且经济的岩体主要开挖手段。岩体中炸药爆炸后，伴随有巨大能量产生，向外释放巨大的压力以及高热气体，其中部分能量耗于破碎岩石和移动岩石，其他能量则浪费于爆破振动、热、噪声以及爆破飞石上；同时爆破动荷载对保留岩体会造成不同程度的损伤破坏，围岩承载能力随之降低。为了充分利用岩石爆破时炸药爆炸能，最大限度发挥炸药破碎和分裂岩石的作用，对岩体破坏及损伤进行准确测试与有效控制，对于确保围岩稳定性、提高施工效益具有重大实际意义。

5.6.1　岩体爆破损伤形成机理

实际天然岩体中含有大量原生裂隙、孔洞、节理等"缺陷"，这些不同尺度的微细结构是损伤的典型表现。试图研究其中单个"缺陷"或若干"缺陷"对岩体力学效应的影响是极不现实的，工程岩体力学参数的劣化是所有"缺陷"及其相互间作用的共同结果所致，即导致岩体宏观力学性能劣化是损伤的外在表现。岩体中由于含有大量原生裂纹而存在初始损伤，在爆破荷载作用下，尤其是在多次爆破作用下，在爆破近区和中区，岩体内部原生微裂纹进一步扩展和贯穿，并形成大量新的裂纹；在爆破远区，岩体受开挖扰动和爆破振动的耦合作用，最终都将导致岩体宏观力学性能劣化直至最终失效或破坏，这是一个连续损伤演化累积的过程，即爆破动荷载导致岩体宏观失效的过程并不是单次爆破作业造成的，而是多次爆破共同作用的结果。也就是说，岩体爆破损伤效应是客观存在的。

5.6.2　岩体爆破损伤的声波速度表征方法

岩体作为非均质的脆性材料，在爆破荷载作用下，岩体内部裂隙张开、扩展、贯通，导致炸药附近的岩体结构及物理性能劣化。

(1) 考虑岩体在爆破作用下弹性模量的降低，可用比例常数 D，即弹模损失系数来表征岩体的损伤程度。比例系数 D 可表示为

$$D = 1 - \frac{\overline{E}}{E} \tag{5-20}$$

式中：E 为爆破前岩体的弹性模量；$\overline{E}$ 为爆破后岩体的等效弹性模量。

$D=0$ 时，代表岩体无损伤；$D=1$ 时，代表岩体破碎，此时岩石传递拉应力能力为 0；$0<D<1$ 时，代表岩石处于非完全断裂的过渡状态。

(2) 在一些工程实践中，爆破开挖虽然满足了相关规范要求和生产规定，但是爆破荷载仍对保留岩体产生了不同程度的损伤。

完整性系数 K_V 按下式计算：

$$K_V = (v_p / v_{pr})^2 \tag{5-21}$$

式中：v_p 为爆破后岩体纵波速度；v_{pr} 为爆破前岩体纵波速度。

虽然完整性系数 K_V 并未被引入岩体爆破损伤的力学概念中，但式(5-21)实际上已宏观反映出岩体损伤特征。

(3) 根据弹性力学理论，基于弹性波波动方程的静力学推导，岩体中超声波纵波速度与横波速度可分别表示为

$$C_p = \{E(1-\mu)/[\rho(1+\mu)(1-2\mu)]\}^{0.5} \tag{5-22}$$

$$C_s = \{E(1-\mu)/[2\rho(1+\mu)]\}^{0.5} \tag{5-23}$$

式中：C_s 为岩体中横波速度；C_p 为岩体中纵波速度；ρ 为岩体介质密度；E 为岩体介质的弹性模量；μ 为岩体介质的泊松比。

由式(5-22)、式(5-23)可以看出，岩体中超声波波速与岩体介质弹性模量、密度以及泊松比等自身力学参数密切相关，而这些力学参数直接决定着岩体介质的抗压、抗拉强度和密实程度。因此，可以通过岩体中超声波波速间接反映岩体的受损程度，即岩体的损伤。

基于超声波波速检测的岩体爆破损伤度 ΔD 与第 i 次爆破前后声速降低率 η_i 间的关系可定义为

$$\begin{cases} \Delta D = 1 - \dfrac{E_i}{E_0} = 1 - \left(\dfrac{C_i}{C_0}\right)^2 = 1 - (1 - \eta_i)^2 \\ D_n = D_0 + \sum\limits_{i=1}^{n}\left[1 - \left(\dfrac{C_i}{C_0}\right)^2\right] \end{cases} \tag{5-24}$$

式中：E_0 为爆破前岩体的弹性模量；E_i 为第 i 次爆破后岩体的等效弹性模量；C_0 为爆破前岩体中纵波速度；C_i 为第 i 次爆破后岩体中纵波速度；D_n 为 n 次爆破作用后岩体爆破累积损伤。

实践表明，岩体内部存在天然初始损伤(微裂隙、孔洞)。爆破动荷载作用下，这些微裂隙发育、扩展直至贯通形成裂缝。当超声波纵波到达这些结构界面(裂缝)时，会出现反射、绕射及散射等现象。故纵波速度因传播路径的延长而降低，且纵波速度的降低程度与裂缝宽度及数量密切相关。随着爆破作用次数的增加，裂缝宽度及数量不断增加，故纵波速度不断降低。依靠纵波速度的变化对岩体爆破损伤进行表征具有很强的理论依据，且声波测试技术及仪器研制也趋于完善，故基于声波测试技术对岩体爆破损伤进行分析研究极为广泛。

5.6.3　岩体声波测试方法

目前，岩体声波测试方法主要有透射法、折射法和反射法。现场声波测试常用钻孔法，该法又分为单孔测试和跨孔测试两种方式。单孔测试一般属于折射波测试法，而跨孔测试属于透射波测试法。

5.6.3.1　单孔测试

声波测井仪

单孔声波检测用于了解沿孔深方向岩体的质量，在检测时将发射、接收换能器置于同一钻孔中，发射换能器 F 一般采用圆形压电陶瓷发射声波脉冲，散射半角 φ_1 的大小与发射换能器中压电陶瓷圆管的高度 h 有关。选择适当高度 h 的圆管，按斯涅尔定律，第一临界角 $i = \arcsin C_p / C_w$，其中 C_p 为岩体波速，C_w 为水的波速。当 $\varphi_1 > i$ 时，将一束声波通过井液，以临界角 i 射入岩体中，在孔壁产生滑行纵波。根据惠更斯原理，沿孔壁滑行波每点都成为新的波源，又以临界角 i 的声波束折射到钻孔中，并被接收换能器 S_1 和 S_2 接收，如图 5-24 所示。

换能器 F 与 S_1、S_2 之间的距离应设计成使沿孔壁传播的波比经水中的直达波先到达 S_1 和 S_2，同时，换能器 F 与 S_1、S_2 之间的连接物应采用隔声橡胶或做成网格状，以阻断或延迟经连接物传播的直达波。当分别测得的声波从 F 发射，到达 S_1、S_2 的时间为 t_1、t_2 时，BC 段声波速度 C_p 可按以下公式计算，记录点位置在两个接收换能器之间，当保持检测点间距等于两个接收换能器间距时，即可取得连续的声波速度曲线，进而得到钻孔周边岩体的深度-超声波纵波速度的剖面曲线，由此可判断岩体松动圈的范围。

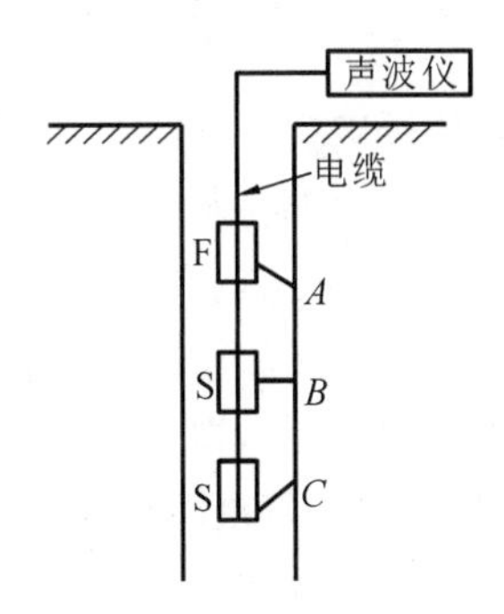

图 5-24　单孔声波检测示意图

$$C_p = \frac{\Delta L}{t_1 - t_2}$$

式中：ΔL 为 S_1、S_2 两个接收换能器间的距离。

5.6.3.2　跨孔测试

透射波测试法是利用声波直接穿透介质来探测岩体内部的方法。跨孔声波检测示意图如图 5-25 所示。

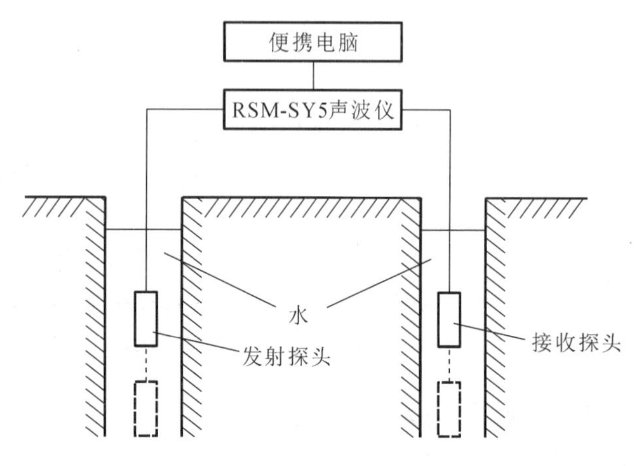

图 5-25　跨孔声波检测示意图

若发射探头与接收探头的间距一定，设为 L，测试时从仪器显示的波形图上读出纵波在两个测点之间传播经历的时间 Δt，即可得到纵波平均传播速度：

$$C_p = \frac{L}{\Delta t}$$

透射波测试法不仅可以研究任何路径上进行的声波传播，而且因为发射、接收换能器的电声和声电的能量转换率高，在岩体中的穿透能力强，传播距离长，探测范围大。同时，干扰因素少，波形简单、清楚、起跳点清晰，各类波形易于辨认。所以，透射波测试法是一种既简单、效果又好的方法，是目前声波测试最常用的方法。但是，该方法要求发射、接收换能器之间的距离测量准确，否则计算误差较大。

5.6.4　基于声波测试的爆破累积损伤计算方法修正

岩体爆破损伤无论是在空间上还是在时间上均是一个连续变化的内变量，是材料真实缺陷对岩体内部材料力学行为影响的笼统表观量。爆破损伤累积效应是指在爆破动荷载作用下，岩体内部结构产生的不可逆宏观变化，从能量角度看这是一种能量耗散的不可逆过程。在爆破近区和中区，随着爆破动荷载作用次数的增加，爆破应力波使得岩体内部微裂隙进一步扩展、发育，造成超声波速度的变化，产生新的损伤增量和纵波速度降低率。相关文献表明，在损伤发展不同阶段，岩体爆破损伤累积速度具有时变特性，且每次爆破作用下的损伤增量均以本次爆破作用前岩体内宏观力学参数水平为前提。而根据前述分析结果可以看出，这种宏观力学参数水平恰恰是通过超声波波速进行表征的。由此可以看出，爆破损伤累积效应是客观存在，且损伤增量具有延续相对性。定义第 n 次爆破作用下，岩体爆破损伤

增量为

$$
\begin{cases}
\Delta D_1 = 1 - \left(\dfrac{C_1}{C_0}\right)^2 = 1 - (1 - \eta_1)^2 \\
\Delta D_2 = 1 - \left(\dfrac{C_2}{C_1}\right)^2 = 1 - (1 - \eta_2)^2 \\
\qquad \vdots \\
\Delta D_n = 1 - \left(\dfrac{C_n}{C_{n-1}}\right)^2 = 1 - (1 - \eta_n)^2
\end{cases} \tag{5-25}
$$

式中：ΔD_i 为第 i 次爆破时，岩体爆破损伤增量；C_i 为第 i 次爆破后，岩体中声波速度；η_i 为第 i 次爆破后，岩体中声速降低率；i 为爆破作用次数，$i=1,2,\cdots,n$。

爆破损伤累积效应是客观存在的，其具有不可逆性，且频繁爆破作用下，单次爆破动荷载作用下的损伤增量均是以之前数次爆破作用后岩体中微裂隙、节理（之前数次爆破作用导致）发育程度、宏观力学参数的劣化程度为前提的，而每次爆破前岩体中声波速度恰恰能够对当前岩体质量进行定量描述，因此该式（5-25）具有确切的物理意义。

因此，n 次爆破作用后，岩体爆破累积损伤度 D_n 可表示为

$$
D_n = D_0 + \sum_{i=1}^{n} \left[1 - \left(\frac{C_i}{C_{i-1}} \right)^2 \right] \tag{5-26}
$$

将式（5-24）、式（5-26）分别定义为基于声波速度测试的爆破累积损伤经典算法和修正算法。

5.6.5　岩体爆破损伤测试实例

1. 工程概况

堰口采石场辉绿岩矿位于湖北省十堰市茅箭区，矿区面积为 0.0591 km^2，地处北亚热带湿润季风气候区，年平均气温在 15.5 ℃左右，极端最高气温为 41.1 ℃，极端最低气温为 −14.9 ℃，年平均降雨量为 828.5 mm，矿区属构造侵蚀剥蚀低山山坡与丘陵交接部位，沟谷发育，地表切割较强烈，地层及岩性简单，矿体主要成分为晋宁期辉绿岩，岩石裂隙不发育，且大部分裂隙呈闭合状态。

采石场爆破参数为：孔距为 3～4 m，排距为 2.5～3 m，单孔药量约为 35 kg，单次爆破总药量约为 100 kg，分段延时爆破，为避免段间波形叠加，孔内延期选用毫秒导爆管 5 段，孔外选用 7 段。由于采石场严格控制爆破参数，使得各次爆破规模相当，故使得各次爆破后声测数据具有可比性。随着开采深度的增加，采石场已形成高约 60 m 人工高陡边坡，边坡坡角约为 60°。

2. 声波速度测试方法

声波速度测试选用跨孔测试法，现场试验时在已形成坡面距坡脚 1.2 m 处分别钻取 2 组共 4 个声波测试孔，声波测试孔编号依次为 1＃、2＃、3＃、4＃，1＃、2＃为第一组，3＃、4＃为第二组，每组声波测试孔孔距为 1.1 m，孔径为 90 mm，孔深为 5.75 m，声波测试孔均向下倾斜 10°，便于存水，如图 5-26 所示。

声波测试仪器选用武汉中岩科技股份有限公司研发的 RCT 松动圈测试仪器，换能器为

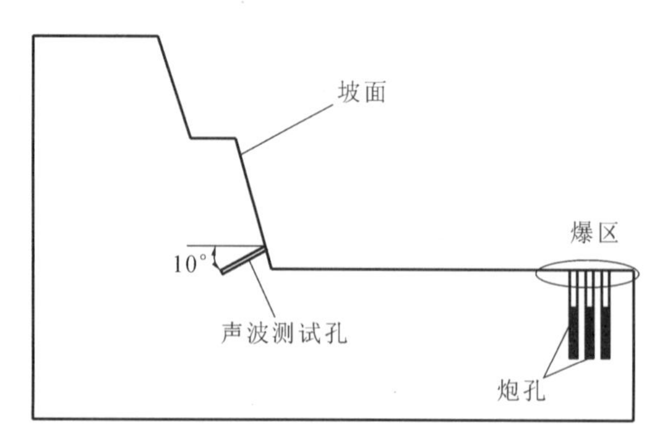

图 5-26　台阶坡面声波测试孔分布

50 kHz 一发一收双孔换能器。在声波测试孔内按 25 cm 的提升高度进行声波速度测试。为确保声波速度测试数据精度，测试前，对所选用仪器进行校准；测试过程中，按照 25 cm 间隔进行读数；同一测点测两次，取其平均值为最终声波速度值；对异常测点，读数 3 次，读数差控制在 5%以内，以最接近的两次测值平均值作为声波速度值。为避免判读误差，采取自动判读模式。

具体检测步骤为：接好设备，设置好跨距等声波仪器参数；同时将两个换能器置于声波测试孔孔底，向声波测试孔内注水至水从孔口溢出；进行检测、读数和记录；同时向上提升换能器 0.25 m 至下一检测深度；重复前述步骤。声波速度测试现场如图 5-27 所示。

(a) 调制仪器

(b) 声波速度检测

图 5-27　声波速度测试现场

3. 测试结果及分析

根据各次爆后不同孔深处声波速度测试数据，依次计算得到不同孔深处声波速度的平均值，得到岩体内纵波速度随孔深的变化曲线，如图 5-28 所示。

由图 5-28 可以看出，岩体内纵波速度随孔深的增加逐渐降低，表明沿与坡面垂直方向越往里面，边坡保留岩体等级越低，裂隙越发育，孔洞越多，岩体损伤也越大，这与随孔深增加，岩体受爆破动荷载作用影响逐渐减小的常规认识是相互矛盾的，分析其原因，得知这种差异并不是频繁爆破作用引起的，而是岩体天然地质结构造成的，是原岩地质条件导致了声波速度的这种明显差异。

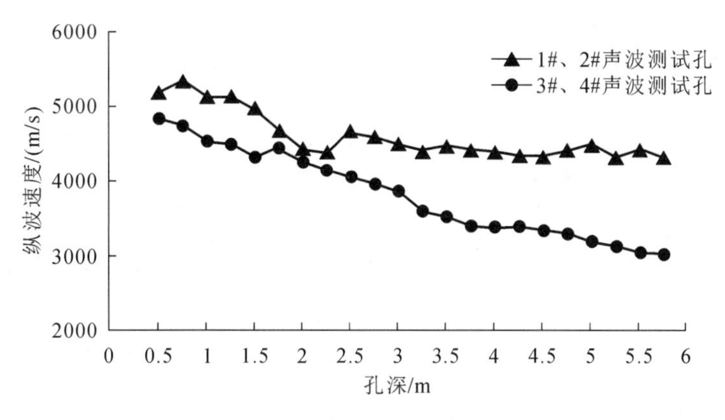

图 5-28　纵波速度与孔深的关系

现以1#、2#声波测试孔中所测得的数据为例，对岩体爆破损伤经典算法及修正算法进行对比分析研究，6次爆破作用后1#、2#声波测试孔不同孔深处声波速度变化情况如表5-23所示。

表 5-23　1#、2#声波测试孔不同孔深处声波速度变化情况　(单位:m/s)

孔深/m	爆破作用次数						
	0	1	2	3	4	5	6
1	5419	5288	5093	5046	5164	4793	4659
1.5	5263	5023	4955	4901	5069	4832	4681
2	4741	4603	4583	4574	4400	4128	4223
4.25	4564	4418	4415	4298	4314	4305	4339
4.5	4400	4365	4365	4348	4247	4175	4007

各次爆破作用时相应爆破参数如表5-24所示。

表 5-24　爆破参数

爆破作用次数	最大单响药量/kg	总药量/kg	爆心距/m
1	35	93	17
2	36	101	17
3	40	110	21
4	38	105	20
5	36	113	14
6	40	90	18

根据表5-23中声波速度测试数据对爆破累积损伤进行定量计算，由基于声波速度测试的损伤计算公式可以看出，初始损伤决定了累积损伤的起点，但对累积损伤的影响关系并未

体现，故假设岩体中初始损伤为 0，分别使用式(5-24)的经典算法以及式(5-26)的修正算法计算得到不同孔深处各次爆破作用下损伤增量，如图 5-29 所示。

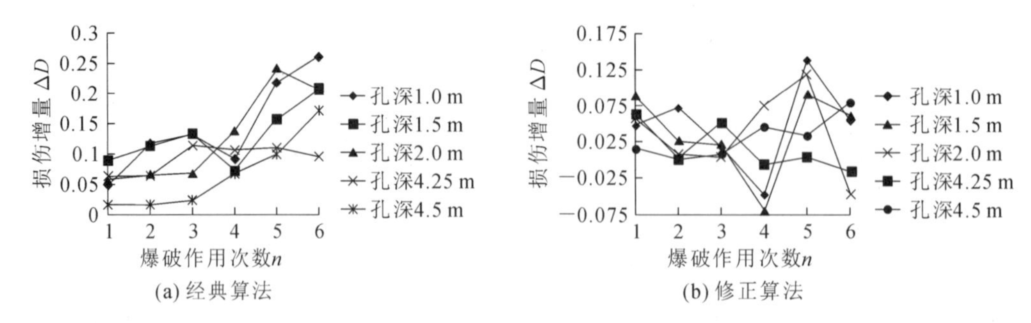

图 5-29　岩体不同孔深处各次爆破作用下损伤增量

由图 5-29 可以看出，通过经典算法计算的爆破损伤增量随爆破作用次数的增加，呈现逐渐增大趋势，而修正算法计算得到的爆破损伤增量无明显规律可循。仔细观察发现，同一次爆破作用下，孔深越大，两种方式计算得到的损伤增量都越小。

实际岩体爆破开挖时，保留岩体经历频繁爆破动荷载作用后，损伤增加，岩体内裂隙扩展、节理发育，导致岩体结构面对爆炸应力波衰减、反射能力增强，假设爆破动荷载强度等级保持不变，岩体爆破损伤增量理应逐渐减小或保持不变，显然在这一点上经典算法存在不合理性。

图 5-29(b)中在第 4 次爆破作用下，孔深为 1.0 m 及 1.5 m 处，岩体爆破损伤增量均出现了负值，仔细观察表 5-23 发现，第 4 次爆破作用下，声波速度出现了略微增加的现象，表明此时岩体内部一些孔洞、裂隙等“缺陷”在爆破动荷载作用下发生闭合，而图 5-29(a)中损伤增量仅仅出现微弱降低现象，并未反映出岩体内部“缺陷”的闭合。

结合表 5-24 及图 5-29 可以看出，最大单响药量与总药量均相当的第 2 次爆破作用与第 5 次爆破作用下，第 5 次爆破作用时的损伤增量明显大于第 2 次，仔细观察可发现是爆心距因素导致了这种差异。

分别使用式(5-24)的经典算法以及式(5-26)的修正算法计算得到岩体不同孔深处数次爆破作用后的累积损伤，如图 5-30 所示。

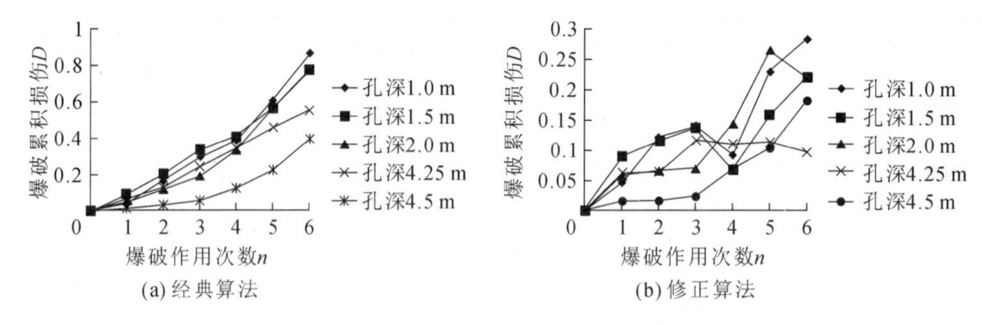

图 5-30　岩体不同孔深处爆破累积损伤

由图 5-30 可以看出，两种计算方法算得的累积损伤均整体呈逐渐增大趋势，且相同次爆破作用后，孔深越大，累积损伤越小；经典算法算得的孔深 1.0 m 处 6 次爆破作用后累积损伤值为 0.868，趋近岩体损伤上限值 1，远大于经修正算法算得的累积损伤值 0.285，由现场观测及边坡稳定性监测可知，在随后的开挖过程中，边坡保留岩体稳定性较好，未出现坡面岩块垮塌或岩体失稳现象，一定程度上反映出经典算法计算结果偏于保守，相较于修正算法，一定程度上阻碍岩体爆破开挖、生产效益最大化。

图 5-30(b)中，第 5 次爆破作用下，孔深 1.0 m、1.5 m、2.0 m 处岩体爆破累积损伤出现了阶跃现象，观察表 5-23 可以发现，此次爆破作用导致了孔深 1.0 m、1.5 m、2.0 m 处声波速度较大幅度的降低，而图 5-30(a)却只呈现出单调逐级增加的趋势，表明修正后的损伤计算式对声波速度变化幅度的体现更加显著。

5.6.6 岩体边坡爆破损伤控制措施

损伤力学研究表明，爆破动荷载作用下，岩石的断裂、破碎是其内部损伤连续演化、累积的过程，即岩石的损伤机制可归结为其内部微裂隙的动态演化。岩石是典型的脆性易损伤材料，其内部天然存在大量微裂隙，频繁的爆破动荷载作用下岩体的质量降低及破坏过程主要是这些裂隙的成核、扩展和贯穿最终导致其宏观力学参数劣化，直至最终岩体失效和破坏的过程。

根据损伤力学知识，岩体爆破损伤变量 D 可用下式表示：

$$D = D_0 + \Delta D \tag{5-27}$$

假设在受力面积为 $L \times h$ 的岩体内，有长为 a_0 的单个贯穿初始微裂纹(见图 5-31)，裂纹在岩体内的分布满足统计定义特征。

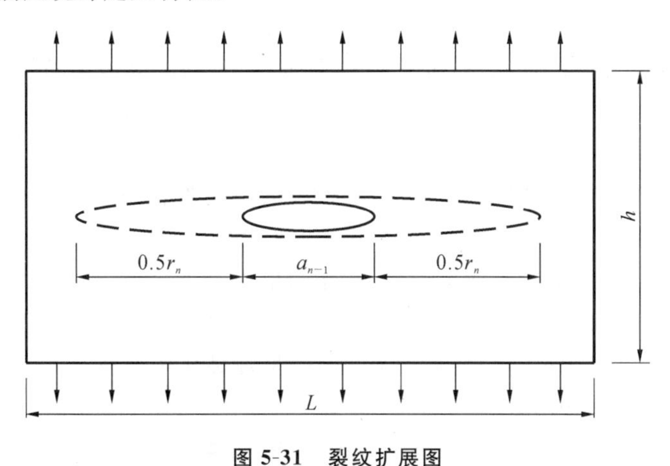

图 5-31 裂纹扩展图

岩体爆破累积损伤度 D_n 可表示为

$$D_n = D_{n-1} + \Delta D_n = \frac{1}{L}\left(a_0 + \sum_{i=1}^{n} r_i\right) = \frac{a_n}{L} \tag{5-28}$$

式中：a_0 为岩体内初始裂纹长度，m；L 为假设的受力面的长度，m；h 为假设的受力面的宽度，m；r_i 为第 i 次爆破作用引起岩体的裂纹扩展长度，m；a_n 为第 n 次爆破作用后岩体中裂纹的总长度，m；ΔD_n 为第 n 次爆破作用引起的岩体损伤增量，为无量纲量。

基于质点振动速度，在 n 次爆破作用后岩体裂纹扩展长度 r_n 的无量纲关系式为

$$r_n = 25.13 a_{n-1} \left(\frac{\rho C_p v_n}{1 - D_{n-1}} \right)^2 \left(\frac{1}{\sigma_{td}} \right)^{2.3} \tag{5-29}$$

式中：ρ 为岩石密度，kg/m^3；C_p 为岩体中纵波的速度，m/s；v_n 为第 n 次爆破时爆破地震波作用下的质点振动速度，m/s；σ_{td}为岩体动抗拉强度，Pa。

令

$$F = \frac{25.13 (\rho C_p)^2}{{\sigma_{td}}^{2.3}} \tag{5-30}$$

则有

$$\Delta D_n = \frac{r_n}{L} = \frac{a_{n-1}}{L} \cdot \frac{F {v_n}^2}{(1 - D_{n-1})^2} = F \cdot {v_n}^2 \cdot \frac{D_{n-1}}{(1 - D_{n-1})^2} \tag{5-31}$$

由式(5-31)可以看出，岩土爆破开挖实践中，与岩体介质固有属性相关的 F 为常量，岩体中初始损伤一定的情况下，爆破动荷载作用下岩体质点振动速度越大，爆破作用造成的损伤增量越大，有限次爆破作用后，岩体爆破损伤累积效应愈显著，对保留岩体的稳定性危害就越大。

由于爆破损伤累积效应是岩土工程爆破实践中难以避免的负面效应，为尽可能减少爆破损伤以及对保留岩体稳定性的危害，通过有效措施控制岩体质点振动速度是关键。为减少爆破动荷载作用对岩体的损伤和危害，基于前文针对精确延时控制爆破地震波传播衰减规律及精确延时控制爆破振动强度所取得的研究成果，试图从爆破能量及能量传递过程两方面考虑减小爆破振动强度及爆破损伤累积效应，维持保留岩体的稳定性。

1. 爆破能量控制

降低炸药爆炸后能量的释放量，对降低爆破振动强度有显著效果，这里主要通过减小爆破规模和单段最大药量、选择合适的炸药种类、改善装药结构等方式来实现。

(1) 减小爆破规模和单段最大药量。

在爆区地质条件一定的情况下，爆破振动速度大小主要取决于单段最大药量，故实践中应该严格控制同段装药量，减小单次爆破作用下裂纹扩展长度，降低损伤的累积速度。研究表明，炸药单耗过大，会过度粉碎或抛掷岩石，炸药单耗过小，会延迟自由面处拉伸波反射效应，故应选取合适的岩石炸药单耗。同时，频繁的爆破作用必然导致边坡保留岩体的爆破损伤累积效应，因此在满足生产需求的基础上尽量降低爆破作用次数。

(2) 选择合适的炸药种类。

炸药波阻抗 $\rho_1 D$(ρ_1 为炸药密度，D 为炸药爆速)与岩石的匹配程度对爆破振动强度影响很大，实践表明，炸药的 $\rho_1 D$ 值越大，或与岩石的 $\rho_2 C_p$(ρ_2 为岩石密度，C_p 为岩体中纵波的速度)值越接近，爆破振动强度越大。因此，为降低岩体爆破损伤累积效应，应尽可能使两者的波阻抗错开。

(3) 改善装药结构。

通过使用不耦合装药结构(轴向间隔不耦合与径向间隙不耦合)能有效改善爆破地震效应，降低爆破振动强度。采取不耦合装药结构时，间隔空气的存在可缓冲爆炸峰值压力，延长孔壁爆轰压力作用时间，两种效应随着不耦合系数的增大逐渐增强，使得爆炸能量以地震波形式传播的比例逐渐减小。

2.爆破能量传递过程控制

岩体质点振动强度与地震波携带能量息息相关，所以可以通过地震波干扰消峰、人工设置降振沟槽截断地震波传播路径等方式降振。

(1) 采用精确延时控制爆破技术。

设置合理的延时间隔时间，可以使得到达某一特定点的分段地震波间的干扰相消，实现错峰降振，且短毫秒延时下的叠加地震波高频分量显著增加，其在传播过程中衰减速度明显增大。同时，数码电子雷管的应用保证了各药包起爆时刻与设计延期时间高度一致，为采用精确延时控制爆破技术实现降振奠定了基础。

随着传播距离的增大，地震波由于各谐波传播速度具有差异逐渐分开，导致爆破振动持续时间逐渐变长，然而较长的振动持续时间会造成岩体的损伤累积和疲劳效应，故毫秒延时爆破时应避免炸药段数过多或段间延时过长。

(2) 采用预裂爆破技术或开挖减振孔及边坡减振沟。

通过采用预裂爆破技术，在爆源与目标保护物(边坡或构筑物)间预先炸出一裂缝，或通过开挖一定深度及宽度的沟槽，显著降低爆破振动强度。对于边坡而言，也可以通过钻取孔距较小的缓冲、隔震空孔实现降振。预裂缝、减振孔及减振沟的降振机理为：在爆源与目标保护物间形成阻碍地震波能量传递的屏障，当地震波传播至此时，凭借界面处的地震波反射效应，达到降低爆破振动强度的目的。文献表明，同一爆破情况下，预裂爆破技术使得振动强度降低15%；减振沟减振效果与距离负相关，在爆破近区，其减振率约为30%～50%；减振孔可使振动速度降低15%～50%。

(3) 优选最小抵抗线方向。

工程爆破时，最小抵抗线方向岩石所受夹制作用最小，有利于裂缝的形成及发展，且该方向爆破压缩波优先到达并发生反射，使得岩石介质破碎被抛掷，大量爆生气体由该方向冲出，大大提高了爆破剩余能量向空气冲击波传递的转化率，降低了地震波能量，爆破振动强度随之减小。实践表明，抛掷爆破时，最小抵抗线方向爆破振动强度最小，两侧居中，反向最大。故临近边坡控制爆破时，通常将边坡保留岩体设计在最小抵抗线方向两侧。

(4) 充分创造自由面。

研究表明，岩体爆破开挖时，充足的自由面不仅能够改善岩石爆破效果，且能大幅降低爆破振动强度。被爆岩体自由面愈多，其所受周围介质夹制力愈小，炸药单耗随之减小，且自由面处大量爆炸应力波发生反射，导致传入地层中的爆破能量降低，爆破振动强度相应减小。

基于岩体爆破损伤累积宏观机制，针对降低边坡岩体质点振动速度从而减小裂纹扩展长度，上述爆破损伤控制措施具有严密的理论针对性。为了进一步满足工程实践需要，更主动且科学地控制爆破损伤危害，仍需要在岩体爆破损伤模型和损伤门槛值定义、岩体稳定性安全阈值与损伤特征分析比较、损伤声波测试结果与数值模拟结果对比分析等的关联性方面开展进一步的研究工作，从而更好地将岩体损伤及其稳定性完美联系起来。

思 考 题

1. 爆破设计过程中通常采取的振动控制措施有哪些？
2. 简述爆破空气冲击波产生的原因。
3. 阐述水下装药爆破时气泡脉动的产生机理。
4. 论述水下爆炸冲击波的产生原因和危害。
5. 简述岩体爆破损伤的形成机理。
6. 试从爆破能量及能量传递过程两方面分别论述岩体爆破损伤的控制措施。

参考文献

[1] 汪旭光，于亚伦. 关于爆破震动安全判据的几个问题[J]. 工程爆破，2001，7(2)：88-92.

[2] MURMU S，MAHESHWARI P，VERMA H K. Empirical and probabilistic analysis of blast-induced ground vibrations[J]. International and Probabilistic Analysis of Blast-induced Ground Vibrations，2018，103：267-274.

[3] ROY P P. Prediction and control of ground vibration due to blasting[J]. Colliery Gaurdian，1991，239(7)：215-219.

[4] YILMAZ O. The comparison of most widely used ground vibration predictor equations and suggestions for the new attenuation formulas[J]. Environmental Earth Sciences，2016，75(3)：1-11.

[5] 周同岭，杨秀甫，翁家杰. 爆破地震高程效应的实验研究[J]. 建井技术，1997，18(S1)：32-36.

[6] 朱传统，刘宏根，梅锦煜. 地震波参数沿边坡坡面传播规律公式的选择[J]. 爆破，1988，10(2)：30-31.

[7] 宋光明，陈寿如，史秀志，等. 露天矿边坡爆破振动监测与评价方法的研究[J]. 有色金属(矿山部分)，2000(4)：24-27.

[8] 刘美山，吴从清，张正宇. 小湾水电站高边坡爆破震动安全判据试验研究[J]. 长江科学院院报，2007，24(1)：40-43.

[9] 唐海，李海波. 反映高程放大效应的爆破振动公式研究[J]. 岩土力学，2011，32(3)：820-824.

[10] 何理，钟东望，李鹏，等. 下穿隧道爆破荷载激励下边坡振动预测及能量分析[J]. 爆炸与冲击，2020，40(7)：108-117.

[11] 荣吉利，李健. 基于 DYTRAN 软件的三维水下爆炸气泡运动研究[J]. 兵工学报，2008，29(3)：331-336.

[12] P. 库尔. 水下爆炸[M]. 北京：国防工业出版社，1960.

[13] 孙远征,龙源,邵鲁中,等.水下钻孔爆破水中冲击波试验研究[J].工程爆破,2007,13(4):15-19.

[14] 朱锡,牟金磊,洪江波,等.水下爆炸气泡脉动特性的试验研究[J].哈尔滨工程大学学报,2007,26(4):365-368.

[15] 许名标,彭德红.小湾边坡爆破开挖降震措施探讨[J].中国安全科学学报,2006,16(10):4-8.

[16] 闫长斌.爆破作用下岩体累积损伤效应及其稳定性研究[D].长沙:中南大学,2006.

[17] 谢江峰,李夕兵,宫凤强,等.隧道爆破震动对新喷混凝土的累积损伤计算[J].中国安全科学学报,2012,22(6):118-123.

[18] 马建军.岩石爆破的相对损伤与损伤累积计算[J].岩土力学,2006,27(6):961-964.

[19] 朱宽,钟冬望,何理,等.基于高速摄影技术模拟深水爆破环境下气泡脉动规律研究[J].工程爆破,2015,21(1):5-9.

[20] 何理,钟冬望,司剑锋.浅水域爆炸冲击波传播特性[J].河南科技大学学报(自然科学版),2014,35(2):100-104.

[21] 何理,钟冬望,司剑峰.临近边坡毫秒延时爆破合理延时时间试验 [J].工程爆破,2016,22(1):8-13,29.

[22] 黄小武,钟冬望,殷秀红,等.混凝土边坡爆破试验动态应变测试及分析 [J].爆破,2014,31(2):32-36.

[23] 钟冬望,何理,殷秀红.岩体爆破损伤计算公式的改进 [J].武汉科技大学学报,2015,38(3):211-215.

[24] 钟冬望,何理,操鹏,等.爆破振动持时分析及微差爆破延期时间优选 [J].爆炸与冲击,2016,36(5):703-709.